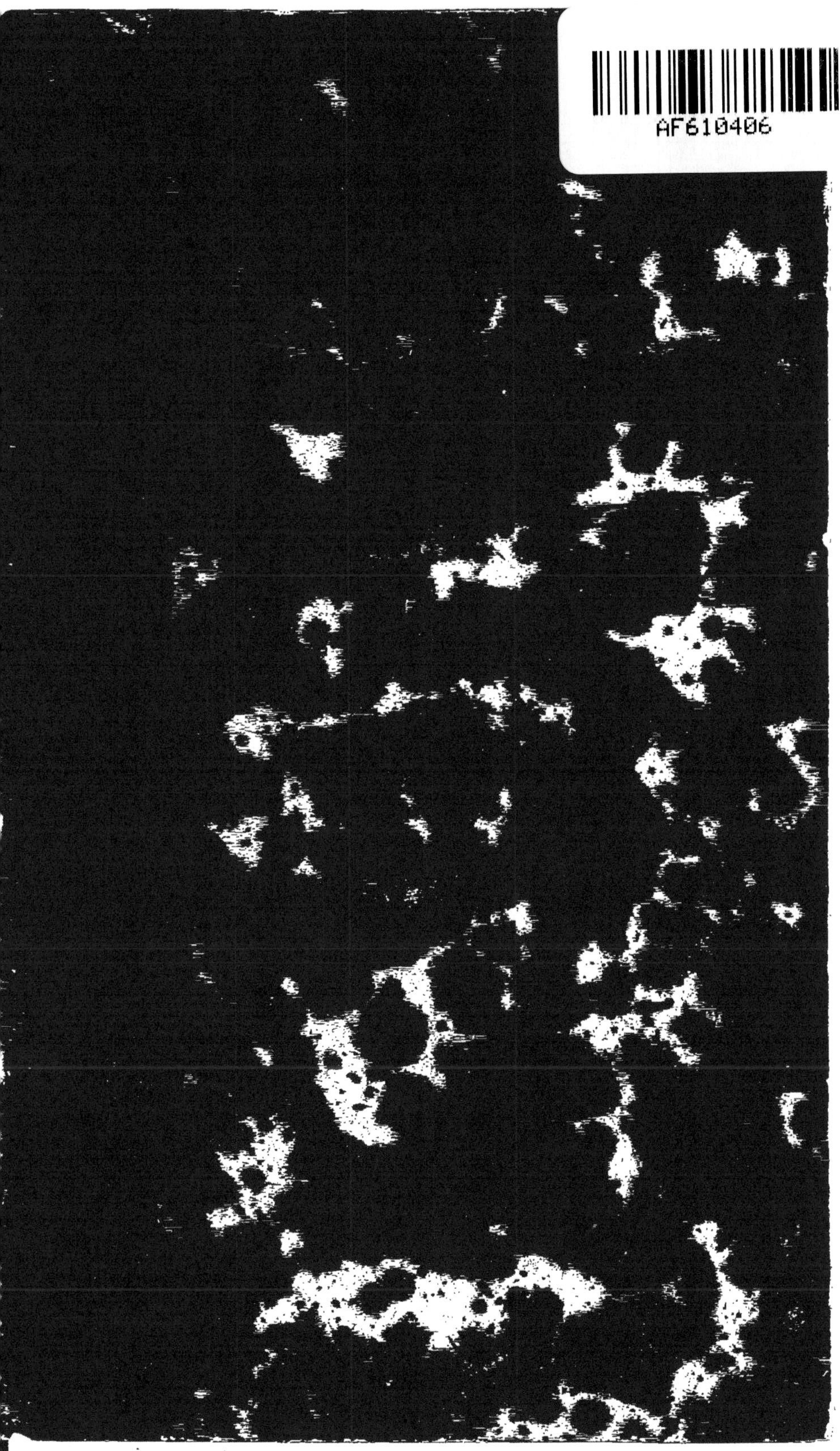

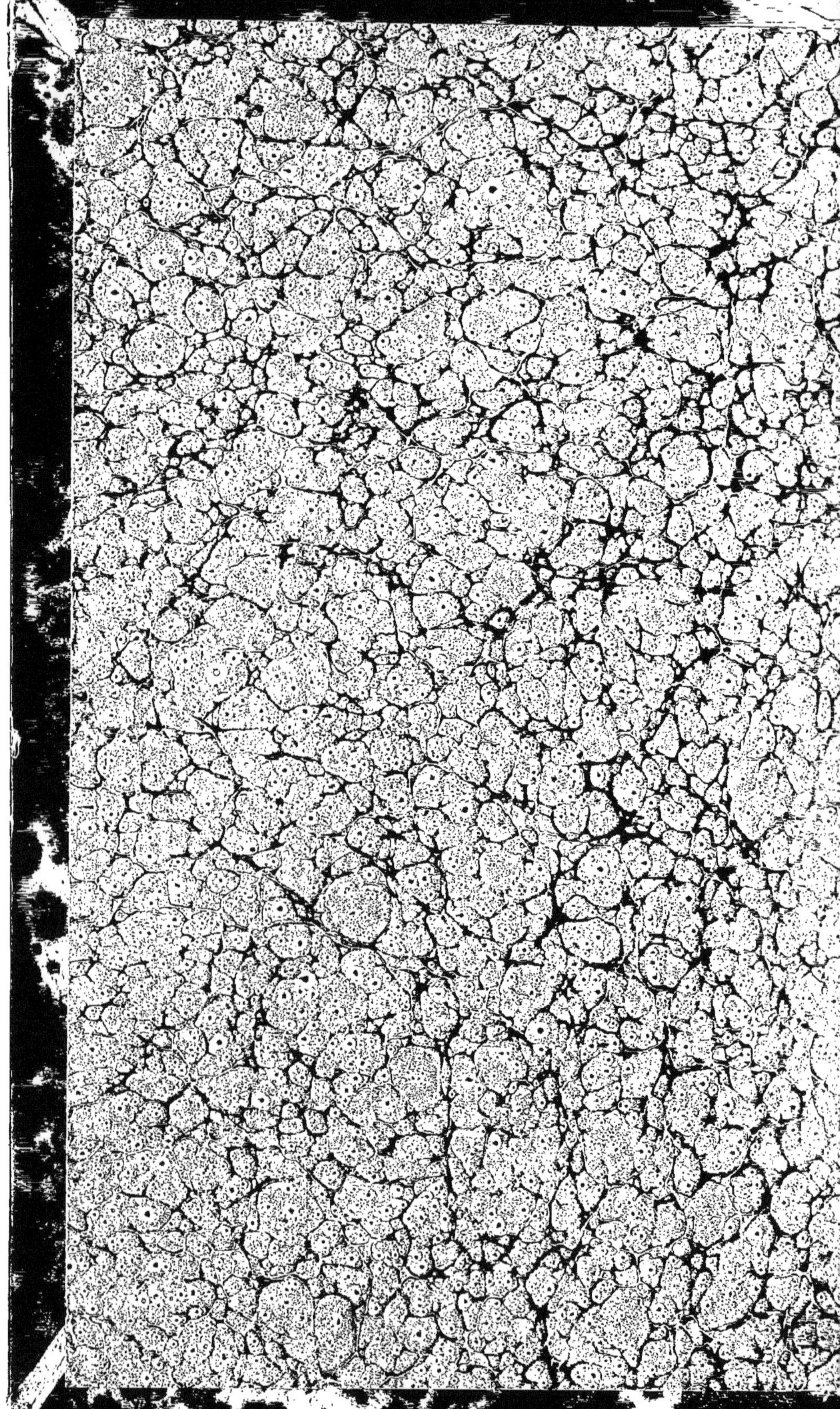

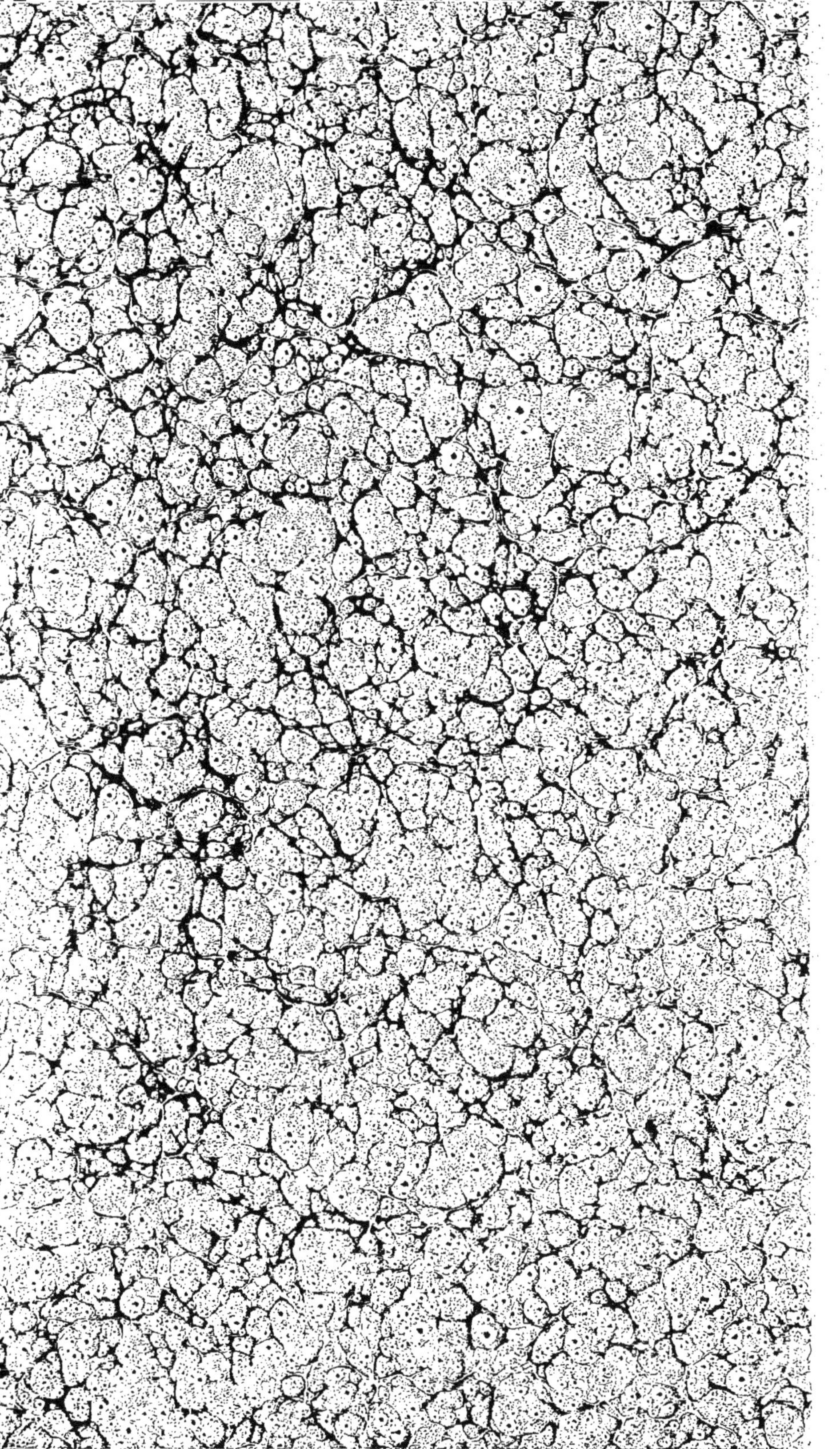

TRAITÉ COMPLET
D'HISTOIRE NATURELLE.

L'étendue que nous avons voulu donner à l'étude de l'homme nous a contraint de modifier notre plan primitif, et de consacrer les troisième et quatrième volumes, l'un aux généralités de la Zoologie et aux Races humaines, l'autre à l'Histoire naturelle des Mammifères. Une nouvelle répartition permet de renfermer cet ouvrage dans les limites déjà posées qui, nous l'espérons, ne seront pas dépassées.

Le Traité complet d'Histoire naturelle se compose de TREIZE volumes.

CHAQUE VOLUME EST ACCOMPAGNÉ DE PLANCHES.

Tome 1. Histoire des Sciences naturelles.

Tome 2. Physiologie comparée.
— 3. Zoologie. — Homme.
— 4. Mammifères.
— 5. Oiseaux.
— 6. Reptiles; Poissons.
— 7. Mollusques; Zoophytes.

Tome 8. Annél.; Crustac.; Arach.
— 9. Insectes (1re partie).
— 10. Insectes (2e partie).
— 11. Phys. vég. — Botanique.
— 12. Minéralogie.
— 13. Géologie.

PARIS. — Typographie de Firmin Didot Frères, rue Jacob, 56.

TRAITÉ COMPLET

D'HISTOIRE NATURELLE

PAR

ACHILLE COMTE,

PROFESSEUR D'HISTOIRE NATURELLE A L'ACADÉMIE DE PARIS,

MEMBRE DES SOCIÉTÉS PHILOTECHNIQUE, ETHNOLOGIQUE, D'HISTOIRE NATURELLE DE FRANCE, D'INSTRUCTION ÉLÉMENTAIRE, DES MÉTHODES D'ENSEIGNEMENT; CORRESPONDANT DE L'INSTITUT NATIONAL DES ÉTATS-UNIS, CHEVALIER DES ORDRES DE LA LÉGION D'HONNEUR; DE LA COURONNE DE CHÊNE; DE GRÉGOIRE LE GRAND; COMMANDEUR DE L'ORDRE DU CHRIST, ETC.

TOME III.

Zoologie. — Généralités. — Espèce humaine.

PARIS,

LIBRAIRIE DE FIRMIN DIDOT FRÈRES,

IMPRIMEURS DE L'INSTITUT,

RUE JACOB, 56.

1848.

Ce volume est consacré aux généralités de la Zoologie et à l'Histoire naturelle de l'homme. La spiritualité de la nature humaine nous commandait de séparer l'étude de l'homme de celle des animaux, et de la placer en tête et même en dehors de la Zoologie proprement dite.

Lorsque Bacon donnait de la science la belle définition : « La science c'est l'homme ajouté à la nature; » ce philosophe constatait l'existence de l'homme comme une nécessité de la création, interprétant ainsi la pensée de l'apôtre saint Pierre, sur la nature divine de l'homme : *Divinæ consortes naturæ.*

Avec l'homme, en effet, commence l'intelligence des choses créées. Qu'on reporte la pensée aux âges primitifs du monde, à ces époques reculées qui ont précédé l'apparition de l'homme sur la terre; tout ce que l'observation révèle est informe, monstrueux, et le spectacle de la nature n'est qu'un effroyable déroulement de cataclysmes, de submersions, et d'enfantements laborieux. Les pyrites enflamment les volcans; des soufres en fusion éternisent ces vastes incendies, et des eaux bouillonnantes se décomposent dans ces foyers d'où des laves ardentes s'échappent en torrents. Violemment poussées dans le lit des fleuves, ces masses accumulées s'y entassent, en changent ou en détournent le cours. L'Océan même aura sa part dans ces révolutions gigantesques, et, pendant que d'effroyables commotions électriques ébranlent le globe et l'entr'ouvrent en larges abîmes, les profondeurs de la mer se déchirent pour livrer passage à des éruptions volcaniques qui s'amoncellent et deviendront un jour des îles, des rochers, des promontoires, des continents.

Ces phénomènes, effrayants et sublimes à la fois, s'appellent le chaos..... A de longs intervalles paraissent quelques ébauches d'une organisation inachevée, dans lesquelles la science saura découvrir, un jour, les mystérieux tâtonnements de la force vitale, puissance nouvelle qui lutte contre le néant pour s'emparer du globe, et combattre les lois de la matière inerte dans leur domination universelle.

Telle était la nature sans l'homme. Mais que l'homme paraisse; que *l'Homme soit ajouté à la nature :* alors la création a un sens, une valeur, une voix. Cette terre qui le soutient debout, assez résistante pour qu'il n'ait pas à craindre de s'y engloutir, assez légère pour qu'il la travaille et lui fasse produire, par son intelligence, des feuilles, des fleurs, des fruits et mille richesses; cette terre, toujours libérale envers le travailleur, loin de s'épuiser par les productions qu'il lui impose, plus tourmentée, deviendra plus féconde. Nourricière prévoyante et sans réserve des générations qui s'élèvent de siècle en siècle, elle se fait le tombeau des générations qui s'éteignent, et sert ainsi le double but de la vie et de la mort; de la vie, pour la soutenir, la développer, la prolonger; de la mort, pour en détruire jusqu'aux vestiges et faire que l'homme n'assiste, en ce monde, qu'au spectacle d'une nature riante que rien n'épuise ni ne vieillit; toujours digne, par sa jeunesse inaltérable, de ses observations, de ses soins et de ses recherches.

Toutefois, non content d'explorer la surface du globe, l'homme en a creusé les entrailles, et ses travaux incessants ont mis au grand jour la cristallisation des sels, la fusion des métaux, la filtration des sources. Ces peuplades innombrables d'animaux et de plantes qui se partagent le domaine de la terre; ces accidents magiques qui renouvellent la face des choses trouvent enfin un maître, un historien; et l'homme, placé au milieu de cette scène toujours mouvante, est le centre vivifiant où viennent s'élaborer et se fructifier les richesses de l'univers. Depuis la moisissure imperceptible, jusqu'aux colosses du Règne végétal; depuis l'animalcule microscopique, jusqu'aux éléphants et aux baleines; depuis l'atome de sable, jusqu'aux sommets de l'Atlas, il interroge, il comprend et il explique tous les êtres. Ce n'est pas à son imagination, qui pourrait l'égarer, que l'homme demandera d'être initié aux beautés de la nature, la vérité seule frappera son esprit, élèvera son âme, et, pour renverser les rêveries confuses, les dangereuses erreurs qu'inspirait l'idée du chaos, paraîtra une science de sagesse, d'ordre et de raison, l'Histoire naturelle.

L'Histoire naturelle, qu'on pourrait définir l'intelligente contemplation des œuvres de Dieu, est la plus sûre, la plus noble part faite à l'esprit de l'homme, et seule, entre toutes les connaissances qui impliquent des vérités diverses, elle peut donner à sa raison éclairée la pleine possession de la certitude. La philosophie, la politique, l'histoire, la morale elle-même, sont soumises aux fluctuations intellectuelles de l'humanité, mais les faits de la création sont invariables comme le Créateur, et l'analyse qui s'empare d'une plante ou d'un insecte marque sa démonstration du sceau de la vérité éternelle. Le double effet de l'étude de l'Histoire naturelle, c'est de mettre du positif dans l'esprit et de la religion dans le cœur ; demeurée presque stationnaire dans les siècles qui ont précédé le nôtre, cette science a reçu une impulsion rapide de l'esprit rénovateur qui hâte l'écroulement du vieux monde, et, grandissant par la civilisation, elle marche avec la raison humaine vers un but qu'elle n'a point encore atteint.

C'est dans le sentiment de la concordance profonde des sciences naturelles avec les vérités religieuses qu'a été conçu notre travail. Du point de vue du spiritualisme, il n'y a pas, il ne peut y avoir plusieurs sciences se partageant entre elles le monde physique et le monde moral ; tout se tient dans l'œuvre de Dieu, et nos distinctions scolastiques tombent et s'évanouissent devant la lumière universelle qui nous montre, dans la création, l'échelle visible par où l'homme s'élève vers son invisible Créateur.

ZOOLOGIE.

GÉNÉRALITÉS, CLASSIFICATIONS.

Le volume précédent nous a fait connaître les mouvements qui constituent la vie dans les animaux ; et nous avons pu nous assurer que, si l'on parcourt successivement les différentes familles, il n'est pas un organe que l'on ne voie se subdiviser par degrés, perdre de son énergie, et finir par disparaître tout à fait, en se confondant dans la masse. Il ne sera pas inutile de résumer, en peu de mots, cette étude de l'organisation comparée dans la série animale.

Les parties qui changent le plus sont celles qui ont le moins d'influence sur l'ensemble, et qui se trouvent situées le plus à l'extérieur.

Les téguments, les proportions des membres, sont déjà fort altérés dans des animaux très-voisins de l'homme, comme les *quadrupèdes* et les *oiseaux*. Le cœur ne change de structure que dans ceux qui sont plus éloignés : les *reptiles* et les *poissons;* cet organe ne disparaît que dans les *insectes*, qui sont si différents de l'homme, qu'ils semblent à peine appartenir au même *Règne*. Le squelette et quelques sens ne se voient déjà plus dans les *mollusques*, qui ont encore un cœur et des vaisseaux. Le système nerveux ne cesse d'exister qu'en même temps que la fibre musculaire dans les *zoophytes*, qui sont les derniers de tous les animaux, et qui, comme cela a lieu dans les *éponges*, ne conservent, des organes que nous avons fait connaître, que la cavité nutritive, et une cellulosité abreuvée de mucilage.

Un peu au-dessus des *éponges*, sont les *monades* et les autres animaux microscopiques, homogènes en substance, d'une figure très-simple ou indéterminée, mais qui se meuvent dans l'intérieur des eaux avec une rapidité plus ou moins grande.

Les *polypes* n'ont, de plus que les *monades*, qu'une figure constante, et des membres distincts qui entourent leur bouche; plusieurs d'entre eux, fixés à des masses solides qu'ils produisent eux-mêmes, n'ont que le mouvement de leurs membres, mais ne peuvent changer de lieu.

Les *orties* de mer ressemblent aux *polypes* par la forme et par la mollesse, et ont, de plus, quelques ramifications intérieures du canal nutritif.

Les *échinodermes* y ajoutent une enveloppe plus ou moins dure, et des membres nombreux servant aux mouvements progressifs.

C'est ici que disparaît la forme étoilée, où les parties semblables se rapportent à un centre, et que commence la forme symétrique, où les parties semblables sont disposées le long d'une ligne ou d'un axe.

Les plus simples d'entre les animaux qui ont cette forme vivent presque tous dans d'autres animaux; on ne leur voit ni membres, ni cœur, ni vaisseaux sanguins; leur corps est allongé, et quelquefois articulé : ce sont les *vers intestinaux*.

Les *insectes* se placent immédiatement au-dessus; ils n'ont de même ni cœur, ni vaisseaux sanguins, mais des canaux soutenus par des filaments élastiques portant l'air dans toutes leurs parties : cet air se combine avec le fluide nourricier qui a traversé les parois du tube intestinal. Un cordon médullaire, renflé en ganglions, donne naissance à leurs nerfs : ils ont des membres distincts, articulés ; ils jouissent de tous les genres de mouvements progressifs, ou séparément ou quelquefois ensemble ; leur sens du tact est fort délicat ; ils ont des yeux visibles. MM. Duméril et de Blainville ont placé le sens de l'odorat, chez ces animaux : le premier de ces savants, vers l'orifice des trachées ; le second, dans les antennes ; et, quoiqu'on ne sache pas très-bien quels sont leurs organes de l'ouïe, il paraît certain qu'ils entendent. Les instruments de la mastication sont aussi variés chez les *insectes* que les substances dont ils se nourrissent, et celles-ci sont proportionnées à la quantité prodigieuse de leurs espèces.

Les *crustacés* ressemblent aux *insectes* par la forme et les enveloppes, par les membres articulés, et par tout ce qui tient aux organes des sens : seulement ils ont une oreille visible. Chez ces animaux, le cœur, les vaisseaux et les branchies ont un développement qui les rapproche des animaux supérieurs.

Les *annélides* ont le corps mou, quoique articulé ; leurs membres ne sont que des épines ou des soies roides ; ils ont souvent les yeux visibles, et leur système nerveux ressemble à celui des *insectes ;* mais ils possèdent un appareil complet de vaisseaux sanguins et de branchies pour la respiration. Chez quelques-uns le fluide nourricier est rouge, tandis que tous les animaux précédents et les *mollusques* ont le sang blanc.

Les *mollusques* ne peuvent que nager et ramper, parce qu'ils n'ont pas de membres solides et articulés : mais leur toucher est d'une délicatesse exquise ; toute leur surface semble pouvoir odorer. La plupart ont des yeux ; quelques-uns, des oreilles visibles : leur système nerveux est réuni en plusieurs masses centrales, ce qui doit donner à leurs sensations plus d'unité et de rapports qu'elles n'en peuvent avoir chez les animaux précédents, où chaque ganglion est, pour ainsi dire, un centre. Enfin, la circulation et la respiration s'exécutent chez eux par des organes tout aussi développés que ceux des animaux les plus parfaits; un foie et d'autres glandes achèvent de montrer l'analogie de leur organisation avec celle des classes supérieures.

Au-dessus de ces divers groupes d'animaux, se trouve le grand type des animaux *à vertèbres*. Ce sont, de tous les êtres animés, ceux dont les facultés sont les plus variées et les plus parfaites, ceux dont les organes sont les plus nombreux et les plus compliqués.

L'existence d'une charpente solide dans l'intérieur du corps leur permet d'atteindre à une taille que les animaux *articulés*, les *mollusques* et les *zoophytes* ne présentent jamais : et ce squelette, dont toutes les pièces sont liées les unes aux autres, tout en conservant de la mobilité, donne à leurs mouvements une précision et une vigueur qu'on ne voit que rarement chez les autres animaux.

La portion du squelette qui ne manque jamais, qui varie le moins d'un animal à un autre, et qui est en même temps la plus importante de toutes, est la tige osseuse qui renferme l'encéphale, et qui est formée par le crâne et la colonne vertébrale.

Les sens extérieurs sont toujours, chez les *vertébrés*, au nombre de cinq; et les organes qui en sont le siége présentent, à peu de chose près, la même disposition que chez l'homme.

L'appareil de la digestion n'offre aussi, dans cette

grande division du règne animal, que des différences assez légères.

Le sang est toujours rouge, et circule dans des vaisseaux appelés artères et veines. Il est toujours mis en mouvement par un cœur charnu ; mais la conformation de ce dernier organe, ainsi que la marche du sang dans le système circulatoire, présentent des différences considérables dans les différentes classes de ce type.

La respiration a toujours lieu dans un appareil particulier, situé dans une cavité intérieure du corps ; mais elle n'est pas toujours aérienne comme chez l'homme ; quelquefois elle est aquatique, et les poumons sont alors remplacés par des branchies.

CLASSIFICATION DES ANIMAUX.

Le nombre des animaux qui peuplent le globe est si considérable, que, pour les étudier avec facilité, il est indispensable de donner à chacun un nom particulier, d'établir parmi eux des divisions et subdivisions. Chacun des groupes ainsi formés est caractérisé de manière à ce que l'on puisse toujours reconnaître avec certitude les êtres qui y appartiennent ; les caractères de ces groupes sont pris dans la conformation, afin qu'ils soient d'une application constante, et que leur ensemble ne puisse convenir à la description d'un autre groupe.

L'ensemble de ces divisions et subdivisions constitue ce que l'on appelle une *Classification*.

L'utilité des classifications est incontestable : par elles, les innombrables faits de détails dont se compose le domaine de l'histoire naturelle se trouvent rapprochés, dans une sorte de contact. Si l'on voulait, sans leur secours, connaître le nom d'un animal, il faudrait le mettre en regard de la description détaillée de tous les autres animaux; car, lors même que, dès le début, on aurait rencontré une description qui semblerait convenir à l'être qu'on aurait sous les yeux, on ne serait pas sûr qu'il n'y en aurait pas une autre qui lui serait plus applicable encore; et le travail deviendrait, par conséquent, interminable. Mais si l'on emploie la méthode des *classifications*, on arrivera presque immédiatement et sans difficulté à la détermination spéciale que l'on cherche.

Supposons que l'animal en question soit un aigle : l'on trouvera d'abord qu'il a un squelette, et on saura ainsi qu'il appartient à l'*Embranchement* ou *Type des Vertébrés;* on n'aura plus à le comparer avec les autres animaux des autres *embranchements*. On s'occupera ensuite des caractères qui servent à distinguer entre eux les différents *vertébrés;* et quand on aura déterminé ainsi que c'est un animal de la *Classe* des *Oiseaux,* on exclura tous les *Mammifères*, tous les *Reptiles* et tous les *Poissons* de la comparaison qui reste encore à faire. Puis on verra s'il présente les caractères propres à tel ou tel *Ordre* de la *Classe* des *Oiseaux,* à telle ou telle *Famille*; et lorsqu'on aura déterminé le *Genre* auquel il appartient, on n'aura plus qu'à le comparer à un très-petit nombre d'animaux, dont il ne diffère que par quelques particularités de conformation peu importantes.

Ainsi, à l'aide des *classifications zoologiques*, on arrive à appliquer à un animal le nom qui lui convient, de même que l'on parvient à trouver la personne que l'on cherche, si l'on a l'adresse de sa demeure. Dans ce dernier cas, on s'enquiert d'abord de son pays, puis de la province, de la ville, du quartier, de la rue, de la maison et enfin l'étage qu'elle habite. Dans le premier cas, on se demande à quel *Embranchement* ou *Type du Règne animal* appartient l'espèce que l'on observe, puis à quelle *Classe*, à quel *Ordre*, à quelle *Famille*, à quel *Genre* il faut le rapporter : et, ces questions résolues, le travail est presque achevé.

Mais la promptitude et la facilité des déterminations n'est pas le seul avantage des classifications zoologiques; leur usage permet aussi d'abréger beaucoup les descriptions auxquelles on a recours pour faire reconnaître un animal. Lorsqu'on aura dit, par exemple, que tel animal est un vertébré de la *Classe* des reptiles, de l'*Ordre* des sauriens, de la *Famille* des crocodiles, il suffira, pour le faire distinguer, d'indiquer les caractères qui l'isolent d'un très-petit nombre d'autres animaux qui font partie du même *Ordre* et de la même *Famille* que lui. C'est comme si, avec un signalement, on voulait chercher un soldat dans une armée dont tous les rangs seraient mêlés, ou dans une armée bien ordonnée, dont chaque division, chaque brigade, chaque régiment, chaque bataillon et chaque compagnie se trouveraient à la place qui leur appartient, et porteraient des signes distinctifs.

Il n'est pas nécessaire d'énumérer ici toutes les classifications qu'on a proposées et abandonnées depuis que l'étude des corps de la nature est devenue une science; les bases sur lesquelles elles ont été établies peuvent se réduire à deux séries d'idées : dans les premières on a groupé les êtres d'après des considérations qui leur étaient étrangères, ou qui n'avaient rapport qu'aux modifications que présentait une seule de leurs parties; pour les autres, au contraire, on s'est appuyé sur l'ensemble de leur organisation.

Les premières ont été nommées *Classifications* ou *Sys-*

tèmes artificiels; les secondes ont reçu le nom de *Classifications* ou *Méthodes naturelles*.

Mais comme aucune de ces classifications n'est réellement dans la nature, on s'est contenté de réserver le nom de *Système* aux unes, et de donner aux autres celui de *Méthode*. Les premières sont sans doute plus faciles à appliquer et à saisir ; mais elles ne font réellement connaître d'important que le nom des objets. Ainsi, par exemple, lorsqu'on prend pour base d'une classification le nombre des membres dont le corps d'un animal est pourvu, il faut ranger parmi les quadrupèdes le cheval et le lézard, et éloigner ce dernier des reptiles qui s'en rapprochent sous tant d'autres rapports. C'est ainsi que Tournefort a créé son *Système* en botanique, en établissant ses divisions d'après la forme de la corolle, comme Linnée a fondé le sien sur les organes sexuels.

En partageant les productions de la nature en *Règnes*, *Types* ou *Embranchements*, *Classes*, *Ordres*, *Familles*, *Tribus*, *Genres* et *Espèces*, on a attribué à chacune de ces divisions des propriétés peu nombreuses, destinées à les faire distinguer. Par ce principe, qui sert de base aux Systèmes et aux Méthodes, on arrive à ordonner, à ranger régulièrement les plus nombreuses productions, à donner de leurs divers groupes une idée précise, et à rendre leur étude facile, en la faisant descendre des notions générales qui embrassent un plus ou moins grand nombre de corps, aux notions particulières qui appartiennent à chacun d'eux.

L'ensemble de ces divisions, fondées sur des propriétés constantes qu'on nomme *Caractères*, compose des tableaux en quelque sorte représentatifs de tous les objets créés, et les lie entre eux par des rapports invariables.

La Zoologie enseigne que tout être organisé forme un ensemble dont toutes les parties se correspondent mutuellement, aucune ne pouvant changer sans que les autres changent aussi. « Par exemple, dit Cuvier, si les intestins d'un animal sont organisés de manière à ne digérer que de la chair récente, il faut que ses mâchoires soient construites pour dévorer une proie ; ses griffes, pour la saisir et la déchirer ; ses dents, pour la décomposer et la diviser ; le système entier de ses organes du mouvement, pour la poursuivre et pour l'atteindre ; les organes des sens, pour l'apercevoir de loin : il faut même que la nature ait placé dans son cerveau l'instinct nécessaire pour savoir se cacher et tendre des piéges à ses victimes, » etc.

Il résulte de là que si l'on connaît la forme d'un seul organe ou même d'un seul os de mammifère par exemple, on peut, en s'appuyant sur l'anatomie comparée, déterminer quels sont les animaux auxquels ressemble le plus l'espèce dont il s'agit, et, par conséquent, connaître en grande partie ses formes et ses habitudes.

Or, les intestins, les dents et les pieds sont dans un rapport plus direct avec ces mêmes habitudes, et fournissent des *caractères* qui remplissent plus facilement le même but.

C'est, comme on le voit, d'après les différences que présentent les divers animaux, que l'on parvient à les classer d'une manière rigoureuse. Mais pour qu'une classification soit réellement utile, il faut qu'elle serve à faire connaître les ressemblances plus ou moins grandes qui se remarquent entre les animaux. Aussi, dans les classifications appelées *Méthodes naturelles*, les seules réellement bonnes, les caractères sur lesquels reposent les divisions et les subdivisions du Règne animal sont-ils choisis de manière à ce que chaque groupe ne renferme que des espèces d'autant plus semblables entre elles, que ce groupe lui-même a une place moins générale dans la classification. Les animaux d'un même *Genre*, par exemple, différeront beaucoup moins entre eux que ceux de deux *Genres* d'une même *Famille;* et ces derniers se ressembleront beaucoup plus que s'ils appartenaient à des *Ordres* différents, et, à plus forte raison, à des *Classes* différentes.

La classification naturelle est, en quelque sorte, un tableau synoptique de toutes les variations que l'on rencontre dans l'organisation des animaux. Dès que l'on connaît la place qu'un animal quelconque occupe dans une telle méthode, on sait les traits les plus remarquables de son organisation, c'est-à-dire les points les plus importants de son histoire; car ses mœurs sont toujours en rapport avec sa conformation.

Aristote avait divisé les animaux en deux coupes principales, savoir : les animaux ayant du sang, et les animaux exsangues (privés de sang). La première coupe, dont la subdivision n'est point exprimée en termes exprès dans l'*Histoire des animaux* du philosophe grec, comprend dans un ordre confus et mal déterminé les quadrupèdes vivipares, les quadrupèdes ovipares, les cétacés, les oiseaux, les poissons, les serpents; mais la seconde coupe est nettement partagée en quatre subdivisions : les mollusques, les crustacés, les testacés, et les insectes.

Avant d'aborder avec détail l'histoire des modifications de structure qui servent de base aux divisions du RÈGNE ANIMAL, nous devons rappeler que, dans l'esprit de Cuvier, les classifications ne doivent pas avoir la prétention de former une échelle graduée, qui marque la supériorité réciproque de tel animal sur tel autre. Ce grand naturaliste regardait toute tentative de ce genre comme inexécutable, et il ne considérait ses divisions que comme l'expression graduée de la ressemblance des êtres qui entrent dans chacune d'elles. « Ainsi je n'entends pas, disait-il, que les mammifères ou les oiseaux placés les derniers soient les plus imparfaits de leur classe; j'entends encore moins que le dernier des mammifères soit plus parfait que le premier des oiseaux, le dernier des mollusques plus parfait que le premier des annélides ou des zoophytes, même en restreignant ce mot vague de plus parfait au sens de plus complétement organisé. L'échelle prétendue des êtres n'est qu'une application erronée, à la totalité de la création, de ces observations partielles qui n'ont de justesse qu'autant qu'on les restreint dans les limites où elles ont été faites; et cette application, selon moi, a nui, à un degré que l'on ne pourrait imaginer, aux progrès de l'histoire naturelle dans ces derniers temps. »

Comme l'a fait remarquer avec justesse un jeune et savant naturaliste, M. le docteur Leblond, enlevé de bonne heure aux espérances de la science, les idées que représente, en zoologie, la subordination des caractères, sont bien loin d'être aussi claires, aussi nettes que les idées reçues en botanique relativement au même sujet. Il suffira, pour se convaincre de cette différence, de comparer quelques-unes des définitions principales des mots *Individu*, *Variété*, *Espèce*, *Genre*, *Famille*, *Ordre*, *Classe*, *Embranchement*, *Type* et *Règne*.

Linnée, qui a rigoureusement défini la valeur de ces mots en botanique, n'a pas circonscrit avec autant d'exactitude leur portée zoologique, et n'a même fait que l'indiquer d'une manière très-générale et peu directe.

Voici comment il essaye de rendre sensible aux naturalistes l'échelonnement réciproque des groupes subordonnés : Un système n'a besoin de renfermer que cinq sortes de subdivisions, *systema apte quinque tantum subdividitur*, à savoir, des classes, *classis*, des ordres, *ordo*, des genres, *genus*, des espèces, *species*, et des variétés, *varietas*. Une classe est un genre dominateur, *genus summum ;* un ordre est un genre intermédiaire, *genus intermedium;* un genre est un groupe formé d'espèces voisines, *genus proximum ;* une espèce ne peut être comparée qu'à elle-même, *species;* une variété est un individu, *individuum*. Si l'on cherche à comparer ces différents groupes aux subdivisions diverses d'un royaume, on trouvera que les classes peuvent être assimilées à des provinces, *provinciæ;* les ordres à des territoires, *territoria;* les genres à des districts, *paraciæ;* les espèces à des villages, *pagi;* et les variétés à des maisons, *domicilium*. Dans une autre série d'idées, par exemple, si l'on emprunte des rapprochements à l'art militaire, on trouve que les classes correspondent aux légions, *legiones* ; les ordres aux cohortes, *cohortes ;* les genres aux brigades, *manipuli;* les espèces aux compagnies, *contubernia ;* et les variétés aux soldats, *miles*. L'échelonnement, la subordination des groupes est indispensable à toute classification ; car les zoologistes peuvent dire, comme *Césalpin* : « *Nisi in ordines redigantur, et veluti in castrorum acies distribuantur, tumultu et fluctuatione omnia perturbari necesse est.* »

La fondation des Classes, des Ordres, des Genres, des Espèces et des Variétés, suppose l'emploi de *caractères* essentiels, analogues, qui servent de base à ces groupes subordonnés. Les caractères propres à distinguer les Classes doivent, en conséquence, posséder une valeur dominatrice, et laisser après eux les caractères de moins en moins importants, d'après lesquels sont établis les groupes secondaires que nous avons cités. La hiérarchie des groupes a donc pour élément indispensable la hiérarchie des *caractères* zoologiques.

Linnée avait indiqué négligemment la subordination des caractères et des groupes zoologiques, il ne l'avait pas rigoureusement définie; et, sans discussion préalable, sans règle convenue, sans théorie manifestée par aucune loi générale, il avait doté la science d'une classification meilleure que les classifications de ses devanciers.

La Zoologie proprement dite éprouva seulement quelques modifications légères après Linnée; car l'école de Buffon, se conformant aux préceptes du maître, et se posant rivale implacable de l'école linnéenne, cherchait, à dessein, moins l'exactitude rigoureuse des formules différentielles, que la vivacité des images et la pompe des descriptions : elle ne fit donc rien en faveur de la Zootaxie. Mais G. Cuvier parut, et rendit la science à la destinée qu'elle méritait. Riche de matériaux immenses, vérifiés ou conquis par un scalpel investigateur qui ne se lassait pas d'interroger les sources du vrai, l'illustre auteur du *Tableau élémentaire d'histoire naturelle*, en 1798, travailla sans relâche, durant toute sa vie, au perfectionnement de ce premier ouvrage, et l'augmenta successivement de toutes les découvertes incontestées que l'anatomie et la physiologie comparatives faisaient chaque jour entre ses mains, et les mains de ses émules ou de ses disciples.

Un passage de la dernière édition du RÈGNE ANIMAL, publiée en 1829 par G. Cuvier lui-même, expose nettement les principes généraux de philosophie naturelle qui dominent et règlent son œuvre :

« L'histoire naturelle restera longtemps, dans un grand nombre de ses parties, une science toute d'observations.... Elle a cependant un principe rationnel qui lui est particulier, et qu'elle emploie avec avantage dans beaucoup d'occasions : c'est celui des *conditions d'existence*, vulgairement nommé des *causes finales*. Comme rien ne peut exister s'il ne réunit les conditions qui rendent son existence possible, les différentes parties de chaque être doivent être coordonnées de manière à rendre possible l'être total, non-seulement en lui-même, mais dans ses rapports avec ceux qui l'entourent; et l'analyse de ces conditions conduit souvent à des lois générales, tout aussi démontrées que celles qui dérivent du calcul et de l'expérience.

« Ce n'est que lorsque toutes les lois de la physique générale et celles qui résultent des conditions d'existence sont épuisées, que l'on est réduit aux simples lois d'observation.

« Le procédé le plus fécond pour les obtenir est celui de la comparaison : il consiste à observer successivement le même corps dans les différentes positions où la nature le place, ou à comparer entre eux les différents corps, jusqu'à ce que l'on ait reconnu des caractères constants entre leur structure et les phénomènes qu'ils manifestent.

« Mais toutes les recherches de ce genre supposent que l'on a les moyens de distinguer sûrement, et de faire distinguer aux autres, les corps dont on s'occupe. L'histoire naturelle doit donc avoir pour base ce que l'on nomme un *Système de la nature*, ou un grand catalogue dans lequel tous les êtres portent des noms convenus, puissent être reconnus par des caractères distinctifs, et soient distribués en divisions et subdivisions, elles-mêmes nommées et caractérisées, où l'on puisse les chercher.

« Pour que chaque être puisse toujours se reconnaître dans ce catalogue, il faut qu'il porte son caractère avec lui : on ne peut donc prendre les caractères dans des propriétés ou dans des habitudes dont l'exercice soit momentané; mais ils doivent être tirés de la conformation.

« Il faut presque toujours la réunion de plusieurs *traits de conformation* pour distinguer un être des êtres voisins, qui en ont bien aussi quelques-uns, mais qui ne les ont pas tous, ou les ont combinés avec d'autres qui manquent au premier être : et plus les êtres que l'on a distingués sont nombreux, plus il faut accumuler de traits; en sorte que, pour distinguer de tous les autres un être pris isolément, il faut faire entrer dans son caractère sa description complète.

« C'est pour éviter cet inconvénient que les divisions et les subdivisions ont été inventées. L'on compare ensemble seulement un certain nombre d'êtres voisins, et leurs caractères n'ont besoin que d'exprimer leurs différences, qui, par la supposition même, ne sont que la moindre partie de leur conformation. Une telle réunion s'appelle un *Genre*.

« On retomberait dans le même inconvénient pour distinguer les genres entre eux, si l'on ne répétait l'opération en réunissant les genres voisins pour former un *Ordre*, les ordres voisins pour former une *Classe*, etc. On peut encore établir des subdivisions intermédiaires.

« Cet échafaudage de divisions, dont les supérieures contiennent les inférieures, est ce qu'on appelle une *Méthode*. C'est, à quelques égards, une sorte de dictionnaire; mais quand la méthode est bonne, elle ne se borne pas à enseigner les noms; il faut alors qu'elle soit dirigée par le principe de la *subordination des caractères*, qui dérive lui-même du principe des conditions d'existence. Or, les traits de conformation qui exercent sur l'ensemble de l'être l'influence la plus marquée, sont ce que l'on appelle les *caractères importants*, les *caractères dominateurs;* les autres sont les *caractères subordonnés*, et il y en a ainsi de différents degrés. »

De toutes les classifications zoologiques les plus généralement adoptées, celles qui méritent le plus de fixer l'attention des naturalistes, et qui reposent en effet sur des bases plus rationnelles, sont les classifications établies par *Linnée*, *George Cuvier* et *M. de Blainville.*

Linnée conserva la division primaire d'Aristote, mais sous d'autres dénominations : *animaux à sang rouge, animaux à sang blanc.* Il subdivisa la première coupe en quatre classes, qu'on peut regarder comme définitivement fixées et désormais invariables, quant à leur placement dans la série générale ; ce sont, 1° les mammifères (quadrupèdes vivipares et cétacés), 2° les oiseaux, 3° les amphibies (quadrupèdes ovipares et serpents), 4° les poissons. Mais il n'apporta aucune amélioration dans la classification de la seconde coupe, où il n'établit même que deux classes : les insectes (tous nos *articulés* pourvus de membres) et les vers. Et pourtant rien de plus vicieux, de plus polymorphe que cette classe des vers, dans laquelle tant d'espèces disparates se trouvaient agglomérées.

La classification zoologique fondée par Linnée est, pour ainsi dire, le premier chapitre de son grand ouvrage, le *Systema Naturæ;* elle constitue l'un des éléments de cette magnifique trilogie dont l'ordonnance excite chaque jour davantage l'admiration, et qui fournit encore aux naturalistes, après un siècle bientôt d'existence, une lumière inépuisable.

Je regrette de ne pouvoir la reproduire ici intégralement; mais l'abondance des matériaux me presse, et je dois me borner à quelques réflexions.

Cette classification est de beaucoup préférable aux classifications étroites, informes, et quelquefois même rétrogrades, qui l'ont devancée; elle offre néanmoins plusieurs défauts graves, que le tact et le génie éminemment systématiques de Linnée n'ont pas eu le bonheur d'éviter. Ces taches d'ailleurs reconnaissent une origine simple, et pour ainsi dire inhérente à l'époque où le naturaliste suédois écrivait : je veux dire l'étude encore imparfaite ou peut-être l'ignorance de l'organisation intime des animaux. Ainsi, les espèces comprises dans la classe des *Amphibies* n'ont pas *toutes un cœur* à un seul ventricule, à une seule oreillette. Les *tortues*, les *lézards*, les *amphisbènes*, par exemple, possèdent en effet un cœur à deux oreillettes et même à deux ventricules, que sépare, à la vérité, une cloison incomplète. Quant aux amphibies du troisième ordre, *amphibia nantes*, ils doivent tous être reportés à la classe suivante, celle des *poissons*. Les *insectes* présentent, suivant Linnée, entre autres caractères, le caractère d'être munis d'un cœur à une seule loge et sans oreillette : or, pour trouver cette assertion exacte, il faudrait admettre, contradictoirement à l'opinion des anatomistes les plus recommandables, que le *vaisseau dorsal des insectes proprement dits* est un *cœur*. Mais, dans l'établissement du même groupe systématique, s'est glissée une erreur bien plus grave : les *araignées*, les *écrevisses*, les *scolopendres*, confondues par l'auteur du *Systema Naturæ* sous le nom commun d'*aptera*, ne méritent-elles pas en effet d'être distinguées les unes des autres, en raison de leur organisation différente, et tellement diverse qu'elle a permis, lorsqu'elle a été mieux interrogée et mieux connue, de former, avec elles et les genres analogues, des *Classes* indépendantes et séparées? Nous ne pouvons passer sous silence la classe des *vers*, qui, par les associations hétérogènes qu'elle consacre, ressemble mieux à un groupe systématiquement établi qu'à un *incertæ sedis* zoologique, dans lequel tous les animaux décrits imparfaitement occuperaient une place quelconque temporaire. Tel est l'*Ordre* des *intestina*, qui renferme des annélides (*lumbricus*), et jusqu'à des poissons (*mixine*); tel est l'*Ordre* des *mollusca*, qui renferme des animaux rayonnés (*actinia*), de véritables mollusques (*limax*), des annélides (*nereis*) et des crustacés (*lernœa.*)

Nous l'avons déjà dit, M. de Blainville a professé, de son côté, des principes de classification zoologique qui s'écartent de quelques-unes des règles posées par Cuvier; c'est pour cela que nous allons leur accorder une attention spéciale. La haute position que M. de Blainville s'est faite dans la science commande le respect et l'examen pour toutes les idées qui appartiennent à ce savant professeur; et, lors même qu'on ne les partage pas entièrement, on est forcé de reconnaître l'originalité et l'élévation dont elles sont presque toujours empreintes.

Dans la pensée de M. de Blainville, les êtres dont s'occupe la science zoologique se distinguent des végétaux aux caractères suivants : Un animal est un être organisé, fortement azoté, le plus souvent simple, constamment pourvu d'un canal intestinal plus ou moins complet, de fibres contractiles et excitantes, presque toujours visibles, par conséquent digérant et sentant plus ou moins ses rapports avec les corps extérieurs, et nous le démontrant par des mouvements subits que nous lui voyons exécuter dans un but évident. — Le végétal, au contraire, est un être organisé, fortement carboné, le plus souvent complexe, sans canal intestinal, sans fibres contractiles visibles, sans fibres excitantes, et par conséquent ne digérant pas, ne se mouvant pas, et ne sentant pas ses rapports avec les corps extérieurs, quoiqu'il nous le semble quelquefois par les changements lents et successifs que nous lui voyons produire dans un but déterminé.

D'après la considération de leur forme générale, les animaux peuvent être divisés en trois *sous-règnes* distincts : les uns ont une forme déterminée, paire et symétrique, ou plutôt binaire c'est-à-dire disposée sur deux plans parallèles : ce sont les *zygomorphes*. Les seconds ont une forme également déterminée, mais rayonnante, autour d'un centre où se trouve ordinairement la bouche : ce sont les *actinomorphes*. Les troisièmes sont tout à fait irréguliers et sans forme déterminée ; on les appelle *amorphes*.

I. Animaux zygomorphes ou pairs : ils présentent quatre modifications bien distinctes, qui déterminent l'établissement d'un nombre égal de *Types* : 1° ils sont articulés intérieurement et dits *Ostéozouires* ; 2° articulés extérieurement, *Entomozoaires* ; 3° subarticulés, c'est-à-dire articulés dans une portion de leur corps et non articulés dans l'autre, *Malentomozoaires* ; 4° inarticulés, c'est-à-dire n'offrant aucune articulation semblable à celle des os des animaux supérieurs, non plus que des pièces solides, comme celles des insectes ou des valves des oscabrions : on les nomme *Malacozoaires* ou mollusques. Les classes comprises dans ces quatre *Types* sont au nombre de vingt-huit ; nous allons les énumérer.

1er Type. *Ostéozoaires* ou animaux articulés intérieurement. Ce sont ceux que l'on comprend ordinairement sous le nom de *vertébrés ;* ils ont un système solide intérieur, ou squelette composé de pièces articulées. C'est parmi eux que se rangent les animaux dont l'organisation est la plus développée.

Les uns ont des mamelles et des poils, ils font des petits vivants : ils forment la 1re classe, celle des mammifères ou *pilifères;* les autres sont privés de mamelles et de poils, ce sont : 2e, les oiseaux ou *pennifères*, qui ont le corps couvert de plumes ; 3e, les ptérodactyles ou *ptérodactyliens*, animaux fossiles, dont on ne connaît pas les téguments ; 4e, les reptiles ou *squammifères,* qui ont la peau garnie d'écailles dites squammes ; 5e, les *ichthyosauriens*, fossiles ainsi que les ptérodactyles ; 6e, les amphibiens ou *nudipellifères*, qui ont la peau nue et qui subissent des métamorphoses ; 7e, les poissons ou *branchifères,* qui se distinguent des précédents par leurs branchies persistant pendant toute la vie, et toujours intérieures.

2e Type. *Entomozoaires,* qui sont articulés extérieurement. Ils se partagent en neuf classes : les uns ont des appendices ambulatoires articulés, et dont le nombre détermine la formation des classes suivantes : 8e, *hexapodes* ou insectes ; 9e, *octopodes* ou araignées ; 10e, *décapodes ;* 11e, *hétéropodes ;* 12e, *tétradécapodes :* celle-ci et les deux précédentes sont les crustacés des autres auteurs ; 13e, *myriapodes.* Viennent ensuite ceux qui ont les pieds inarticulés, et constituant des appendices tantôt mous, 14e, *malacopodes*, tantôt roides, 15e, *chétopodes* (lombrics, naïs, etc.) ; puis ceux qui n'ont pas du tout d'appendices ambulatoires. 16e, *apodes* (sangsues, intestinaux cavitaires).

3e TYPE. *Malentomozoaires*, c'est-à-dire mollusques articulés. Ils comprennent deux classes caractérisées par leurs valves ou articles qui sont disposées en cercle, 17e, *nématopodes* (anatifes), ou bien en long, 18e *polyplaxiens* (oscabrions).

4e TYPE. *Malacozoaires*. Ce sont les mollusques ou animaux zygomorphes inarticulés, auxquels nous sommes insensiblement conduits par les anatifes et les oscabrions, que quelques auteurs rangent même avec eux ; ils se partagent en trois classes : 19e *céphaliens* (poulpes, sèches), qui ont la tête très-distincte ; 20e *céphalidiens* (clios, pourpres, hélices, doris), dont la tête est peu distincte ; 21e, *acéphaliens* (moules, huîtres, ascidies bivalves et mollusques non testacés, ou à tête non distincte).

II. ANIMAUX RAYONNÉS OU ACTINOMORPHES. — Ces animaux, que l'on confond souvent sous le nom impropre de zoophytes, peuvent être subdivisés en six classes, savoir : 22e, *annélidiens;* cette classe, qui est la vingt-deuxième de toute la série zoologique, est composée d'une partie des intestinaux qu'on appelle parenchymateux, et qui ne sont que subrayonnés ; les autres, qui sont vraiment rayonnés, sont libres ou ordinairement agrégés : dans le premier cas, leur peau est munie de suçoirs ; c'est la classe 23e, *cirrhodermaires* (oursins, astéries), ou bien leur peau est fine et sans suçoirs, 24e, *arachnodermaires,* acalèphes simples (méduses, velelles). Ceux qui sont ordinairement agrégés ont les tentacules gros, creux et nombreux, 25e, *zoantaires* (actinies, madrépores), ou bien filiformes, 26e, *polypiaires* (millépores, hydres) ; ou bien encore ces tentacules sont pinnées, 27e, *zoophytaires* (tubipores, coraux, alcyons).

III. AMORPHES. Ils ne comprennent qu'une seule

famille, celle des *amorphozoaires*, qui est la 28e et dernière de la série ; leur caractère est de ne point avoir de forme déterminée : telles sont les alcyonelles, les éponges et les téthyes.

M. de Blainville retire du RÈGNE ANIMAL les corallines, les nématophytes ou bien conferves, et les psychodiaires, qui sont des végétaux, ainsi que les nullipores, qui ne sont, suivant lui et plusieurs autres naturalistes, ni animaux ni végétaux.

Telle est la série zoologique établie par M. de Blainville. On le voit, ses divisions sont fondées sur les différences plus ou moins profondes d'organisation que l'on a reconnues parmi les animaux ; mais il n'emploie jamais comme caractères celles de ces différences anatomiques qui tiennent aux modifications des organes internes : celles-ci, à cause du rapport qui existe entre les différentes parties d'un même appareil, peuvent toujours, d'après son système, être traduites rigoureusement par les modifications correspondantes de l'enveloppe extérieure, c'est-à-dire par la forme générale et par la disposition des organes des sens et du mouvement. Ces caractères, purement extérieurs, choisis de manière à reproduire les divisions fondées sur l'ensemble de l'organisation, sont ce qu'il regarde comme les vrais *caractères zoologiques*. Ainsi, dans sa méthode, on peut déterminer la place qu'occupe un animal dans la série, sans avoir besoin de recourir au scalpel pour s'assurer de la forme du cœur, du nombre de ses cavités, et de la couleur rouge ou blanche du sang. Parmi les différences anatomiques, M. de Blainville place au premier rang celles que fournissent les appareils de la sensibilité et de la locomotion, parce qu'elles tiennent aux facultés les plus élevées et les plus caractéristiques de l'animalité.

Celles que fournissent les organes de la reproduction, de la digestion, de la circulation et de la respiration, ne viennent qu'en seconde ligne.

La première ébauche de la méthode zoologique, fondée par *George Cuvier*, a paru dans le *Tableau élémentaire des animaux*, qu'il fit imprimer en 1798. Plus tard, en 1800, les tables jointes au premier volume des *Leçons d'anatomie comparée* signalèrent quelques modifications nouvelles que la première édition du RÈGNE ANIMAL, publiée en 1816, étendit, et que la dernière édition du même ouvrage, publiée en 1829, augmenta encore.

Voici l'abrégé analytique de cette méthode, d'après la dernière édition, surveillée par l'auteur lui-même :

Dans la classification des animaux, on donne le nom d'*Espèce* à une réunion d'individus qui se ressemblent extrêmement entre eux, et dont la race se perpétue avec les mêmes qualités essentielles. Ainsi les hommes, les chiens, les chevaux, constituent pour le zoologiste autant d'*Espèces* distinctes.

Dans les classifications naturelles, on réunit les *Espèces* voisines dans des groupes appelés *Genres*.

Les genres qui ont entre eux le plus d'analogie sont réunis en *Tribus*, et celles-ci en *Familles*.

Les familles sont réparties, d'après les mêmes principes, en groupes d'un rang plus élevé, auquel on donne le nom d'*Ordres*.

Enfin les ordres sont, à leur tour, réunis en *Classes*, et les classes sont elles-mêmes les divisions des grands *Types* ou *Embranchements* dont le RÈGNE ANIMAL se compose.

C'est par des Tableaux Méthodiques, et en inscrivant dans un cadre synoptique tous les individus de chacun des divers ordres du RÈGNE ANIMAL, qu'on fait mieux saisir les motifs de leur rapprochement; surtout si l'on rend le texte plus intelligible, en l'accompagnant du dessin des caractères zoologiques et de la figure d'un être, pour chaque cas de subdivision admis par les naturalistes.

C'est un ensemble de cette nature que j'ai essayé de réaliser dans mes *Tableaux méthodiques du Règne animal* (1).

Ce que les descriptions ne présentent que successivement, le tableau l'offre simultanément; et cet aspect rapide donne à l'esprit la connaissance des *Individus* qui composent les *Espèces*; des espèces qui forment des *Genres*; des genres que l'on réunit en *Tribus*; des tribus qui concourent à la formation des *Familles*; des familles qui font partie des *Ordres*; des ordres qui entrent dans une *Classe*; des classes qui se rattachent aux *Embranchements*, et des variétés d'embranchements qui constituent le RÈGNE ANIMAL.

Pour classer les animaux d'après les divers degrés de ressemblance qu'ils ont entre eux, ou d'après les différences qui les distinguent, on doit établir dans le *Règne animal* une première coupe, motivée par l'existence ou l'absence de symétrie dans les organes.

Cette coupe établit deux *Sous-Règnes*.

Le *sous-règne* à corps symétrique n'est formé que d'un seul type : *Rayonnés*.

Le *sous-règne* à corps symétrique se subdivise en deux groupes. Le premier réunit dans un seul type les animaux qui ont un cerveau et une moelle épinière; ce sont les *Vertébrés*. Le second est fondé sur l'absence du cerveau et de la moelle épinière, et sur l'existence de ganglions ner-

(1) Chez Fortin Masson, libraire, place de l'École de médecine.

veux pour tout appareil de sensibilité. Il se partage en deux types : les *Mollusques* et les *Articulés*.

EMBRANCHEMENT DES VERTÉBRÉS.

Cette division renferme tous les animaux dont la structure est la plus compliquée, et dont les facultés sont les plus variées et les plus parfaites.

Tous les animaux à vertèbres ont un squelette intérieur, formé de pièces articulées, composé d'une colonne épinière qui contient la moelle et qui porte en avant la tête, c'est-à-dire le réceptacle du cerveau et de quatre sens : cette colonne se termine en arrière par un coccix, qui se prolonge le plus souvent en une queue. Les cavités qui renferment les viscères sont ordinairement protégées, en tout ou en partie, par des côtes ou demi-cerceaux osseux, articulés aux côtés de l'épine. Il y a presque toujours deux paires de membres, et jamais plus. Les mâchoires se meuvent toujours verticalement. Le foie, la rate, le pancréas, les reins, remplissent les mêmes usages dans tous. Les globules du sang sont toujours rouges, et ce liquide circule dans un système vasculaire complet. Le cœur est musculaire et se compose de deux cavités au moins.

L'*Embranchement des Vertébrés* a été partagé en quatre classes, parfaitement isolées les unes des autres par l'organisation des êtres qui composent chacune d'elles. La subordination des caractères y est si nette et si palpable, que l'on peut prédire, à priori, les mœurs et les habitudes instinctives d'un animal d'après la forme générale de sa structure, et surtout d'après les proportions que conservent entre eux tels ou tels appareils de sa vie.

Les quatre *Classes* du Type des Vertébres sont : les *Mammifères*, les *Oiseaux*, les *Reptiles*, et les *Poissons*.

MAMMIFERES.

Les *Mammifères* sont les animaux qui nous ressemblent le plus par toute leur organisation. Leur squelette et tout l'appareil de leurs organes des mouvements, leur cerveau et leurs organes des sens, semblent modelés sur les nôtres. Ils ont, comme nous, un cœur à deux ventricules et à deux oreillettes, une respiration complète, un sang chaud, des poumons enfermés dans la plèvre, et ne communiquant point, comme ceux des oiseaux, avec le reste du corps; un diaphragme complet et musculaire, une bouche garnie de lèvres : ils font des petits vivants; nourris, dans le corps de la mère, par le sang que pompe le placenta, et, quand ils en sont sortis, par le lait de ses mamelles.

Chez ces animaux les globules du sang sont circulaires, tandis que chez tous les autres animaux vertébrés ils sont elliptiques. Les *Mammifères* ont la peau garnie de poils, et leurs membres antérieurs affectent presque toujours la forme de pattes ou ambulatoires ou préhensiles.

Cette classe a été partagée en neuf *ordres :*

1° *Bimanes* (homme); 2° *quadrumanes* (orang, papion, makis); 3° *carnassiers* (chauve-souris, chat, phoque); 4° *marsupiaux* ou *animaux à bourse* (sarigue, phalanger); 5° *rongeurs* (écureuil, aye-aye, rat); 6° *édentés* (tatou, pangolin, ornithorhynque); 7° *pachydermes* (éléphant, cochon, cheval); 8° *ruminants* (chameau, cerf, bœuf); 9° *cétacés* (lamantin, baleine).

Chacun de ces *ordres* comprend lui-même un grand nombre d'animaux qui s'y trouvent rassemblés dans les subdivisions de *Sections*, de *Tribus*, de *Familles*, de *Genres* et de *Sous-Genres*, suivant les différences plus ou moins nombreuses que présente leur organisation.

OISEAUX.

Les *Oiseaux* ont un cœur à deux ventricules, une respiration complète et le sang chaud, de même que les quadrupèdes; leur organe pulmonaire est plus étendu, et les ramuscules de l'aorte sont exposés à l'air dans les sacs qui conduisent ce fluide par tout le corps. Il en résulte une énergie d'irritabilité qui s'accorde très-bien avec toute la structure de ces animaux, évidemment appropriée au vol. La circulation se fait comme chez les mammifères; mais les globules du sang, au lieu d'être circulaires, sont elliptiques. Leur grand sternum donne des attaches suffisantes aux muscles abaisseurs de l'aile, qui ne saurait servir ni à la préhension, ni à la station; les pieds de derrière peuvent se porter assez en avant, et forment, par l'écartement de leurs doigts, une base assez large pour soutenir le corps. La tête, portée sur un cou long et très-mobile, peut toucher la terre, et change, en se portant en avant ou en arrière, la position du centre de gravité de l'oiseau, selon que l'exigent ou la marche ou le vol.

Les *Oiseaux* n'ont point de dents; leurs mâchoires, revêtues de cornes, portent le nom de bec : ils n'ont point d'oreille extérieure; leur corps a une épaisse enveloppe de plumes : ils pondent des œufs revêtus d'une coque calcaire, qu'une chaleur graduée fait éclore.

L'estomac se compose de trois poches : le *jabot*, le *ventricule succenturié* et le *gésier*, dont les parois sont d'autant plus musculaires que l'animal vit plus exclusivement de grains (fig. 3 de la planche 15 du 2e volume). Le corps des oiseaux est couvert de plumes qui tombent deux fois par an. Les ailes sont soutenues par l'humérus, l'avant-bras, et la main qui est allongée et montre un doigt et les vestiges de deux autres. Les pieds ont, en général, quatre doigts, dont trois dirigés en avant, et un en arrière. Enfin, la voix de ces animaux se produit à la partie inférieure de la trachée, dans un organe particulier, appelé larynx inférieur.

Cette classe a été divisée en six *ordres* :

1° *Oiseaux de proie* (vautour, aigle, hibou); 2° *passereaux* (pie-grièche, hirondelle); 3° *grimpeurs* (pic, perroquet); 4° *gallinacés* (faisan, perdrix); 5° *échassiers* (autruche, héron, bécasse); 6° *palmipèdes* (manchot, cormoran, canard).

REPTILES.

Les *Reptiles* ont le sang froid, quoiqu'ils respirent de l'air et dans des poumons ; mais il ne va dans leurs poumons, à chaque pulsation, qu'une partie du sang qui vient des veines ; et le reste retourne au corps, sans passer par ces organes de revivification. Les globules du sang sont elliptiques. Leur corps est revêtu d'écailles ou d'une peau nue ; ils ont des pieds au nombre de deux et de quatre, ou bien ils sont totalement dépourvus de membres.

Ils offrent des variétés non moins grandes par rapport aux organes des sens et aux viscères intérieurs. Il y en a dont les œufs éclosent dans le corps ; quelques-uns subissent une sorte de métamorphose avant d'arriver à l'état d'adulte.

On les divise en quatre ordres : 1° *chéloniens* (tortue); 2° *sauriens* (crocodile, lézard, ptérodactyle); 3° *ophidiens* ou serpents (orvet, boa, vipère); 4° *batraciens* (grenouille, salamandre, protée).

POISSONS.

Les *Poissons* respirent l'eau par des branchies; ces branchies sont situées sur les côtés du cou : chacune d'elles se compose d'un grand nombre de lames placées à la file, et recouvertes d'un tissu d'innombrables vaisseaux sanguins. L'eau que le poisson avale passe entre ces lames pour les baigner, et s'échappe au dehors par les ouvertures nommées ouïes, dont le nombre est presque toujours de deux, une de chaque côté du cou, entre l'opercule et l'épaule. Ils ont la circulation double, leur respiration s'opère uniquement dans l'eau; et leur sang, après avoir été revivifié, se rend dans un tronc artériel situé sous l'épine du dos, et qui, faisant fonction du ventricule gauche, l'envoie par tout le corps, d'où il revient au cœur par les veines. Le corps des poissons est recouvert d'écailles ou d'une peau nue; leurs narines ne communiquent point avec l'arrière-bouche; leur oreille n'a point de canal ni d'ouverture extérieure; leur cœur n'a qu'une oreillette et un ventricule qui chasse le sang dans les branchies; ce sang revient de là pour se réunir dans une artère qui le porte dans le reste du corps; il ne s'élève point au-dessus de la chaleur environnante. Les œufs éclosent quelquefois dans leur corps; mais dans le plus grand nombre ils ne sont fécondés qu'après avoir été pondus.

La bouche de ces animaux est en général armée de

dents, et il peut en exister sur presque tous les os qui concourent à former cette cavité.

La structure totale du poisson est évidemment disposée pour la natation. Plusieurs espèces sont pourvues d'un sac rempli d'air (vessie natatoire), et tous ont des nageoires que l'on distingue, d'après leur position, en nageoires *pectorales*, qui sont les analogues des membres thoraciques; en nageoires *ventrales*, qui correspondent aux membres abdominaux; en nageoires *anales*, en nageoires *dorsales* et en nageoires *caudales*; leur corps se termine par une queue épaisse, presque toujours garnie d'une nageoire verticale.

Cette classe a été divisée en neuf *ordres*, distribués en deux séries.

1re série.—Poissons proprement dits. 1er ordre, *acanthoptérygiens* (perche, trigle, dorade, maquereau, baudroie); 2e ordre, *malacoptérygiens abdominaux* (carpe, tanche, brochet, saumon, hareng); 3e ordre, *malacoptérygiens subrachiens* (morue, turbot, échénéis); 4e ordre, *malacoptérygiens apodes* (anguille, gymnote, lançon); 5e ordre, *lophobranches* (syngnathe, hippocampe); 6e ordre, *plectognathes* (mole, baliste, coffre).

2e série. — *Chondroptérygiens* ou *cartilagineux*. 7e ordre, *sturioniens* ou *chondroptérygiens* à branchies libres (esturgeon, chimère); 8e ordre, *chondroptérygiens* à branchies fixes (squale, raie); 9e ordre, *cyclostomes* (lamproie).

EMBRANCHEMENT DES MOLLUSQUES.

L'*Embranchement des Mollusques* doit suivre immédiatement les *Vertébrés* dans le classement méthodique des animaux.

Ce *Type*, qui avait été entrevu par Aristote, a été séparé par Cuvier de la classe des vers, auxquels les *Mollusques* avaient été longtemps réunis. Quelques naturalistes hésitent encore sur le rang qu'on peut accorder aux animaux *Mollusques :* car s'ils doivent passer avant les insectes pour leur respiration, leur circulation et l'existence des principaux viscères, ils sont évidemment après eux pour tout ce qui tient à la révélation extérieure de la vie. Construits sur un plan particulier, formant un type distinct, ils peuvent être aussi rapprochés des vertébrés que certains articulés, mais sous un autre point de vue.

Ce n'est pas ici le lieu de discuter la prééminence qu'on a dû donner et qu'on a donnée au type des *Mollusques* sur celui des *Articulés*. Pour soutenir ce qui a été fait par Cuvier, et repousser ce que veulent faire d'autres naturalistes, il faudrait entrer dans des développements d'anatomie comparée qui s'écarteraient de notre but actuel, et qui trouveront leur place dans l'étude des *Mollusques*. Qu'il nous suffise de dire que si quelques *animaux Articulés* semblent être voisins des *Vertébrés* par l'activité de leur vie, la vivacité de leurs mouvements, la perfection de leur instinct, leurs aptitudes industrielles, etc., etc., les *Mollusques* ont des droits plus incontestables au second rang, par leur organisation complète sous le rapport de la circulation, de la respiration, de la digestion, des appareils sensitifs, etc., etc.

Les *Mollusques* n'ont point de squelette articulé ni de canal vertébral, comme les animaux vertébrés ; ni une série d'anneaux enveloppant leur corps et constituant une espèce de squelette extérieur, comme les animaux articulés. Tantôt leur peau est complétement nue, tantôt une partie de l'enveloppe tégumentaire, nommée le manteau, sécrète une substance calcaire qui forme un abri pour l'animal, et qui porte le nom de coquille. Le système nerveux de ces animaux se compose d'un certain nombre de masses médullaires dispersées dans différentes parties du corps ; leur sang est blanc ou bleuâtre ; on y trouve un cœur aortique, et souvent deux réservoirs veineux, que la plupart des anatomistes regardent comme des cœurs pulmonaires. Le mode de respiration varie.

Dans la figure 2 de la planche 13 du 2e volume, qui représente l'anatomie de l'hélice, mollusque de la classe des gastéropodes et de l'ordre des tectibranches, les divers organes sont mis à découvert, et indiqués par des lettres.

Les Mollusques se divisent en six *Classes*.

CÉPHALOPODES.

Les *Céphalopodes* ont le corps en forme de sac ouvert par devant, renfermant des branchies, et d'où sort une tête bien développée, et couronnée d'appendices charnus au moyen desquels ces animaux marchent, nagent, et saisissent les objets.

Ce sont, de tous les Mollusques, ceux dont la structure est le plus compliquée, et dont les organes sont le plus parfaits. La plupart sécrètent une matière particulière, d'un noir très-foncé, qu'ils expulsent pour teindre l'eau qui les environne, et se dérober ainsi à la vue. Ce sont les sèches, les poulpes, etc.

PTÉROPODES.

Les *Ptéropodes* n'ont pas le corps couvert ; la tête manque d'appendices, ou n'en a que de petits.

Les principaux organes du mouvement sont deux ailes

ou nageoires membraneuses, situées aux côtés du cou, et sur lesquelles est souvent l'organe respiratoire, ou tissu branchial (clio, hyale).

GASTÉROPODES.

Les *Gastéropodes* ont aussi une tête assez distincte; ils rampent sur un disque charnu de leur ventre, sur lequel on voit facilement les divers plans musculaires qui font varier les contractions de cette partie.

Plusieurs sont absolument nus, d'autres ont une coquille; les uns respirent l'air en nature, et sont pourvus d'une cavité pulmonaire (la limace); les autres ont la respiration aquatique et des branchies diversement disposées (les dories, les aplysies, les carinaires, etc.); on les a partagés en neuf *ordres* : 1er ordre, *pulmonés* (escargots, planorbes); 2e ordre, *nudibranches* (tritonies); 3e ordre, *inférobranches* (phyllidies); 4e ordre, *tectibranches* (aplysies, dolabelles); 5e ordre, *hétéropodes* (firoles, carinaires); 6e ordre, *pectinibranches* (toupies, ampullaires, cônes, buccins); 7e ordre, *tubulibranches* (vermets); 8e ordre; *scutibranches* (haliotides, émarginules); 9e ordre, *cyclobranches* (patelles, oscabrions.)

ACÉPHALES.

Les *Acéphales* n'ont pas de tête distincte; leur bouche est très-cachée dans le fond du manteau, qui est presque toujours ployé en deux, et qui renferme aussi les branchies, les viscères, et tout le reste du corps. Presque tous ces animaux sont logés dans une coquille bivalve; ils ont des branchies.

Cette classe se compose de deux *ordres* : 1er ordre, acéphales *testacés*, ou à quatre feuillets branchiaux (huîtres, moules, anodontes); 2e ordre, acéphales *sans coquille* (biphores, ascidies simples et agrégées).

BRACHIOPODES.

Les *Brachiopodes* ont un manteau ouvert, à deux lobes, comme celui des *Acéphales* : ces lobes sont garnis à l'intérieur de petits feuillets branchiaux. Ils sont tous munis d'une coquille bivalve, et incapable de mouvements.

Aussi ils saisissent leur nourriture à l'aide de petits tentacules mous, charnus, assez semblables à des filaments qu'ils peuvent, à leur gré, ou porter en dehors, ou cacher dans leurs coquilles (térébratules).

CIRRHOPODES.

Les *Cirrhopodes* sont des mollusques qui ressemblent aux autres par le manteau et les branchies, mais qui en diffèrent par les filets (cirrhes), disposés en paires le long du ventre.

Ces filets sont cornés articulés, d'une manière mobile, et rappellent assez bien les petites nageoires placées sous la queue des crustacés (anatifes, balanes).

EMBRANCHEMENT DES ARTICULÉS.

Cette grande division du règne animal se compose d'êtres qui n'ont ni vertèbres ni squelette intérieur, mais dont le corps est renfermé en entier dans un système d'anneaux plus ou moins durs, et articulés entre eux. Ces anneaux ne sont autre chose que des portions de la peau encroûtées de matière cornée ou calcaire, ou simplement épaissies, et qui remplissent les mêmes fonctions que les os des animaux vertébrés; car l'on peut dire que les animaux articulés ont un squelette extérieur.

Dans la figure 4 de la planche 14 du 2e volume, on a représenté les divers organes du *crabe tourteau.*

Dans tous ces animaux, le système nerveux central se compose d'une double chaîne de noyaux médullaires, disposés par paires de chaque côté de la ligne médiane, et placés à la face ventrale du corps. Tantôt les noyaux des deux côtés restent toujours distincts; d'autres fois ils se réunissent pour constituer une seule série de ganglions impairs. Dans tous les cas, ceux des différentes paires sont réunis entre eux par des cordons de communication, et un certain nombre de ganglions sont situés dans la tête, au-devant et au-dessus de l'œsophage, tandis que les autres sont placés au-dessus du tube intestinal. Il résulte de cette disposition que les cordons qui réunissent la masse nerveuse céphalique (ou cerveau de la plupart des auteurs) au reste du système ganglionnaire, forment autour de l'œsophage une espèce de collier. On pourra voir ces détails dans les figures 12 et 13 de la planche 8 du 2e volume.

Le canal intestinal s'étend d'une extrémité du corps à l'autre (fig. 2, planche 14 du 2e volume) : la bouche est, en général, armée de mâchoires qui sont toujours disposées par paires de chaque côté de la ligne médiane, et se meuvent de dehors en dedans. Le foie se compose tantôt d'un grand nombre de petits cœcums, d'autres fois de plusieurs petites masses glandulaires isolées; mais, en général, il est remplacé par des vaisseaux biliaires. Les membres manquent quelquefois; mais, dans la plupart des cas, ils sont très-nombreux; on n'en compte presque jamais moins de trois paires, et souvent il en existe plusieurs centaines. Ces animaux sont presque tous pourvus d'yeux d'une structure très-compliquée; mais il n'en est qu'un très-petit nombre qui présentent des vestiges d'un appareil auditif. Enfin, tous se reproduisent au moyen d'œufs.

Les animaux de l'embranchement des *Articulés* ont le sang blanc; les annélides font seuls une exception à cette règle générale.

Nous avons dit que les anneaux articulés qui entourent le corps et souvent les membres des animaux de ce *Type* leur tenaient lieu de squelette. En effet, ces anneaux sont presque toujours assez durs pour pouvoir prêter aux mouvements tous les points d'appui nécessaires; en sorte qu'il y a dans ce type, comme dans celui des vertébrés, des animaux marcheurs, coureurs, sauteurs, nageurs, volants. Il n'y a que les *Articulés* dépourvus de pieds, ou qui n'ont pour pieds que des fragments membraneux et mous, qui soient bornés à la reptation. En général, les anneaux encroûtés, qui sont la partie solide du corps des articulés, sont mobiles les uns sur les autres, soit par les charnières qui terminent chaque bord d'un anneau, soit par les membranes flexibles qui vont de l'un à l'autre, soit par l'emboîtement réciproque de ces parties; mais dans certaines régions du corps on les trouve soudées ensemble.

Le *Type* des *Articulés* comprend une quantité prodigieuse d'animaux, dont l'organisation et les habitudes sont très-variées. La distribution de ces animaux en *Annélides, Crustacés, Arachnides* et *Insectes,* repose sur des différences profondes. Pendant longtemps les *Annélides* ont été dispersés dans d'autres divisions, et les trois dernières classes étaient réunies en une seule sous le nom d'*Insectes*.

C'est Cuvier qui a rallié ce groupe en établissant les coupes actuelles dans la classe des *Insectes*.

ANNÉLIDES.

Les *Annélides* ont toujours leur corps plus ou moins mou, divisé en un très-grand nombre d'anneaux, et ordinairement uniforme, c'est-à-dire long et étroit. Leur peau, souvent terne et terreuse, est quelquefois nuancée des couleurs les plus vives. Leur sang est rouge.

Quelques espèces d'*Annélides* ont des pieds d'une structure très-compliquée (les néréides); d'autres ne rampent qu'à l'aide de poils ou de crochets (les lombrics ou vers de terre); d'autres, enfin, sont privés de pieds (les sangsues).

Ces animaux vivent dans les eaux douces et salées, ou sont enfoncés dans la terre. Plusieurs espèces s'abritent dans les tubes qu'elles se creusent dans les pierres, ou dans des étuis qu'elles fabriquent en agglutinant autour de leur corps le sable sur lequel elles se roulent. Les *Annélides* se nourrissent aux dépens d'autres animaux qu'ils sucent ou qu'ils avalent. Lorsque le froid se fait sentir, ces animaux s'enfoncent dans la vase des étangs, et y passent l'hiver dans un état de torpeur.

Les Annélides ont été partagés en trois ordres, d'après les différences qu'on rencontre dans la disposition des organes respiratoires : 1er ordre, *tubicoles* (serpules, amphitrites, dentales); 2e ordre, *dorsibranches* (arénicoles, néréides); 3e ordre, *abranches* (sangsues).

CRUSTACÉS.

La classe des *Crustacés* comprend tous les animaux articulés pourvus d'un système circulatoire, d'organes respiratoires extérieurs ou branchies, et de pieds articulés. Tous les animaux de cette classe sont construits sur le même plan général que les crabes et les écrevisses. Leur nom de *Crustacés* vient de l'espèce de croûte, de concrétion presque pierreuse, qui recouvre le corps chez la plupart d'entre eux. Ainsi que nous l'avons déjà dit, ils s'éloignent des *Annélides*, et ressemblent aux *Insectes* et aux *Arachnides* par l'existence du sang blanc et des pattes articulées, et ils se distinguent de ces animaux par leur respiration branchiale, par le nombre de leurs pattes et par plusieurs autres caractères.

La forme de leur corps varie, mais les anneaux qui le couvrent ont en général une consistance très-grande; la tête est souvent confondue avec le thorax, qui est séparé de l'abdomen.

Les pattes, dont le nombre est ordinairement de cinq ou de sept paires, sont ordinairement formées de plusieurs articles, et s'insèrent au thorax; la tête est pourvue en avant de deux paires d'antennes; elle est aussi armée de plusieurs paires de mâchoires, et l'abdomen supporte d'autres appendices qui ont ordinairement la forme de nageoires. La plupart de ces animaux sont carnassiers; quelques-uns vivent en parasites sur d'autres animaux, dont ils sucent le sang à l'aide d'une trompe; mais presque tous se nourrissent d'aliments solides et ont une bouche armée de fortes mâchoires : la plus grande partie d'entre eux vit au sein des mers; les autres séjournent dans les eaux douces ou sur la terre, cachés dans les creux de rochers, sous les pierres ou dans le sable. Dans toutes les parties du monde, la chair des *Crustacés* est mise au rang des comestibles : à Paris, par exemple, plusieurs crabes, le homard, l'écrevisse des ruisseaux, le palémonsquille, le crangon vulgaire, sont fréquemment servis sur les tables; d'autres sont recommandés pour leurs propriétés médicales; il en est enfin dont la chair passe pour être délétère.

La classe des *Crustacés* a été partagée en sept ordres. Cette division a pour base la situation et la forme des branchies, la manière dont la tête s'articule avec le tronc, et les organes masticateurs. Ces ordres sont répartis en deux sections :

1re Section. — *Malacostracés.* Espèces ayant les yeux portés sur un pédicule mobile et articulé ; 1er ordre, *décapodes* (crabes, écrevisses); 2e ordre, *stomapodes*, (squilles, vulgairement mantes de mer, phyllosomes), espèces ayant les yeux sessiles et immobiles; 3e ordre, *amphipodes* (crevettes); 4e ordre, *lœmodipodes* (cyames); 5e ordre, *isopodes* (cloportes).

2e Section.—*Entomostracés;* 6e ordre, *branchiopodes* (monocles, apus); 7e ordre, *pœcilopodes* (limules, nicothoés, trilobites).

ARACHNIDES.

La classe des *Arachnides* se compose des animaux qui, pour le mode général de leur organisation, ressemblent aux araignées. De même que les *Crustacés* et les *Insectes*, ce sont des animaux articulés à sang blanc et à pattes articulées; mais ils diffèrent des *Crustacés* par leurs organes respiratoires aériens, communiquant au dehors au moyen d'ouvertures appelées stigmates; et ils s'éloignent des *Insectes* par l'existence d'un appareil circulatoire, composé d'artères, de veines et d'un vaisseau dorsal qui fonctionne comme le cœur des animaux vertébrés.

Presque tous les *arachnides* sont des animaux terrestres ; aussi leurs pattes sont-elles conformées pour la marche ou pour le saut. Ces organes sont souvent très-longs, et ordinairement terminés par deux crochets.

On ne sait presque rien sur les sens de l'ouïe et de l'odorat chez ces animaux. En haut et en avant, sur la partie du corps qui représente la tête, on trouve chez presque tous un certain nombre de points luisants, qui sont les yeux ; on désigne ces organes sous le nom d'yeux lisses, pour les distinguer des yeux à réseaux des insectes. Chacun d'eux se compose d'une petite cornée convexe et sans trace de division, derrière laquelle se trouve un petit corps vitré, une couche de matière colorante et la terminaison d'un nerf optique.

Les mœurs des *Arachnides* présentent beaucoup d'intérêt. Un des phénomènes les plus curieux de l'histoire de ces animaux est la manière dont ils savent filer les soies, et fabriquer, avec ces matériaux délicats, des toiles qui sont souvent aussi remarquables par leur étendue que par la régularité de leur trame. Cette soie est une matière sécrétée par un appareil particulier, logé dans l'abdomen de l'araignée, et qui s'échappe par un certain nombre de petits trous, au sommet de mamelons groupés au bas du ventre.

La classe des *Arachnides* a été divisée en deux ordres, dont le caractère distinctif est le mode de respiration, soit par des sacs pulmonaires, soit par des trachées : 1er ordre, *pulmonaires* (mygales, araignées, tarentules, scorpions); 2e ordre, *trachéennes* (pinces, faucheurs, mites).

INSECTES.

On donne le nom d'*Insectes* à des animaux invertébrés, dépourvus de branchies et d'organes de la circulation, ayant un corps articulé, muni de membres articulés eux-mêmes, et respirant par des stigmates.

Tous ces animaux manquent de cœur, d'os à l'intérieur du corps, et d'organes distincts isolés pour la respiration. La plupart d'entre eux ont six pattes, et beaucoup ont des ailes.

Il en est qui ont une bouche munie de mandibules disposées par paires latérales, placées les unes au-devant des autres, et mobiles isolément. Tels sont ceux qui appartiennent aux ordres des *coléoptères*, des *orthoptères*, des *névroptères*, comme les cantharides, les scarabées, les sauterelles, les demoiselles, etc.; d'autres, au contraire, comme les punaises, pompent leur nourriture avec une sorte de bec articulé, un tube composé de plusieurs pièces, dans l'intérieur desquelles sont contenues des soies fines et aiguës; tandis que les papillons ont pour bouche un instrument particulier, roulé en spirale sur lui-même, et nommé langue, et que, chez les *diptères*, comme la mouche commune, la bouche forme tantôt une trompe charnue, terminée par deux lèvres qui font l'office d'une ventouse, et tantôt une sorte de suçoir non évasé à son extrémité libre, et dans lequel se trouvent des soies dont l'insecte se sert pour percer les téguments des êtres organisés, afin de se nourrir de leurs humeurs. Presque tous aussi portent sur la tête des cornes de figures variables, articulées, au nombre de deux, appelées antennes, et dont l'usage réel est encore ignoré, quoiqu'il soit probable qu'elles servent à la perception de quelque sensation.

Les yeux des *insectes*, le plus souvent au nombre de deux, ne sont jamais couverts par des paupières, et offrent à leur surface, comme chez les demoiselles, les papillons et les mouches, une quantité considérable de petites facettes. Lorsqu'il en existe un plus grand nombre, on observe, outre ces deux yeux composés, et à facettes, trois yeux lisses, ou stemmates, disposés en triangle sur le sommet de la tête.

Quant à la classification des *Insectes*, toutes les méthodes tentées jusqu'à ce jour se réduisent à trois principales. L'une, celle de Swammerdam, a pour base les métamorphoses; une autre, celle de Linné, est fondée sur l'absence ou la présence des ailes, sur leur nombre, leur consistance, leur mode de superposition, la nature de leur surface, etc.; dans la troisième, celle de Fabricius, on n'a eu recours qu'à l'examen des diverses parties de la bouche.

Cuvier a classé les *Insectes* d'après tous les caractères que ces animaux présentent; mais il a accordé surtout une importance spéciale aux organes du mouvement et à l'organisation de la bouche, sans négliger toutes les métamorphoses et les moyens de reproduction de ces animaux.

Les anciennes classifications des *Insectes*, fondées sur une seule série d'organes, n'indiquaient pas de coupes tranchées; Cuvier a rassemblé dans une même division les insectes qui ont entre eux le plus de points de ressemblance; et pour eux, comme pour les familles naturelles des plantes classées par Jussieu, il suffit de connaître un seul individu pour avoir des idées générales sur tous ceux qui ont été groupés autour de lui.

Les Insectes sont partagés en douze ordres : 1er ordre, *myriapodes* (iules, scolopendres); 2e ordre, *thysanoures* (lépismes, podures); 3e ordre, *parasites* (poux, ricins); 4e ordre, *suceurs* (puces); 5e ordre, *coléoptères* (carabes, staphylins, hannetons, charançons); 6e ordre, *orthoptères* (perce-oreilles, blattes, courtillères); 7e ordre, *hémi-*

ptères (punaises, nèpes, cigales, pucerons, cochenilles); 8ᵉ ordre, *névroptères* (libellules, éphémères, fourmillons, termites); 9ᵉ ordre, *hyménoptères* (cynips, fourmis, guêpes, abeilles); 10ᵉ ordre, *lépidoptères* (papillons, phalènes, pyrales); 11ᵉ ordre, *rhipiptères*, deux espèces, dont l'une vit sur la guêpe nommée *gallica*, et l'autre sur une guêpe analogue, de l'Amérique septentrionale; 12ᵉ ordre, *diptères* (cousins, taons, mouches, œstres, hippobosques).

EMBRANCHEMENT DES RAYONNÉS.

La division du RÈGNE ANIMAL qui nous reste à étudier porte le nom d'embranchement des *Rayonnés* ou *Zoophytes*. Ces dénominations marquent les degrés les plus inférieurs de l'échelle des animaux. Bonnet, qui, en créant le mot de *Zoophytes*, demandait grâce pour cette expression barbare, ne se doutait pas du succès qui l'attendait.

C'est qu'en effet, pour quelques exceptions, le mot *Zoophytes* caractérise d'une manière nette ces existences ambiguës qui, placées comme des *mezzo-termine* entre les deux grandes coupes des êtres vivants, ne sont ni des animaux ni des plantes, et semblent n'être le produit que d'une indifférence profonde pour l'une ou l'autre de ces deux formes de la vie.

On a beau répéter à satiété que la plante est un corps passif et l'animal un être actif, on n'en arrivera pas plus promptement à distinguer certains *fucus* et certaines *algues*, classées dans ces plantes, d'avec des *certulaires*, des *cératophytes* ou des productions *coralligènes* dues à des animaux de la classe des *Polypiers*. Les *urédos*, les *précinies*, les *conferves*, paraissent venir d'animaleules infusoires, ou se transformer en ceux-ci, et il n'y a entre eux qu'une différence du plus au moins dans la force d'action des mêmes éléments. C'est pour ces derniers êtres surtout que devrait s'établir un Règne intermédiaire entre les végétaux et les animaux, règne qui pourrait être désigné sous le nom de corps vivants primaires, et où se rangeraient d'eux-mêmes les oscillatoires, les volvox, les baccilariées, les fragilariées, et quelques autres encore.

En attendant que cette idée ait trouvé quelque crédit auprès des législateurs officiels de l'histoire naturelle, disons ce que, dans l'état actuel de la science, on sait sur le *type* des *Rayonnés*.

Cette grande division du Règne animal comprend tous les animaux dont la structure est la plus simple. Le système nerveux manque presque toujours, et lorsqu'il existe il est rudimentaire; il n'y a pas de système véritable de circulation. Ces animaux sont formés sur un plan tout différent des précédents, car au lieu d'avoir leurs organes des sens et du mouvement placés symétriquement aux deux côtés d'un axe, ils les ont autour d'un centre, ce qui leur donne la forme et la disposition circulaire des fleurs des végétaux.

L'anatomie de l'holothurie, dans la planche 14, fig. 5 du 2e volume, montre la structure intérieure d'un des Zoophytes les moins imparfaits.

Les *Zoophytes* ne possèdent ainsi ni organes des sens particuliers, ni système de nerfs distincts; quelques-uns (les *infusoires*) ont à peine des vestiges de circulation, et des organes respiratoires placés presque toujours à la surface du corps; la plupart n'ont qu'un sac qui sert d'entrée pour les aliments et d'issue pour les excréments. Enfin les dernières familles ne montrent qu'une cellulosité pulpeuse, homogène, contractile et sensible. Tels sont les échinodermes, les radiaires proprement dits, les polypes groupés et coralligènes, etc.

Le plus ou moins de complication des Zoophytes a donné lieu à leur division en classes.

ÉCHINODERMES.

Les animaux de cette classe ont un intestin distinct, flottant dans une grande cavité, et accompagné de plusieurs autres organes pour la respiration et la circulation partielle du fluide nutritif. C'est dans cette classe que se rencontrent les oursins, les astéries, les holoturies.

Les premiers vivent parfaitement libres dans le fond de la mer, à d'assez grandes profondeurs; ce sont des animaux éminemment carnassiers, et qui pondent une quantité innombrable d'œufs; les derniers se rencontrent sur les rivages, au milieu des fucus et des rochers, sur lesquels ils s'attachent, dans le moment des tourmentes, au moyen des singuliers suçoirs dont leur peau est pourvue et qui peuvent s'étendre beaucoup. On les a répartis dans deux ordres : 1er ordre, *pédicellés* (astéries, oursins, holoturies); 2e ordre, *échinodermes sans pieds* (siponcles, bonellies).

VERS INTESTINAUX.

Ces *Rayonnés* n'ont pas de vaisseaux bien évidents où se fasse une circulation distincte, ni d'organes spéciaux pour la respiration. Leur corps est en général allongé ou déprimé; leurs organes sont disposés longitudinalement.

C'est parmi ces animaux que sont rangés les vers qui se développent au sein des corps vivants : le trichocéphale, si commun dans le gros intestin de l'homme; les ascarides, les strongles, qui ont jusqu'à trois pieds de long; les échinorhynques, qui, plongés dans un liquide, l'absorbent par toute leur surface, et enfin les tœnias, ces cruels ennemis des animaux, dans lesquels ils se développent et qu'ils paraissent épuiser; on en a vu qui avaient plus de cent pieds de long; les grands ont près d'un pouce de largeur. On les a distribués dans deux ordres : 1er ordre, *cavitaires*, (ascarides, strongles, lernées); 2e ordre, *parenchymateux* (échinorhynques, douves, planaires, tænias, cysticerques).

ACALÈPHES.

Les animaux compris dans cette classe sont privés d'organes respiratoires et circulatoires; leur forme est circulaire et rayonnante; leur bouche tient lieu de deux ouvertures de l'intestin, qui n'est lui-même qu'une sorte de sac autour duquel sont des tentacules plus ou moins nombreux, qui servent à la locomotion et au toucher.

Parmi ces *Rayonnés*, les uns (les méduses) sont gélatineux, libres, et flottent dans la mer en contractant ou en dilatant leur corps; il y en a qui parviennent à plusieurs pieds de diamètre et pèsent jusqu'à cinquante livres; les autres (les dyphyes, les physalies) se rencontrent dans toutes les mers chaudes. Ces derniers ressemblent à une grande vessie oblongue, relevée en dessus d'une crête saillante, oblique et ridée, et garnie en dessous, à l'une de ses extrémités, de productions charnues et cylindriques. On les répartit en deux ordres : 1er ordre, *acalèphes simples* (urédos, porpites); 2e ordre, *acalèphes hydrostatiques* (physalies, diphyes).

POLYPES.

La classe des Polypes se compose d'animaux qui presque tous vivent fixés par leur base, et qui ont la bouche entourée d'un certain nombre de tentacules, qui leur donnent l'apparence de fleurs. La plupart de ces êtres singuliers ont la faculté de produire de nouveaux individus, qui naissent sur la surface de leur corps comme des bourgeons, et ne s'en détachent pas, mais s'accolent entre eux, et constituent ainsi des masses de formes diverses, qui sont en quelque sorte des animaux multiples ou composés. Plusieurs polypes sécrètent aussi une matière pierreuse, qui sert à former des espèces de cellules dans lesquelles ils se logent, ou des tiges autour desquelles ils se groupent.

Il est d'autres Polypes agrégés, nommés madrépores, qui forment, de la même manière, des masses pierreuses si grandes, qu'il en résulte des récifs nouveaux, et même des îles. On les trouve principalement dans l'océan Indien.

Les hydres ou polypes à bras, qui habitent les eaux douces, peuvent être considérés comme le type le plus simple de ce groupe. Leur corps tubiforme est gélatineux, et ne laisse apercevoir, dans son intérieur, aucun organe particulier; néanmoins ils nagent, rampent et agitent leurs longs tentacules pour saisir les petits animaux qui se trouvent à leur portée, et qu'ils dévorent avec avidité; ils paraissent aussi être sensibles à la lumière. On est parvenu à retourner quelques-uns de ces Polypes de façon à rendre la surface de leur estomac extérieure, et on a vu que la cavité formée par la surface de leur peau devenue intérieure a rempli tout aussi bien que l'estomac naturel les fonctions d'un organe digestif; mais ce qu'ils offrent de plus singulier est l'étonnante force de vitalité qui leur fait continuer à vivre lorsqu'on les divise en morceaux, et qui permet à chaque fragment de devenir un individu complet.

Les Polypes se divisent en trois ordres : 1er ordre, *polypes charnus*, ou orties de mer fixes (actinies, lucernaires) ; 2e ordre, *polypes gélatineux* (hydres, vorticelles) ; 3e ordre, *polypes à polypiers* (tubipores, flustres, isis, permatules, éponges).

INFUSOIRES.

L'histoire des Infusoires, dit M. Dujardin, dans le livre remarquable qu'il a publié sur ce sujet, est entièrement liée à l'histoire du microscope, car on ne pouvait, avant la découverte de cet instrument, soupçonner l'existence d'une foule d'animaux peuplant le monde nouveau que le microscope a fait connaître ; mais aussi cette histoire a dû être mêlée à celle de tous les êtres vivants que leur extrême petitesse avait jusqu'alors dérobés aux yeux des observateurs. L'attention avait été singulièrement excitée par la vue des animalcules qui apparaissent en foule dans les infusions de diverses substances végétales ou animales. On reconnut bientôt l'analogie de ces êtres avec ceux qui fourmillent dans les eaux stagnantes, au milieu des herbes aquatiques plus ou moins décomposées, qui font de ces eaux de véritables infections ; par conséquent on a dû confondre dans la même série d'études, et sous la même dénomination d'Infusoires, d'Animalcules, ou de Microscopiques, tous les êtres divers qu'on observait dans les eaux stagnantes.

Les Infusoires sont des animaux très-petits, dont les dimensions extrêmes sont de un à trois millimètres, d'une part, et d'un millième de cette grandeur d'autre part; leur grandeur moyenne est de un à cinq dixièmes de millimètre. Les plus grands se montrent à l'œil nu sous la forme de points blancs ou colorés, fixés à divers corps submergés, ou comme une poussière ténue flottant dans le liquide. Les autres ne se voient qu'avec l'aide du microscope simple ou composé. Ils sont presque tous demi-transparents, et paraissent blancs ou incolores; mais plusieurs sont colorés en vert ou en bleu; d'autres, moins nombreux, sont rouges; enfin il en existe de brunâtres ou noirâtres. Tous vivent dans l'eau liquide ou dans des substances fortement humides; mais ils ne se développent et ne se multiplient le plus souvent que dans des liquides chargés de substances organiques et salines, tels que des infusions préparées artificiellement avec des substances animales ou végétales, ou des eaux stagnantes dans lesquelles se sont décomposées naturellement ces mêmes substances : c'est ainsi que l'on peut trouver sûrement des Infusoires dans l'eau trouble des ornières, des mares et des fossés, et dans la couche vaseuse de débris qui couvre la base des plantes et des autres objets submergés au bord des rivières et des étangs, de même que dans l'eau qui baigne ces objets. Aussi la dénomination d'Infusoires, quoique critiquée par quelques naturalistes, doit-elle être conservée, comme la plus propre à donner une idée de ces petits êtres.

Les Infusoires observés au microscope paraissent formés d'une substance homogène glutineuse, diaphane, nue ou revêtue en partie d'une enveloppe plus ou moins résistante. Leur forme la plus ordinaire est ovoïde ou arrondie. Les uns, et ce sont ceux qu'on rencontre le plus fréquemment, sont pourvus de cils vibratiles, qui se mouvant tous, par instants ou continuellement, servent comme des rames innombrables au mouvement de l'animal, ou bien servent seulement à amener les aliments à sa bouche; d'autres n'ont, au lieu de cils vibratiles, qu'un ou plusieurs filaments d'une ténuité extrême, qu'ils agitent d'un mouvement ondulatoire pour s'avancer dans le liquide; d'autres enfin n'ont aucun filament ou cil, et ne se meuvent que par des extensions et contractions d'une partie de leur masse.

Ceux des Infusoires qui présentent distinctement une bouche contiennent souvent, à l'intérieur, des masses globuleuses de substances avalées qui les colorent, surtout en vert, quand ce sont des particules végétales; tous les Infusoires peuvent, en outre, présenter une ou plusieurs cavités sphériques ou *vacuoles* remplies d'eau, lesquelles sont essentiellement variables quant à leur grandeur et à leur position, et disparaissent en se contractant, pour être remplacées par d'autres vacuoles creusées spontanément dans la substance charnue vivante et n'ayant rien de commun avec les précédentes que leur forme et leur mode de production.

La plupart des Infusoires se multiplient par *division spontanée*; c'est-à-dire que chacun de ces animalcules, arrivé au terme de son accroissement, présente d'abord au milieu, s'il est oblong, un léger étranglement, qui devient de plus en plus prononcé jusqu'à ce que les deux moitiés, qui sont devenues deux animaux complets, ne tenant plus ensemble que par une partie très-étroite, se séparent. Elles commencent alors, chacune pour leur compte, une nouvelle vie, une nouvelle période d'accroissement, au bout de laquelle elles se diviseront de même, et ainsi de suite à l'infini si les circonstances le permettent.

Quand, par suite de l'altération chimique du liquide soumis au microscope ou de son évaporation, ou par toute autre cause, un Infusoire n'est plus dans des conditions favorables à son existence, il se décompose par *diffluence*, c'est-à-dire que la substance glutineuse dont il est formé s'écoule en globules hors de la masse, laquelle, si les mêmes circonstances continuent à agir, se décompose tout entière, en ne laissant pour dernier résidu que des particules irrégulières ou des globules épars; mais si, par une addition d'eau fraîche ou d'un liquide convenable, on change ces circonstances funestes, le reste de l'animalcule, reprenant sa vivacité primitive, recommence à vivre sous une forme plus ou moins modifiée.

Pendant longtemps on a cru les monades privées de toute espèce d'organisation : on supposait qu'elles ne se nourrissaient que par absorption; mais les perfectionnements récents du microscope, et les moyens ingénieux employés par le professeur Ehrenberg, de Berlin, ont prouvé que ces petits animaux, dont plusieurs millions n'occuperaient pas un millimètre carré de surface, n'ont pas moins de quatre estomacs bien distincts. Ces moyens consistent tout simplement à colorer, avec du carmin ou de l'indigo, le liquide dans lequel ils vivent; puis, plaçant une goutte de cette liqueur colorée auprès d'une goutte d'eau claire sur un morceau de verre, on fait communiquer avec une aiguille les deux gouttes par un point, et les animalcules qui partent de la goutte colorée dans la goutte limpide s'offrent à l'observateur, ayant les estomacs et le canal alimentaire remplis du liquide coloré.

Les Infusoires ont été partagés en deux ordres : 1er ordre, *rotifères* (brachions, furculaires); 2e ordre, *homogènes* (monades, protées, vibrions.)

Les tableaux qui suivent donnent le résumé de la méthode zoologique fondée par Cuvier, et qui a été un progrès immense en histoire naturelle.

Le premier tableau expose les divisions du RÈGNE ANIMAL jusqu'aux *Embranchements*, avec l'énoncé des caractères différentiels de chacun de ces *Embranchements*. Les quatre autres tableaux montrent le partage successif de chacun des quatre *Embranchements*, en *Classes* et en *Ordres*.

Ce moyen de démonstration est très-utile; il abrège le travail, il aide la mémoire, et il offre à l'esprit une suite d'idées qui sont, il est vrai, relatives à des objets différents, mais qui cependant ont des rapports communs. Une expérience déjà longue de l'enseignement m'a convaincu que ce procédé laissait dans l'esprit des impressions plus fortes que ne le pourraient faire des objets détachés, qui n'auraient entre eux aucune relation réciproque.

RÈGNE ANIMAL (2 *Sous-Règnes*).

Ier Sous-Règne (2 *groupes*).

Corps symétrique. Un système nerveux composé de :

Ier Groupe (*formé d'un seul type*).

un cerveau, une moelle épinière, des ganglions, etc. Un squelette intérieur, dont une partie, formée par le crâne et les vertèbres, renferme le cerveau et la moelle épinière. Sang rouge, un cœur, cinq sens. — VERTÉBRÉS.

2e Groupe (2 *divisions*).

ganglions et de nerfs seulement (pas de cerveau proprement dit, ni de moelle épinière). Pas de squelette à l'intérieur. Sang ordinairement blanc. Sens plus ou moins incomplets.

1re Division (1 *type*).

Ganglions nerveux placés dans différentes parties du corps, et ne formant pas de chaine sur la ligne médiane. Corps mou, sans squelette extérieur, point divisé en anneaux, mais, en général, protégé par une croûte pierreuse, appelée *coquille*. Sang blanc, un cœur. — MOLLUSQUES.

2e Division (1 *type*).

Ganglions nerveux réunis sur la ligne médiane, en une espèce de chaine longitudinale. Corps divisé en anneaux et protégé par une espèce de squelette externe, formé par la peau plus ou moins durcie. Sang le plus ordinairement blanc; un cœur ou un vaisseau dorsal qui le représente. — ARTICULÉS.

2e Sous-Règne (*formé d'un seul type*).

Corps non symétrique, mais plus ou moins rayonné et d'une structure très-simple. Point de système nerveux distinct ni d'organes des sens. Sang blanc, pas de cœur. — RAYONNÉS.

- **1er TYPE.** Vertébrés. 4 Classes. 28 *Ordres.*
  - 1re Classe. MAMMIFÈRES. — 9 *Ordres.*
    - Bimanes.
    - Quadrumanes.
    - Carnassiers.
    - Marsupiaux.
    - Rongeurs.
    - Édentés.
    - Pachydermes.
    - Ruminants.
    - Cétacés.
  - 2e Classe. OISEAUX. — 6 *Ordres.*
    - Rapaces.
    - Passereaux.
    - Grimpeurs.
    - Gallinacés.
    - Échassiers.
    - Palmipèdes.
  - 3e Classe. REPTILES. — 4 *Ordres.*
    - Chéloniens.
    - Sauriens.
    - Ophidiens.
    - Batraciens.
  - 4e Classe. POISSONS. — 9 *Ordres.*
    - Acanthoptérygiens.
    - Abdominaux.
    - Subrachiens.
    - Apodes.
    - Lophobranches.
    - Plectognates.
    - Sturioniens.
    - Sélaciens.
    - Cyclostomes.
- **2e TYPE.** Mollusques. 6 Classes. 15 *Ordres.*
  - 5e Classe. — 1 *Ordre.*
    - Céphalopodes.
  - 6e Classe. — 1 *Ordre.*
    - Ptéropodes.
  - 7e Classe. GASTÉROPODES. — 9 *Ordres.*
    - Pulmonés.
    - Nudibranches.
    - Inférobranches.
    - Tectibranches.
    - Hétéropodes.
    - Pectinibranches.
    - Tubulibranches.
    - Scutibranches.
    - Cyclobranches.
  - 8e Classe. ACÉPHALES. — 2 *Ordres.*
    - Testacés.
    - Sans coquilles.
  - 9e Classe. — 1 *Ordre.*
    - Brachiopodes.
  - 10e Classe. — 1 *Ordre.*
    - Cirrhopodes.

Type	Classe	Ordres
3ᵉ TYPE. ARTICULÉS. 4 CLASSES. 24 *Ordres.*	11ᵉ CLASSE. ANNÉLIDES. — 3 *Ordres.*	Tubicoles. Dorsibranches. Abranches.
	12ᵉ CLASSE. CRUSTACÉS. — 7 *Ordres.*	Décapodes. Stomapodes. Amphipodes. Lœmodipodes. Isopodes. Branchiopodes. Pœcilopodes.
	13ᵉ CLASSE. ARACHNIDES. — 2 *Ordres.*	Pulmonaires. Trachéennes.
	14ᵉ CLASSE. INSECTES. — 12 *Ordres.*	Myriapodes. Thysanoures. Parasites. Suceurs. Coléoptères. Orthoptères. Hémiptères. Névroptères. Hyménoptères. Lépidoptères. Rhipiptères. Diptères.
4ᵉ TYPE. RAYONNÉS. 5 CLASSES. 11 *Ordres.*	15ᵉ CLASSE. ÉCHINODERMES. — 2 *Ordres.*	Pédicellés. Sans pieds.
	16ᵉ CLASSE. INTESTINAUX. — 2 *Ordres.*	Cavitaires. Parenchymateux.
	17ᵉ CLASSE. ACALÈPHES. — 2 *Ordres.*	Simples. Hydrostatiques.
	18ᵉ CLASSE. POLYPES. — 3 *Ordres.*	Charnus. Gélatineux. A polypiers.
	19ᵉ CLASSE. INFUSOIRES. — 2 *Ordres.*	Rotifères. Homogènes.

La méthode zoologique fondée par *Georges Cuvier* fut, nous l'avons dit, un progrès immense en histoire naturelle. L'auteur, en effet, joignant le précepte à l'exemple, n'avait pas seulement consacré la nécessité absolue d'établir les caractères zoologiques sur les caractères anatomiques; mais il avait mis à exécution l'obligation qu'il avait lui-même posée. Ses travaux sur les *poissons*, les *mollusques*, les *vers à sang rouge* et les *zoophytes*, prouvent ce que nous venons d'avancer; on a pourtant signalé quelques erreurs dans cette grande et difficile composition. Ainsi on a reproché à Cuvier d'avoir adopté sans aucune restriction les quatre ordres admis par M. *Alex. Brongniart* dans la classe des *reptiles*. En effet, le quatrième ordre, les *batraciens*, diffère peut-être assez des autres, par l'organisation des espèces qu'il renferme, pour qu'il puisse en être séparé et former une classe distincte, ainsi que l'avait pensé Linné. L'embranchement des *zoophytes* comprend, entre autres classes, la classe des *vers intestinaux*, partagée en deux ordres, les *intestinaux cavitaires* et les *intestinaux parenchymateux*. Outre le défaut réel de comprendre ainsi dans une même classe des animaux par cela seul que leur habitation est la même, il en existe, a-t-on dit, un autre, beaucoup plus grave, c'est de réunir des espèces très-diversement organisées. L'ordre des parenchymateux, en effet, renferme des genres que leur organisation disparate éloigne beaucoup les uns des autres. Il faut reconnaître néanmoins la justesse du rapprochement des *douves* et des *planaires*, en ayant égard toutefois à la structure variée qui distingue les espèces de ce dernier genre. Enfin, la dernière classe du Règne Animal est loin d'être définitivement établie; elle renferme, en effet, des animaux très-divers dans leur forme, dans leur organisation, dans leurs mœurs, qui appartiennent à des degrés très-différents de l'échelle zoologique, et qui, groupés sous le nom d'*Infusoires*, n'ont entre eux d'autres points de ressemblance que leur ténuité extrême.

Quoi qu'il en soit, la *classification* de Cuvier n'en restera pas moins le monument le plus important qui ait été élevé en histoire naturelle et le titre le plus glorieux de son auteur à la reconnaissance du monde savant.

DE L'UNITÉ DE COMPOSITION ORGANIQUE.

Dans le tableau rapide, mais exact, que nous venons de donner de la classification de *Règne Animal*, nous avons vu des appareils d'une même fonction bien différents les uns des autres. Tels sont, par exemple, les appareils au moyen desquels respirent le mammifère, l'oiseau, le reptile, le poisson, le mollusque, le crustacé, l'insecte, etc., etc.; tels encore les appareils qui servent à l'animal pour saisir ses aliments par la succion, ou pour les réduire en parcelles par la mastication; ceux qui lui ont été départis pour se mouvoir dans tous les milieux; etc., etc. Mais ces différences ne sont pas tellement profondes qu'elles ne laissent percer des analogies, des ressemblances, qui ont donné naissance au principe de l'*Unité de composition dans l'organisation de toute l'échelle animale*, théorie zoologique d'après laquelle les êtres les plus composés ne seraient que des développements des êtres les plus simples, qu'une nombreuse série de siècles aurait seule produits, chacun d'eux n'étant que la représentation de tous les autres.

Dans ces derniers temps, où l'anatomie comparée a pénétré avec tant de sûreté dans les replis obscurs de la structure animale, on s'est aperçu qu'un système d'organes n'acquiert des dimensions disproportionnées qu'à la condition que d'autres organes soient restreints et diminués d'une quantité équivalente. Cette loi organique a été proclamée sous le titre de *Balancement entre le volume des organes*; c'est une des quatre lois sur lesquelles repose la Philosophie anatomique, et qu'on appelle : *Théorie des analogues; Principe des connexions; Balancement des organes*, et *Affinité élective des éléments organiques.* De ces lois on arrive à celle dont nous voulons parler ici, l'*Unité de composition organique.*

Cette hypothèse hardie, mais curieuse, a été discutée assez vivement pour qu'il nous semble utile d'en exposer les principes généraux avant de passer à l'étude de la zoologie proprement dite. Depuis que l'enseignement de l'histoire naturelle s'adresse à des élèves de philosophie, il est nécessaire d'y comprendre toutes les questions générales qui s'y rattachent, et la théorie de l'*Unité de composition* doit être exposée dans l'étude de la zoologie, sommairement, mais aussi clairement qu'elle en est susceptible.

A partir d'Aristote, vrai fondateur de la zoologie, cette science était restée à peu près sur les mêmes fondements, qu'on n'avait fait qu'élargir pour donner place aux faits nouveaux ignorés du philosophe grec. Les différences organiques avaient d'abord été remarquées seules; puis, on avait observé des analogies de *formes* et de *fonctions* dans les organes. Ces analogies avaient servi à former les différents embranchements de la série animale, pour lesquels on reconnaissait des types divers d'organisation : tel était l'état de la Philosophie anatomique, lorsqu'il se répandit une nouvelle doctrine, une généralisation plus étendue, dont la France et l'Allemagne se disputent la priorité, et à laquelle M. Geoffroy Saint-Hilaire a, chez nous, consacré toute sa science et tout son talent. Cette doctrine, c'est la *Théorie des analogues,* c'est l'idée que tous les animaux sont construits sur même plan. Elle ne pouvait se produire qu'à une époque où la science de l'anatomie comparée était poussée fort loin ; car, au premier coup d'œil, les différences entre les animaux sont beaucoup plus grandes que les ressemblances; et une longue et patiente étude a pu seule mettre en relief les analogies d'organisation.

Pour saisir ces ressemblances il ne faut pas considérer les degrés extrêmes de l'échelle, car que sont-elles entre l'homme et le zoophyte? Mais il faut suivre la série animale, et, alors, on découvre des décroissances graduelles, des transitions, des transformations, qui expliquent les dissemblances et rapprochent ce qui paraissait le plus éloigné. Rien ne peut mieux faire concevoir cette vue si générale de l'animalité que la considération de l'embryon humain. Au premier jour de l'existence intra-utérine, lorsqu'il n'est encore qu'une vésicule presque amorphe, il est bien loin de ce qu'il sera un jour. Cependant quoi de plus analogue que l'embryon et l'homme adulte ? Peu à peu, de métamorphose en métamorphose, d'addition en addition, cet être, d'abord si simple, ira en se compliquant, et finira par offrir l'évolution complète de tous les organes qui appartiennent à son espèce. Dans la *Théorie des analogues*, la série animale n'est pas autre chose; à chaque point d'évolution, depuis l'être le plus simple jusqu'au plus compliqué, correspond une existence animale ; le plan est commun, et de degré en degré, d'analogie en analogie, on suit les développements variés et divergents de cette composition identique.

Si l'idée fondamentale de cette doctrine est différente de celle d'Aristote, les moyens de démonstration ne le sont pas moins. On rejette pour la détermination des analogies entre les organes la considération des *formes* et des *fonctions*, sur laquelle s'appuyait le philosophe grec ; le procédé est rigoureusement anatomique. Les analogies se déterminent à l'aide des *éléments* anatomiques ; et ces éléments eux-mêmes, on a pour les reconnaître le fil des *con-*

nexions. Ainsi, quoi de plus dissemblable que le bras de l'homme et la nageoire de la baleine si l'on considère *la forme* et *les fonctions!* cependant rien n'est plus ressemblant quant aux *éléments* anatomiques.

Ainsi, Aristote ne saisit que les analogies les plus frappantes, et il reconnaît des types divers d'organisation; la Théorie des analogues étend ses ressemblances à tout le règne animal, et ne reconnaît qu'un seul type. Aristote emploie pour la détermination de ces analogies organiques la *forme* et la *fonction;* la théorie des analogues ne considère que les éléments anatomiques. Tel est le champ de bataille des deux doctrines. On voit qu'il existe entre elles des dissidences profondes.

Dans cette idée de l'*Unité de composition* on trouve l'explication d'un fait qui échappe complétement à l'autre théorie. Ce sont ces particularités d'organisation qui n'ont aucune utilité pour l'animal, et qui semblent n'être là que pour rendre témoignage d'un plan général de composition. Ainsi, dans la tortue, la colonne vertébrale enfermée sous la carapace ne peut se prêter à aucun mouvement, elle est complétement immobile; aussi n'est-elle pas composée de vertèbres séparées : mais en la considérant il est impossible de ne pas reconnaître qu'elle est formée de vertèbres soudées ensemble. Ne doit-on pas penser que si la tortue avait été le seul animal existant sur la terre, sa colonne vertébrale n'eût pas été ainsi conformée, et qu'elle se fût présentée, par exemple, sous la forme d'un os simple, sans trace des vertèbres, qui ne se trouvent mobiles que sur d'autres animaux? En un mot, les considérations anatomiques portent à croire que les animaux ne sont pas bâtis pour eux seuls, et que leur organisation est dominée par une cause plus générale.

Cependant des esprits sévères n'ont pas voulu reconnaître ces généralisations hardies, pour lesquelles, il faut en convenir, assez de travaux de détail ne sont pas encore accomplis. Ils ont repoussé parmi les hypothèses l'*Unité de plan*, restreignant les analogies à ce qu'elles ont d'irrécusable, ne reconnaissant pour lois d'organisation que le but et les conditions d'existence, et rejetant une cause générale comme régulatrice des existences particulières.

De ce nombre fut M. Cuvier, qui, à propos d'un rapport où M. Geoffroy attaquait ses idées favorites, examina les fondements de cette théorie, et lut un travail plein d'intérêt pour la forme et le fond sur *les Mollusques en général et les Céphalopodes en particulier*.

Les auteurs du mémoire que M. Cuvier se proposa de réfuter (MM. Laurence et Mayraux) avaient cru pouvoir rapprocher les céphalopodes des mammifères, en supposant qu'ils étaient pliés en deux sur eux-mêmes et en arrière, et qu'il suffisait de les redresser par la pensée pour mettre leurs organes dans la même position que chez les mammifères. Cet arrangement flattait les idées de M. Geoffroy, que M. Cuvier accusa d'avoir dépassé les idées des auteurs, en ramenant leur hypothèse à un grand principe d'*unité de composition et d'unité de plan*. C'est sur la signification de ces termes, *unité de plan, unité de composition*, que porta la première partie du mémoire de M. Cuvier, et c'est en effet celle qui intéresse le plus directement.

M. Cuvier déclara que, pour apporter dans ce débat une entière bonne foi, il ne prendrait pas ces mots *d'unité, etc.*, dans le sens qu'ils ont en français et dans toutes les langues, ce qui signifierait que *tous les animaux se composent des mêmes organes, arrangés de la même manière;* que dans une pareille interprétation il eût bientôt pulvérisé le prétendu principe; mais il ne crut pas que les naturalistes, même les plus vulgaires, eussent pu employer ces mots, *unité de composition*, *unité de plan*, dans le sens d'*identité*. Aucun d'eux, selon lui, n'oserait soutenir que le polype et l'homme aient dans ce sens *une composition une, un plan un*; on donne donc au mot *unité* un sens détourné, pour signifier *ressemblance*, *analogie*. Ainsi, quand on dit qu'il y a entre l'homme et la baleine *unité de composition* on ne veut pas dire que la baleine ait toutes les parties de l'homme, car les cuisses, les jambes, les pieds lui manquent, mais seulement qu'elle en a le plus grand nombre. C'est une expression du genre de celles que les grammairiens appellent emphatiques. *Unité de composition* ne signifie ici que *très-grande ressemblance de composition*. De même, quand on dit qu'il y a unité de composition entre l'homme et la couleuvre (la couleuvre, qui n'a point d'extrémités antérieures et dont les postérieures se réduisent à de légers vestiges), on veut dire seulement qu'il y a entre eux une certaine ressemblance de composition, mais déjà moindre qu'entre l'homme et la baleine. Il est évident qu'il y aurait contradiction formelle dans les termes à appeler *une* ou *identique* une composition qui, de l'aveu même de ceux qui emploient ces mots, change d'un genre à l'autre.

Ce que M. Cuvier disait de la composition s'appliquait aussi au plan; il eût cru faire injure aux naturalistes s'il eût prétendu que par les mots *unité de plan* ils entendaient autre chose que ressemblance plus ou moins grande de plan. Sans cela il suffirait d'ouvrir devant eux un oiseau et un poisson pour les réfuter à l'instant. Or, ces termes extraordinaires une fois définis ainsi, une fois dépouillés de ce nuage mystérieux dont les enveloppent le vague de leurs acceptions ou le sens détourné dans lequel on en use, on arrive, suivant M. Cuvier, à un résultat bien inattendu sans doute, car il est directement contraire à ce qui a été mis en avant : c'est que, loin de fournir des bases nouvelles, inconnues jusqu'ici à la zoologie, ils forment au contraire une des bases essentielles sur lesquelles la zoologie repose depuis son origine, une des principales sur lesquelles Aristote, son créateur, l'a placée.

Ainsi, chaque jour on peut découvrir dans un animal une partie qu'on n'y connaissait pas, et qui fait saisir quelque analogie de plus entre cet animal et ceux de genres ou de classes différents. Ainsi, lorsque, par exemple, M. Geoffroy a reconnu qu'en comparant la tête d'un fœtus de mammifère à celle d'un reptile ou d'un ovipare on remarquait des rapports dans le nombre et l'arrangement des pièces qui ne s'apercevaient pas dans les têtes adultes ; lorsqu'il a prouvé que l'os appelé *carré* dans les oiseaux est l'analogue de l'os de la caisse dans les fœtus des mammifères, il a fait des découvertes très-réelles et très-importantes ; mais il n'a fait qu'ajouter aux bases anciennes et connues de la zoologie, il ne les a nullement changées ; il n'a nullement prouvé ni l'*unité* ni l'*identité de cette composition*, ni rien enfin qui puisse fournir un nouveau principe. Entre quelque analogie de plus dans certains animaux et la généralisation de l'assertion que la *composition* de tous les animaux est *une*, la distance est aussi grande, et c'est tout dire, qu'entre l'homme et la monade.

Ainsi, on sait depuis longtemps que les cétacés ont à

côté de l'anus deux petits os qui sont ce qu'on appelle des vestiges de leur bassin. Il y a donc là une ressemblance de composition ; mais aucun raisonnement ne persuadera qu'il y ait *unité de composition* lorsque ce vestige de bassin ne porte aucun des autres os de l'extrémité postérieure.

« En un mot, disait, M. Cuvier, en se résumant sur ce point, si par *unité de composition* on entend identité, on dit une chose contraire au plus simple témoignage des sens ; si par là on entend ressemblance, analogie, on dit une chose vraie dans certaines limites, mais aussi vieille dans son principe que la zoologie elle-même, et à laquelle les découvertes les plus récentes n'ont fait qu'ajouter, dans certains cas, des traits plus ou moins importants, sans en altérer en rien la nature. Mais ce principe, qui n'a rien de nouveau, ne doit pas être regardé comme unique ; il est au contraire subordonné à un autre bien plus élevé et bien plus fécond, à celui des conditions d'existence, de la convenance des parties, de leur coordination pour le rôle que l'animal doit jouer dans la nature ; voilà le principe philosophique d'où découlent les possibilités de certaines ressemblances, l'impossibilité de certaines autres ; voilà le principe rationnel d'où celui des analogies de plan et de composition se déduit, et dans lequel, en même temps, il trouve ces limites que l'on voudrait méconnaître. »

Après cet exposé de principes, M. Cuvier développa, pour les appuyer, un parallèle entre un céphalopode et un mammifère ; et, faisant ressortir les rapports et les différences qui existent entre ces deux êtres, il aida l'intelligence des auditeurs au moyen de deux dessins coloriés qui éclairaient la démonstration.

A cette première critique de sa théorie, M. Geoffroy-

Saint-Hilaire répondit par deux lectures, l'une sur *les caractères de l'unité de composition*, l'autre sur l'application de la *théorie des analogues* à l'organisation des poissons.

A mon début dans le professorat, en 1793, dit-il, il n'y avait eu à Paris aucun enseignement de zoologie. Tenu de tout créer, j'ai acquis les premiers éléments de l'histoire naturelle des animaux en rangeant et classant les collections confiées à mes soins. Cependant, pour demeurer définitivement fixé sur le meilleur système de classification que j'aurais à suivre, j'ai eu d'abord à me rendre compte de la valeur des caractères; c'est-à-dire, à rechercher, par des essais longs et pénibles, ce que ces caractères devaient m'offrir de constant en différences propres à servir à la distinction des êtres.

Or, de chaque séance que je faisais journellement dans les cabinets du Jardin du Roi, je recevais une impression qui, se reproduisant toujours la même, me porta à cette réflexion : c'est que tant d'animaux que je tenais pour différents, et que je traitais comme distincts, en leur imposant un nom spécifique, ne différaient cependant que par quelques légers attributs, modifiant plus ou moins une structure généralement et évidemment la même. Ce n'était effectivement qu'une modification légère dès que j'apercevais nettement que le point différencié ne portait pas sur ce qui aurait pu être nommé la condition essentielle des parties, et n'affectait que leur dimension respective.

Ainsi à l'égard des animaux voisins, chacun des matériaux organiques reparaissait en totalité. Ainsi, pour qu'il y eût diversité d'espèces il suffisait de la plus petite variation dans le volume proportionnel des matériaux associés et constituants, de la plus faible altération dans des dimensions qui ne changeaient en rien les rapports essentiels.

Cette même expérience, tentée à l'égard des mammifères, exigeait, pour qu'ils fussent également embrassés dans les mêmes considérations, que je me tinsse à une distance plus grande; et de même, par une progression toute naturelle, c'était nécessité de s'éloigner bien davantage des sujets à observer si je me proposais de comprendre sous le même aspect, et dans le même but de recherche, les animaux caractérisés par des différences plus multipliées et plus considérables, telles, par exemple, que pourrait l'offrir l'observation simultanée d'un mammifère, d'un oiseau, d'un lézard, d'une tortue ou d'une grenouille; car, dans ce cas même, la quantité de leurs différences, bien que donnant lieu à un sentiment de plus larges intervalles, ou *hiatus*, entre ces mêmes animaux, n'en restait pas moins une quantité en différence de beaucoup inférieure à la somme des rapports au moyen desquels ces animaux s'appartiennent, sont rangés dans la même classe et font partie du même groupe, dit *embranchement des vertébrés.*

Voilà quelles furent mes premières impressions comme zoologiste. Des dissections entreprises sous l'influence de ces impressions y répondirent; tous les organes intérieurs étaient dans un rapport parfait avec ceux de la périphérie de l'être. C'est un même arrangement de systèmes analogues, en sorte que le zootomiste arrive au même point d'impression et de croyance que le zoologiste, et que c'est en définitive un fait bien acquis de philosophie naturelle que les animaux sont décidément le produit d'un même système de composition, l'assemblage de parties organiques qui se répètent uniformément.

Combien de fois je me suis rendu compte de la valeur de ces idées en étudiant ainsi d'ensemble la collection du Jardin du Roi!... Qu'il m'arrivât d'être placé à une certaine distance, je saisissais un effet général où disparaissaient toutes les différences de peu d'importance. En face des armoires d'ornithologie, je n'apercevais sur les rayons que la répétition, un grand nombre de fois multipliée, du type Oiseau; c'est-à-dire que je ne distinguais que les traits généraux, savoir, la tête, le cou, le tronc, la queue, les ailes, les pieds : chez tous les individus, c'était des plumes pour téguments; chez tous un bec de corne entourant les mâchoires : toutes choses exactement répétées et qui, de plus, existaient en des places respectivement les mêmes.

Après ces considérations générales, M. Geoffroy aborda la réfutation des objections de son collègue.

Voici l'analyse de son premier mémoire : M Cuvier a en vue de prouver, 1° que le système de l'*unité de composition*, vicieusement dénommé, appartient à Aristote, et que les travaux de M. Geoffroy n'ont fait qu'élargir la base sur laquelle ce système est assis depuis deux mille deux cents ans; 2° que l'application de ce système aux céphalopodes est impossible. M. Geoffroy choisit pour texte de son argumentation la première partie seulement du mémoire de M. Cuvier, se proposant plus tard d'en compléter la réfutation.

Passant à l'examen historique des doctrines qu'il professait, il montra qu'elles ont été les pressentiments de tous les esprits supérieurs qui depuis Aristote se sont exercés sur cette matière; il cita les paroles de Bacon, qui disait que ce serait mieux pénétrer dans la profondeur des choses en demandant la raison de leur composition aux faits d'analogie et de similitude qu'en s'occupant de leur diversité. Newton lui-même s'écriait, en méditant sur les rapports et l'uniformité des masses planétaires : « Oui, sans le moindre doute, l'organisation animale est soumise au même mode d'uniformité. »

Puis, abordant la discussion, il fit remarquer, sans nier l'idée première d'Aristote, qu'il a lui-même proclamée dans ses ouvrages, que rien n'était sorti de ce qu'on est convenu d'appeler, de ce que M. Geoffroy avait appelé lui-même pendant longtemps la doctrine Aristotélique. Certes, il a bien fallu que l'idée du philosophe grec, comme elle a été comprise durant tant de siècles qui se sont écoulés, manquât de lucidité; si ce n'était cela, on s'y fût tenu sans aucun dissentiment, dès l'origine. Les erreurs qu'on a commises proviennent de ce que les *fonctions* et la *forme* étaient mises en première ligne.

La marche suivie par M. Geoffroy est, selon lui, diamétralement opposée : il a proposé, dans la détermination des analogies, de rejeter les considérations tirées des formes et des fonctions. Les formes sont fugitives d'un animal à l'autre ; cela est plus vrai encore des fonctions qui suivent le développement des volumes.

Faisant l'application de son principe à la dernière portion du membre antérieur des mammifères, M. Geoffroy montra ce qu'a de vicieux la fonction considérée comme terme d'analogie, et, au contraire, ce qu'a de lumineux le principe d'*unité* de système dans la composition des parties examinées. En effet, la structure du dernier quart du membre antérieur est la même dans les mammifères : semblables emplois des phalanges, mêmes ajustements et dispositions pour en faire des doigts ; même appareil musculaire pour les étendre ou les fléchir : on voit cependant que la fonction diffère ; car ce dernier tronçon de membre antérieur est chez plusieurs mammifères employé diversement, devenant la patte du chien, la griffe du chat, la main du singe, une aile chez la chauve-souris, une rame chez le phoque, et enfin une partie de jambe chez les ruminants.

Dans la seconde partie de son mémoire, M. Geoffroy démontra que la théorie des analogues n'est point une répétition déguisée de la doctrine Aristotélique, qu'elle n'en est pas une simple amplification; qu'elle reconnaît des principes propres, qu'elle a un but précis, qu'elle devient un instrument de découvertes, et qu'en s'en tenant au fait anatomique, elle introduit dans l'étude des systèmes organiques le seul élément scientifique propre à faire saisir toutes les conformités physiques.

1° Ce n'est point une répétition déguisée des anciennes idées sur les analogies de l'organisation, car la théorie des analogues s'interdit les considérations de la forme et des fonctions.

2° Elle n'augmente pas non plus les ressources pour élargir les bases de la zoologie; elle emploie moins que la doctrine grecque, elle s'en tient à un seul élément de considération.

3° Elle reconnaît d'autres principes; car pour elle ce ne sont pas les organes qui, en leur totalité, sont analogues (ce qui a lieu toutefois dans les animaux presque semblables), mais les matériaux dont les organes sont composés. Ce point est *fondamental.* Qui dit organe dit une partie du corps servant aux opérations et aux sensations de l'animal. Un même organe diffère d'un animal à l'autre, ou par un changement de volume respectif, ou par l'addition de nouvelles parties. Les considérations de volume n'intéressent en rien les déterminations des choses. La doctrine de l'*unité de composition* ne s'attache qu'à l'addition des parties. L'hyoïde de l'homme, par exemple, est composé de cinq osselets, celui du chat de neuf; à l'un comme à l'autre on a donné le même nom, et c'est à bon droit, en tant que l'un et l'autre remplissent un même usage. Sont-ils analogues? La doctrine Aristotélique, d'après cette première concordance, d'après le motif de leurs fonctions, répond affirmativement, mais la théorie des analogues se refuse à cette conséquence. Il y a plus de parties dans un des hyoïdes, moins dans l'autre : elle n'aura satisfait à son essence d'investigation et ne prononcera avec sûreté que lorsqu'elle aura retrouvé les quatre osselets absents dans l'hyoïde humain. Ainsi, pour les sectateurs de la philosophie Aristotélique c'est assez que la fonction soit reconnue, et tout l'appareil, soit avec cinq, soit avec neuf osselets, est pris pour un organe analogue. La théorie nouvelle, au contraire, cherchera dans les neuf pièces quels sont les analogues des os de l'hyoïde réduits à cinq; car elle fait porter les analogies sur les matériaux seulement.

4° Son but précis est autre, car elle exige une rigueur mathématique dans la détermination de chaque sorte de matériaux pris à part.

5° Elle devient un instrument de découvertes. En effet, elle s'enquerra des quatre osselets qui, absents dans l'hyoïde de l'homme, privent cet appareil d'être à son grand complet. Elle les cherchera tout près, mais en dehors de l'organe réduit; et si elle veut les retrouver sans recherches difficiles, elle aura recours à un autre principe qui lui est propre, son associé, son guide, le principe des connexions, sorte de fil d'Ariane qui retient dans la vraie route et mène nécessairement à fin heureuse. M. Geoffroy explique comment les parties absentes de l'hyoïde humain se retrouvent dans des appendices placés suivant la direction tracée par l'analogie, appendices nommés par lui *cératohyaux* et *stylhyaux*, qu'une disposition organique propre à l'homme a déplacés du siége qu'ils occupent chez d'autres animaux. L'anatomie humaine avait déjà aperçu et décrit ces matériaux sous le nom d'apophyses styloïdes, mais ne les avait notés que pour leur forme, sans en désigner aucunement les rapports zoologiques.

6° Enfin, la théorie des analogues n'entend et ne peut s'occuper d'un seul ordre de faits ; elle est exclusive dans la poursuite de son sujet, elle s'en tient à être anatomique. Elle s'attache dans chaque cas à un élément dont elle s'efforce de déterminer la valeur; le suit dans ses métamorphoses, et l'amène, après comparaison dans tous les êtres, à l'unité philosophique, c'est-à-dire à tout ce qu'il est possible de savoir concernant son essence, sans mélange d'aucune considération accessoire. Ainsi, est-ce d'un ongle qu'il s'agit? Son volume n'intéresse pas quand il n'est pas question du fait particulier. Que ce soit une coiffe épidermique mince et petite chez les animaux *onguiculés*, ce qu'on nomme dans ce cas *ongle*, ou bien une masse épaisse de corne, comme chez les animaux *ongulés*, masse qui a reçu le nom de *sabot*, la théorie des analogues n'en fait aucune différence.

Le second mémoire de M. Geoffroy est intitulé : *de l'Application de la théorie des analogues à l'organisation des poissons*. Il s'attache à combattre la seconde objection de M. Cuvier, que pour arriver à un principe d'unité la théorie des analogues sort du champ des faits réellement comparatifs, et qu'elle donne à ce principe une étendue qu'il faudrait, au contraire, restreindre pour le renfermer dans des limites convenables.

Avant d'entrer dans la discussion M. Geoffroy prévoit l'objection qu'on pourrait lui faire : c'est des mollusques et non des poissons qu'il s'est agi au commencement de ces débats. Refuser d'arriver sur le terrain de la question, c'est s'avouer vaincu; c'est reconnaître que les céphalopodes font un tout, ne sont le passage de rien, n'étant point résultés du développement d'autres animaux, et leur propre développement n'ayant rien produit de supérieur à eux.

M. Geoffroy fait remarquer que la théorie des analogues n'a pu être employée encore à la détermination des organes des céphalopodes. Ceux-ci, qui occupent le premier rang parmi les animaux inférieurs, n'ont encore été étudiés que sous le point de vue différentiel avec les groupes dont ils se rapprochent le plus. La science seule est en défaut, et rien n'établit encore que dans la question qui a été agitée l'avenir de la théorie des analogues soit en rien compromis. Il s'agit d'animaux descendus de plusieurs degrés dans l'échelle zoologique, et, par conséquent, cela équivaut à considérer des êtres qui appartiennent à l'un des âges des développements possibles de l'organisation. On pourrait ainsi regarder les mollusques comme réalisant à toujours l'un de ces degrés inférieurs de l'ordre progressif des développements organiques, arrêtés à un point, et pour cet effet n'ayant point fourni encore ici tel organe, et là n'ayant pu produire tel autre organe au grand complet.

Que cet espoir soit bien ou mal fondé, il ne convient pas de composer entre eux des degrés extrêmes de l'échelle, sans avoir donné aux intermédiaires toute l'attention possible. Cet ordre serait peu logique. « De même, si j'avais à démontrer, dit M. Geoffroy, que le bourgeon qui apparaît d'abord appartient, mais dans un degré inférieur d'organisation, au même système de composition que la branche qui en doit provenir et, par exemple, que le cep d'une vigne ornée de grappes pendantes, il ne serait non plus ni raisonnable ni logique d'entreprendre d'y réussir, en omettant l'examen de tous les âges intermédiaires du rameau et des degrés successifs de son développement. Il en est de même de chaque famille retenue dans les degrés du milieu de l'échelle; elle correspond à l'un de ces âges à parcourir par le bourgeon, pour qu'il donne sa branche et ses fruits au grand complet.

« Or, les poissons sont rangés après les reptiles et en avant des mollusques; tel est donc l'anneau intermédiaire que l'ordre logique des idées nous appelle à examiner. Il s'agit de démontrer l'analogie de leur appareil respiratoire avec celui des classes supérieures. La respiration n'est possible que dans deux milieux différents, l'air et l'eau. La différence de milieu entraîne-t-elle la nécessité d'un type organique à part, ou bien exige-t-elle seulement des modifications dans le type primitif, modifications adaptées à la différence des fluides?

« Lacépède croyait à la première de ces hypothèses, puisqu'il a voulu faire adopter une nouvelle théorie de la respiration chez les poissons, en supposant que c'est l'eau en nature, et non l'air disséminé et suspendu entre les molécules de l'eau, que ces animaux respirent. Mais la seconde supposition paraît être, aux yeux des naturalistes, l'expression de la vérité. Aussi n'y a-t-il qu'un seul système de composition organique, qu'un dessein primitif pour régler l'arrangement des choses, qu'un plan unique à l'égard de ce qui forme l'essence et l'enchaînement des parties constituantes; mais ce système est altérable de la part des milieux ambiants; ce serait même un fait inexplicable, un effet manquant à sa cause, que les parties de l'organe respiratoire ne répondissent pas, par une variation de forme proportionnelle, à la diversité de densité des deux milieux. »

Il fallait évidemment pour le milieu atmosphérique accroître les surfaces de l'appareil, l'augmenter en longueur, l'établir dans le centre de l'animal ; car l'air, élastique, peut s'insinuer dans les retraites les plus profondes, s'il lui est à cet effet ménagé un passage. Pour le milieu aquatique il fallait rapprocher les parties de l'appareil, les concentrer, et les amener au dehors de l'animal, pour qu'elles fussent continuellement immergées dans le milieu ambiant, qui est un liquide sans ressort, et dans lequel chaque molécule du sang n'a pour vaincre plusieurs résistances que la ressource de la cohésion de l'air avec l'eau, et de la cohésion des deux éléments de l'air lui-même.

Voilà pour l'anatomie de l'appareil; quant à la fonction considérée sous le point de vue de l'analogie, elle se trouve entière dans ce cas; quels doivent être en définitive l'emploi et l'usage de cet ensemble de parties? De produire l'oxygénation du sang veineux; mais c'est à quoi s'appliquent également les deux sortes d'organes respiratoires. Et, en effet, dans le cas de respiration aérienne l'air se précipite au fond d'une bourse sanguine qui constitue l'appareil pulmonaire; et dans l'autre cas cet appareil, appelé branchial, cesse d'être un sac à une seule ouverture, et réagit sur l'air engagé et retenu entre les molécules de l'eau ; il va au-devant de l'élément de la respiration, comme repoussé en saillie, dit M. Geoffroy, à la manière d'un doigt de gant retourné. Ainsi voilà l'analogie bien prouvée pour ce qui concerne les poissons : pourquoi ne parviendrait-on pas à la démontrer à l'égard des classes placées plus bas dans l'échelle animale ?

M. Cuvier répondit à cette argumentation par un mémoire sur *l'os hyoïde*. Il annonça que, n'ayant point trouvé dans la première réponse de M. Geoffroy des propositions assez claires pour donner une idée complète de la doctrine, il se croyait obligé de saisir cette théorie dans les exemples qu'elle présente. Or, M. Geoffroy avait cité l'os hyoïde comparativement dans plusieurs animaux chez lesquels, tout en conservant les caractères de l'unité de composition, cet os présente des différences que l'on avait regardées comme contraires aux lois de l'analogie.

M. Cuvier examina l'os hyoïde des divers animaux, dans la vue de prouver, 1° que cet os change de nombre de parties d'un genre à un autre genre voisin ; 2° qu'il change de connexions ; 3° que, de quelque manière que l'on entende les termes employés jusqu'à présent d'*analogie*, d'*unité de composition*, d'*unité de plan*, on ne peut pas les lui appliquer d'une manière générale ; 4° qu'il y a une foule d'animaux qui n'ont pas la moindre apparence d'os hyoïde ; que par conséquent il n'y a pas même d'analogie dans son existence.

Aux principes qu'il combattait M. Cuvier se proposa de substituer d'autres principes, ceux sur lesquels la zoologie a reposé jusqu'à présent. Il montra, 1° que dans la même classe l'os hyoïde, bien que variable pour le nombre de ses éléments, est cependant disposé de même par rapport aux parties environnantes ; 2° que d'une classe à l'autre il varie, non plus seulement en composition, mais en dispositions relatives; 3° que de ces deux ordres de variations de formes combinées résultent les variations de ses fonctions; 4° qu'en passant de l'embranchement des vertèbres aux autres embranchements, il disparaît de manière à ne pas même laisser de trace.

M. Cuvier dans ce premier travail ne s'occupa que de l'os hyoïde des animaux qui respirent l'air en nature.

Chacun sait que chez eux l'os hyoïde est un appareil suspendu sous la gorge, qui donne en avant des attaches à la langue, qui porte le larynx en arrière, et qui a le pharynx au-dessus de lui. Chez les singes, les cornes antérieures de l'hyoïde sont généralement plus longues que chez l'homme; le ligament qui le suspend au rocher ne s'ossifie jamais dans aucune de ses parties, en sorte que les plus vieux singes n'ont jamais ni l'apophyse styloïde, ni l'os séparé qui passe pour la remplacer dans d'autres quadrupèdes.

Voilà déjà une première différence, à la vérité encore peu importante; en voici une plus grande. Dans l'alouate, dont le corps de l'os hyoïde est renflé en forme de cucurbite, il n'y a ni vestige de cornes antérieures, ni ligament styloïdien, ni rien qui rappelle l'apophyse styloïde; l'os hyoïde est fixé par d'autres moyens.

Comment l'*unité de composition* et l'*analogie* se démontrent-elles si vite? dit M. Cuvier; notre réponse à nous, naturalistes ordinaires, serait bien simple: c'est que l'hyoïde, prenant dans l'alouate une destination spéciale, y devenant un instrument puissant de la voix, avait besoin d'autres attaches; la théorie des analogues ne s'en tirerait probablement pas si aisément.

Après avoir donné des détails sur d'autres animaux

avec une merveilleuse clarté, « on voit donc, dit M. Cuvier, que, même dans une seule classe, le nombre des éléments d'un seul organe, de l'hyoïde, n'a rien de constant; il y a ce que j'appelle des variations de classes, c'est-à-dire des différences de nombre, et des différences bien plus grandes de forme, mais une ressemblance encore presque absolue de connexions.

« Que si nous passons à la classe des oiseaux, c'est tout autre chose; grand et sensible hiatus! plus de suspension au temporal, plus de cornes postérieures; un corps dirigé en long, se terminant en arrière en une production allongée; une espèce de queue sur laquelle repose le larynx, et qui souvent forme un os à part; deux cornes seulement, composées chacune de deux pièces, s'articulant, en dessous, aux côtés du corps, à l'endroit où il s'articule lui-même avec sa queue, se contournant autour de l'occiput, allant même, dans le pivert, jusque dans la base du bec; et ce corps porte en avant un os articulé ou deux os attachés à côté l'un de l'autre, à l'extrémité antérieure de ce corps, et qui forment le squelette de la langue, car la langue des oiseaux a un squelette osseux, dont il n'y a nulle trace dans les mammifères.

« Voilà donc un très-grand changement de composition, un changement assez considérable de connexion. On voit que l'on est passé d'une classe à une autre. Qu'a fait notre savant confrère, en désespoir de cause? Il a supposé que l'os hyoïde des oiseaux, tiré d'une part par les muscles de la langue, de l'autre par le larynx, a éprouvé une rotation sur les cornes antérieures, et que ses cornes postérieures se sont trouvées par là dirigées en avant, et sont devenues les os de la langue.

C'est sans doute une culbute possible à concevoir dans

un squelette dont les os ne tiennent que par un fil d'archal, et où il n'y a que des os. Mais, je le demande à quiconque a la plus légère idée d'anatomie, cela est-il admissible, lorsque l'on songe à tous les muscles, à tous les os, à tous les nerfs, à tous les vaisseaux qui entourent l'os hyoïde?

« Je m'arrête; la seule idée effrayerait l'imagination. Pour conserver une identité apparente dans le nombre des pièces osseuses, on aurait tout changé dans les connexions et les parties molles. Que serait alors devenu le principe de l'*unité de plan?*..... Mais enfin ne préjugeons rien; admettons pour un moment une hypothèse aussi étrange. Voyons si elle nous mènera bien loin. »

M. Cuvier passa à une troisième classe, aux reptiles, et, prenant la tortue pour exemple, il repoussa toute idée d'analogie entre l'hyoïde de cet animal et celui des mammifères et des oiseaux.

Puis il ajouta : « Les personnes qui admettent une dégradation, une simplification insensible des êtres, principe, pour le dire en passant, absolument contraire à celui de l'identité de composition, et qui cependant s'allie dans certains esprits, tant il y a de bizarrerie dans quelques têtes, vont supposer que les animaux de la même classe ont l'os hyoïde autant ou plus simple que le crocodile : il n'en est rien. Dans les lézards à langue protractile, l'os hyoïde est plus compliqué dans ses formes, plus singulièrement reployé dans ses diverses parties, que dans aucun des animaux précédents.

« Tous ces faits sont incontestables; chacun peut s'en assurer à tout moment. Par quel effort de raisonnement nous fera-t-on croire qu'il y ait identité d'éléments, répétition uniforme, identité de connexion, enfin toutes les autres expressions que l'on emploie à tour de rôle, entre les hyoïdes, dont les uns n'ont que deux pièces, les autres que quatre, tandis qu'il y en a qui en ont sept, d'autres neuf et même davantage? Par quel art parviendra-t-on à nous convaincre qu'il y a identité de connexion entre les os hyoïdes, dont les uns se suspendent à une partie de l'os temporal, quand d'autres contournent le crâne et pénètrent jusque dans le bec, et quand d'autres encore restent absolument couchés sous la gorge et comme noyés dans les muscles? Qu'y verra-t-on autre chose que ce que nous y voyons tous depuis des siècles? Une certaine ressemblance de structure de l'organe, ressemblance dont le degré est proportionné aux rapports des animaux entre eux, et des différences déterminées par l'emploi que la nature fait de cet organe; ou, si l'on veut éviter toute ombre de recours à des causes finales, des différences qui déterminent cet emploi. Pour nous, ces rapports, ces fonctions, ces différences s'expliquent très-bien, parce qu'elles constituent l'animal ce qu'il est, parce qu'elles s'appellent ou s'excluent les unes des autres. »

M. Cuvier termina en disant que ce n'était pas sans un vif regret qu'il s'était vu contraint de rompre le silence, auquel il était bien résolu si l'on n'était venu le forcer dans ses derniers retranchements; mais enfin, disait-il, les naturalistes auraient le droit de m'accuser si j'abandonnais une cause aussi évidente.

M. Geoffroy ne laissa pas sans réponse ce mémoire où sa doctrine était si vivement attaquée.

Il commença par reconnaître la vérité de tous les faits anatomiques énoncés par M. Cuvier au sujet de l'os hyoïde; mais il les interpréta tout différemment. La doctrine Aristotélique, disait-il, est trop vague, trop arbitraire dans ses appréciations ; la théorie des analogues cherche, quand un appareil est composé de plusieurs matériaux, à les connaître dans son essence; elle s'informe si quelques-uns disparaissent ou par soudure, parce qu'il y a fusion d'une pièce à l'autre, ou par atrophie, car elle ne préjuge pas la conservation invariable des matériaux ; mais elle intervient pour en faire l'appel et en régler le compte..... Pour qu'on puisse juger de la valeur des objections faites à M. Geoffroy par M. Cuvier, M. Geoffroy rappella deux propositions qu'il avait établies sur ce même os en 1818 : 1° l'appareil hyoïdien est au fond le même dans tous les animaux vertébrés; 2° l'os hyoïde, généralement parlant, est composé de neuf pièces dans les poissons, de huit dans les oiseaux, et de sept dans les mammifères, non compris les os styloïdes.

M. Geoffroy passa ensuite à l'examen particulier des objections contenues dans le dernier mémoire de M. Cuvier.

1° L'os hyoïde change en nombre d'un genre à un autre ; « j'avais prouvé cette vérité avant le jour de notre polémique, » dit M. Geoffroy.

2° L'hyoïde change de connexion ; M. Geoffroy attend la démonstration de cette assertion : l'argumentation n'a produit que des allégations générales sur ce point, et non une spécification de faits positifs.

3° De quelque manière que l'on entende les termes vagues employés jusqu'à présent, d'*analogie*, d'*unité de plan*, on ne peut pas les appliquer d'une manière générale à l'hyoïde.

Cette objection renferme un non-sens. On se refuse à l'idée de l'existence d'un appareil hyoïdien analogue chez tous les animaux vertébrés, précisément dans une dissertation où l'on nomme cette chose elle-même dans tous les cas où on ne veut pas la reconnaître.

4° Enfin il y a des animaux qui n'ont pas la moindre apparence d'os hyoïde ; par conséquent, il n'y a pas même d'analogie dans son existence.

« Je ne puis croire que ce soit pour moi, dit M. Geoffroy, pour les savants versés dans les études zootomiques que cette objection est écrite. L'existence d'un organe correspond toujours à un degré du développement de l'animalité qui peut être ou ne pas être effectué dans des cas différentiels : il faut une heure, un âge convenables pour que, dans un embryon quelconque d'homme, de mammifère, d'oiseau, etc., l'hyoïde apparaisse ; de même, chez les animaux qui appartiennent à un certain degré des évolutions organiques, il ne peut y avoir d'hyoïde. »

Quant aux principes que M. Cuvier veut substituer à ceux qu'il combat, M. Geoffroy les représenta comme identiques à ceux qui sont consacrés par la doctrine d'Aristote, qui ne s'occupe que des formes et des fonctions.

M. Geoffroy remarqua que l'os hyoïde persiste encore chez les crustacés.

En définitive, la divergence d'opinion à cet égard provient, disait-il, de ce que M. Cuvier prend l'hyoïde comme un être abstrait avant l'étude de ses rapports, pour en développer ensuite toutes les faces différentielles ; quand, au contraire, M. Geoffroy ne s'attache aux cas différentiels qu'après avoir ramené tous les éléments de l'appareil hyoïde à leurs véritables analogues.

M. Geoffroy convenait que tous ses travaux ne présentent pas dans leurs résultats le degré d'exactitude dont ils sont susceptibles. Mais, selon lui, quelques erreurs étaient inévitables dans une entreprise continuée durant tant d'années; or ces fautes sont réparables et presque toutes effacées d'après les lumières du principe des connexions lui-même. D'ailleurs, ses nouvelles études sur les monstruosités, avec la connaissance des variations de la série des êtres auxquels chacune d'elles répond, lui donnaient d'autres moyens de détermination qui serviront à rectifier ses anciennes déterminations de l'os hyoïde.

M. Cuvier répondit par un mémoire intitulé : *Considerations sur le sternum.*

« Dans mon dernier mémoire, disait M. Cuvier, je crois avoir montré que les nombreuses variations de compositions et de connexions des os hyoïdes dans les animaux qui respirent l'air ne peuvent se concilier avec aucune des définitions que l'on nous a données de la théorie des *analogies*, ni même avec aucune définition possible qui attribuerait à cette théorie quelque chose qui lui soit propre. Mon savant collègue, dans sa réponse, s'en est tenu à présenter des applications de sa doctrine à l'organisation des poissons. La principale de ses applications roulant sur l'hyoïde, il convient, pour y répondre, d'examiner l'hyoïde dans les animaux qui respirent par l'intermède des eaux, dans les poissons en particulier.

« Notre savant confrère a conçu sur ce sujet une des hypothèses les plus singulières qui aient jamais été proposées en anatomie. Il regarde l'hyoïde des poissons comme formé du mélange, de l'amalgame des pièces qui appartiennent à l'hyoïde ordinaire, avec des pièces qui ne servent que dans le sternum des oiseaux. Je me vois donc obligé, pour montrer tout ce qu'une pareille supposition a d'extraordinaire et même d'impossible, d'examiner préalablement le sternum dans les animaux de différentes classes. »

M. Cuvier, conduit ainsi à s'occuper du sternum, faisait

d'abord remarquer que, relativement à la détermination de cette partie, M. Geoffroy avait complétement renoncé à la marche qu'il prétend être exclusivement celle de la théorie des analogues. Il a donné, disait-il, comme un des caractères distinctifs de cette théorie, qu'elle n'a pas d'égard aux fonctions, qu'elle ne s'attache qu'aux éléments des organes; cependant M. Geoffroy, dans le chapitre de sa *Philosophie anatomique* où il s'occupe du sternum, fait entrer la considération des fonctions dans la définition du mot *sternum*.

« Chacun sait que le sternum des quadrupèdes est composé de la réunion d'os placés à la file les uns des autres. et dont le nombre est assez généralement déterminé par celui des côtes qu'on appelle vraies. Cette disposition sur une seule ligne est propre aux quadrupèdes.

« On ne voit plus rien de semblable chez les ovipares, si ce n'est tout au plus chez les grenouilles. Dans les autres, le sternum, assez généralement élargi par des parties latérales en forme de disque, varie étonnamment de composition, et cela d'une manière tout à fait indépendante du nombre des vraies côtes.

« M. Geoffroy a montré que dans toutes les tortues le nombre des pièces est de neuf, et il conclut de cette observation que tout sternum que rien n'entrave dans son développement est composé de neuf parties élémentaires; conclusion assez difficile à combattre par des faits constants, car partout où il y en a moins, on pourrait toujours dire qu'il y a eu quelque entrave. Il faut que les entraves aient été bien multipliées, car ce nombre de neuf ne se trouve chez aucun autre ovipare, et il n'a lieu que dans un petit nombre des mammifères. D'ailleurs, quand il y en a plus de neuf, ce n'est plus une entrave qu'il faut chercher, mais quelque cause d'exaltation. M. Geoffroy s'est attaché à retrouver dans le sternum des oiseaux, qu'on regarde communément comme formé de cinq pièces, les neuf pièces qui composent le sternum complet, celui des tortues. Il aurait pu se dispenser de ce soin, puisqu'il avait renoncé au nombre des pièces pour ne s'attacher qu'aux fonctions. » M. Cuvier cita l'autruche et le casoar comme présentant un fait absolument contraire à l'*unité de composition*. Dans ces deux oiseaux, le sternum ne se compose ni de neuf pièces ni de cinq, mais seulement de deux ; simplicité d'organisation que n'explique point la théorie des analogues, mais qui est tout à fait en rapport avec l'allure de ces oiseaux, qui ne volent pas.

M. Cuvier poursuivit ainsi :

« Je ne laisserai pas passer cette série de faits, qui m'est en grande partie fournie par notre confrère, sans faire remarquer que, tout aussi clairement que ceux qui concernent l'hyoïde, ils renversent de fond en comble toutes les définitions qu'il nous a données de sa théorie des analogues. D'*unité* de nombre, il n'y en a pas d'apparence ; car voilà un organe, le sternum, composé de tous les nombres depuis un jusqu'à neuf ; cet organe est même réduit à zéro, non-seulement dans les invertébrés, ce qui va sans dire, mais jusque dans beaucoup de vertébrés, comme les serpents. D'*unité* de connexions, pas davantage : tantôt il y a des côtes et un sternum, c'est le plus grand nombre ; tantôt des côtes sans sternum (dans les serpents) ; tantôt un sternum sans côtes (dans les grenouilles) ; mêmes variations dans ses rapports avec les clavicules, avec le coracoïdien. En un mot, l'*analogie* des sternums, ainsi que notre confrère l'a très-bien dit, ne repose que sur les fonctions. Mais alors que devient ce qu'il dit aussi et encore plus explicitement, que la théorie des analogues ne fait point de cas de ces fonctions?

« Combien, au contraire, ces faits ne sont-ils pas favorables à la véritable philosophie de l'histoire naturelle? La nature, pas plus ici que dans le reste de ses productions, ne s'est point réglée d'après des vues étroites, des préceptes scolastiques.

« Dans les quadrupèdes, où le sternum n'avait qu'un effort médiocre à soutenir, où la poitrine devait être, pour la facilité de la marche, étroite et flexible, elle l'a composé de plusieurs petits os placés à la file.

« Dans les oiseaux, où il aurait à donner attache aux énormes muscles qu'exige le vol, et à supporter la violence des mouvements nécessaires à ce genre de progression, elle l'a élargi, lui a donné une crête saillante, et a employé à cet effet cinq larges parties placées en quinconce, appuyées les unes sur les autres par de grandes sutures, et qui bientôt se fondent en un seul disque aussi robuste qu'étendu.

« Dans les tortues, où il devait servir d'arc-boutant à la voûte épaisse qui recouvre ces animaux, elle a employé neuf pièces, un peu autrement arrangées; mais elle était si peu tenue de suivre les lois de la théorie des analogues, le sternum, quoi qu'on en ait dit, est si peu un organe nécessaire à la respiration, que dans les serpents, qui respirent tout aussi bien que les autres animaux à poumons, elle n'en n'a point placé du tout. La raison de cette absence n'est pas moins sensible que celle des modifications dont nous venons de parler. Le corps allongé des serpents ne pouvait se mouvoir que par des ondulations faciles et répétées : un sternum qui eût réuni leurs côtes, y eût été un obstacle à la liberté de ces ondulations. Il était incompatible avec les autres caractères de ces animaux ; il a donc dû disparaître.

« Pourquoi, en effet, la nature en eût-elle agi autrement? quelle nécessité aurait pu la contraindre à n'employer que les mêmes pièces, et à les employer toujours? Pourquoi cette règle arbitraire lui aurait-elle été imposée? Je sais bien que pour certains esprits il y a derrière cette théorie des analogues une autre théorie, celle de la production de toutes les espèces par le développement progressif d'un seul germe. Mais cette autre théorie, que je crois tout aussi fausse, prend ses prétendues preuves dans celles de la théorie des analogues, et ne saurait elle-même lui servir de preuve : ce serait un cercle vicieux, dont, au reste, l'Académie n'a pas manqué de reconnaître beaucoup de traces dans les longues déductions de notre confrère.

« En un mot, répondre constamment dans la formation des êtres aux conditions d'existence; les varier suivant la nécessité de chaque genre; produire des êtres de tous les degrés de ressemblance, depuis ceux qui sont presque identiques jusqu'à ceux qui ne se ressemblent presque en rien, et dont l'aspect peut classer l'ensemble d'après ces degrés mêmes de ressemblance, voilà la seule loi de la nature, celle d'après laquelle les naturalistes l'envisagent depuis des siècles, et l'envisageront, j'espère, encore bien longtemps.

« Adopter des théories arbitraires en opposition à tous les faits serait, non pas gêner la nature, qui se rit de pareilles prétentions, mais retenir l'esprit de ceux qui l'étudient dans un esclavage qui arrêterait tous leurs progrès. »

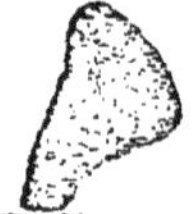

Pour compléter le jugement de M. Cuvier sur la théorie de l'*unité de composition organique,* nous ne pouvons mieux faire que de reproduire un passage également remarquable par la sagesse et l'élévation des doctrines, et où il n'a pas combattu avec moins de logique et de lucidité qu'ailleurs les systèmes hypothétiques enfantés dans des régions trop élevées de l'abstraction.

« Le mot *nature*, disait M. Cuvier dans ce fragment remarquable, comme tous les termes abstraits qui passent dans le langage commun, a pris des sens nombreux et divers. Primitivement, et d'après son étymologie, il signifie ce qu'un être tient de *naissance,* par opposition à ce qu'il peut devoir à l'art. Ainsi la nature de l'oiseau, la nature du lion, la nature du chêne, embrassent tout ce qui appartient à ces espèces tant que l'homme n'a point agi sur elles, les éléments qui les composent, la structure et la disposition de leurs parties, et les effets qui en résultent, soit dans leur existence et ses diverses phases, soit dans leurs rapports avec les autres espèces; dans ce sens, le mot s'entend au moral aussi bien qu'au physique.

« Il est dans la nature du chêne de croître trois siècles, d'avoir le bois dur, d'atteindre à une grande hauteur, etc... Il est dans celle de l'oiseau de s'élever dans les airs, de distinguer de loin les objets, etc... L'homme est par sa nature susceptible d'éducation; sa nature est faible et inconstante, etc... Chaque individu peut avoir, soit au physique, soit au moral, sa nature particulière : il peut être faible ou vigoureux, doux ou colérique, etc...

« Ce mot s'applique aussi par extension aux choses qui ne sont point nées, telles que les minéraux et les corps inorganiques en général, pour désigner leurs qualités propres et intrinsèques celles qu'ils ont toujours. La nature de l'or est d'être pesant, jaune, inattaquable à l'air et à l'humidité, etc....

« Prise ainsi dans l'acception la plus générique, la *nature* d'une chose est ce qui la fait ce qu'elle est, ce qui la distingue, ce qui la constitue, en un mot, son essence; et c'est ainsi qu'il se dit même de l'être des êtres, de celui en qui et par qui sont toutes choses, et que l'expression *nature*, appliquée à Dieu et à ses qualités, n'a rien aujourd'hui de plus impropre qu'appliquée aux corps les plus vils et les plus périssables.

« Mais, pour rester dans la sphère des êtres contingents, de même qu'il y a la *nature* de chaque individu, il y a aussi celle de chaque espèce, de chaque genre, et ainsi de suite en remontant d'abstraction en abstraction. On arrive enfin à l'idée d'une *nature générale de toutes choses*; celle-là embrasse les qualités communes à tous les êtres et les lois de leurs rapports mutuels; c'est la nature des choses prise dans le sens le plus abstrait.

« Enfin, par une figure bien commune dans toutes les langues, on a employé ce nom, qui ne désignait d'abord que des qualités, que des attributs, on l'a employé, disons-nous, pour les choses mêmes, pour les substances auxquelles ces qualités se rapportent : la *nature* est alors l'ensemble des êtres, ou l'univers, ou le monde; et quand on la considère comme contingente et par opposition a l'être nécessaire, à Dieu, on la nomme *création*. La *nature*, le *monde*, la *création*, *l'ensemble des êtres créés*, sont alors autant de synonymes.

« Mais par une autre de ces figures, auxquelles toutes les langues sont enclines, la *nature* a été personnifiée; les êtres existants ont été appelés les *œuvres de la nature*, les rapports généraux de ces êtres entre eux sont devenus *les lois de la nature*. Le résultat définitif de ces rapports, qui est une certaine constance dans les mouvements et une certaine fixité dans la proportion des espèces, en un mot, la conservation jusqu'à un certain point de l'ordre une fois établi, a été intitulé la *sagesse de la nature*; enfin, les jouissances ménagées aux êtres sensibles ont pris le nom de *bonté de la nature*. Ici l'on se représente évidemment sous le nom de *nature* le Créateur lui-même. C'est de ses œuvres, de ses soins, de sa sagesse et de sa bonté qu'il s'agit.

« Cependant, c'est en considérant ainsi la nature comme un être doué d'intelligence et de volonté, mais secondaire et borné, quant à la puissance, qu'on a pu dire d'elle qu'elle veille sans cesse au maintien de ses œuvres, qu'elle ne fait rien en vain; qu'elle agit toujours par les voies les plus simples, qu'elle tend à guérir les maladies, mais qu'elle succombe quelquefois sous la force du mal, et autres adages, dont la plupart ne sont vrais que dans un sens fort restreint et fort différent de celui qu'ils semblent offrir au premier coup d'œil.

« Le mot *nature* n'est donc qu'une manière abrégée et assez amphibologique d'exprimer les êtres et leurs phénomènes : en considérant ces phénomènes tantôt dans leurs causes prochaines, tantôt dans leur cause primitive et universelle; et si l'on songe qu'au moins dans tout ce que ces phénomènes ont de sensible, ils dépendent des lois du mouvement, combinées avec les formes que les corps ont reçues dans l'origine, on voit que l'idée de *naissance*, de *commencement*, qui a fourni la racine du mot, se conserve plus ou moins dans toutes les acceptions qu'il a prises; mais on voit aussi combien sont puérils les philosophes qui ont donné à la nature une espèce d'existence individuelle, distincte du Créateur, des lois qu'il a imposées au mouvement, et des propriétés ou des formes données par lui aux créatures, et qui l'ont fait agir sur les corps comme avec une puissance et une raison particulières.

« A mesure que les connaissances se sont étendues en astronomie, en physique et en chimie, ces sciences ont renoncé aux paralogismes qui résultaient de l'application de ce langage figuré aux phénomènes réels. Quelques physiologistes en ont seuls conservé l'usage, parce que dans l'obscurité où la physiologie est encore enveloppée, ce n'était qu'en attribuant quelque réalité aux fantômes de l'abstraction qu'ils pouvaient faire illusion à eux-mêmes et aux autres sur la profonde ignorance où ils sont touchant les mouvements vitaux.

« Cependant cette ancienne idée d'un principe actif, mais subordonné, distinct des forces ordinaires et des lois du mouvement, qui présiderait à l'organisation et qui l'entretiendrait, domine encore, non-seulement dans le langage, mais dans les systèmes d'un grand nombre d'écrivains, qui, tout en avouant la justesse des distinctions que nous venons de faire, ne s'en laissent pas moins entraîner à leur insu vers des doctrines qui n'ont pas d'autre fondement.

« Telles sont celles de l'échelle de la nature, de l'*unité de composition* des êtres organisés, et autres semblables, qui ont toutes été imaginées par suite de la croyance à une nature distincte du Créateur et moins puissante que lui, et qui n'ont évidemment d'appui que dans ces limites imaginaires que l'on pose à son pouvoir.

« Que chaque effet tienne à une cause, qui elle-même remonte à une cause antérieure; qu'ainsi tous les événements, tous les phénomènes successifs soient liés; qu'il n'y ait point d'interruption dans la marche de la nature, et qu'on puisse la comparer dans ce sens à une chaîne dont tous les anneaux se tiennent et se suivent : c'est ce qui est évident à la moindre réflexion.

« Que les êtres qui existent dans le monde soient coordonnés de manière à maintenir un ordre permanent; qu'il y en ait, par conséquent, pour tous les besoins; que leur action et leur réaction soient dans tous les lieux et dans tous les moments, comme il est nécessaire pour cette permanence, qu'il en soit de même des parties de chaque être et de leur jeu : c'est ce que le maintien même de cet ordre nous apprend.

« Enfin, que dans cette multitude innombrable d'êtres divers, chacun, pris à part, en ait quelques-uns qui lui ressemblent plus que d'autres, par les formes intérieures et extérieures; qu'il en soit de même de ces autres par rapport à des troisièmes; que, par conséquent, on puisse grouper auprès de chaque être un certain nombre d'autres êtres qui s'en rapprochent dans des degrés différents : c'est encore ce qu'il est impossible qui ne soit pas.

« Mais que l'on doive appliquer aux ressemblances de ces êtres simultanés ce qui est vrai de la relation des phénomènes et des événements successifs; que les formes de ces êtres constituent nécessairement une série, une chaîne, telle que l'œil passe de l'une à l'autre par degrés, sans qu'il puisse y avoir de saut, de hiatus; qu'il existe, en un mot, une échelle continue et régulière dans les formes des êtres depuis la pierre jusqu'à l'homme : voilà ce que nos trois concessions ne prouvent nullement; voilà ce qui n'est pas vrai en fait, quelque éloquence qu'on ait pu mettre à tracer ce tableau imaginaire.

« Les philosophes qui ont soutenu l'existence de cette échelle des êtres, à chaque interruption qu'on leur montre, prétendent que si quelque échelon nous paraît y manquer, c'est qu'il est caché dans quelque coin du globe, et qu'un heureux voyageur parviendra à le découvrir.

« Cependant toutes les régions, toutes les mers ont été parcourues. Le nombre des espèces recueillies s'accroit chaque jour; il est peut-être centuple de ce qu'il était quand on a commencé à établir ces opinions paradoxales, et aucun des vides ne s'est rempli : toutes les interruptions subsistent; il n'y a pas d'intermédiaire entre les oiseaux et les autres classes; il n'y en a point entre les vertébrés et les non-vertébrés. Les distinctions des vrais naturalistes gardent toute leur force, les lois de coexistence des organes, celles de leur exclusion réciproque, n'éprouvent aucune atteinte. Chaque être organisé a, en concordance, tout ce qu'il lui faut pour subsister; chaque grand changement dans quelque organe en produit dans les autres. Un oiseau est oiseau en tout et dans toutes ses parties. Il en est de même d'un poisson, d'un insecte. On ne peut même concevoir un être qui, avec certaines exigences, ne posséderait pas ce qui peut les satisfaire, un être qui aurait une partie d'organisation alliée avec une autre partie convenable pour un être différent; un être intermédiaire, enfin ce qu'on nomme un passage.

« Chaque être est fait pour soi, a en soi tout ce qui le complète; il peut ressembler à d'autres êtres, également composés chacun de ce qui lui convient et dans le degré qui lui convient; mais aucun ne peut être composé en vue de l'autre, ni pour le joindre à un troisième par le rapport des formes; et ce qui est vrai de la moindre plante, du moindre animal, ce qui est vrai du plus parfait des animaux, de l'homme, du petit monde, comme l'appelaient les anciens philosophes, n'est pas moins nécessairement vrai du grand monde, du globe, et de tout ce qui l'habite : les êtres qui le composent et qui le peuplent y concourent à maintenir son état; ils sont nécessaires les uns aux autres et à l'ensemble; ils l'ont été depuis que cet état a subsisté, ils le seront tant qu'il subsistera.

« Le monde est comme un individu : toutes ses parties agissent les unes sur les autres. On peut concevoir d'autres mondes plus ou moins riches, plus ou moins peuplés, dont la conservation repose sur d'autres rapports; mais on ne peut concevoir le monde actuel privé d'une ou de plusieurs des classes d'êtres qui l'habitent, pas plus que le corps de l'homme privé d'un ou de plusieurs de ses systèmes d'organes.

« Il y a donc dans le monde, comme dans le corps de l'homme, ce qu'il faut et rien de plus. Quelle loi aurait pu contraindre le Créateur à produire sans nécessité des formes inutiles, uniquement pour remplir des lacunes dans une échelle, qui n'est qu'une spéculation de l'esprit, et qui n'a d'autre fondement que la beauté que quelques philosophes ont cru y découvrir. Mais en toute chose la beauté tient à la convenance relative : la beauté du monde consiste dans l'heureux concours des êtres qui le composent, à leur conservation mutuelle et à celle de l'ensemble, et non pas dans la facilité qu'aurait un naturaliste de les aligner en une seule série.

« Cependant, à l'hypothèse de l'échelle continue des formes des êtres d'autres philosophes ont ajouté celle que tous les êtres sont des modifications d'un seul, ou qu'ils ont été produits successivement, et par le développement d'un premier germe, et c'est sur celle-là que s'est entée celle d'une *identité de composition* dans tous.

« Robinet a présenté la première dans toute sa crudité, en donnant pour titre à son livre : *Essais de la nature qui apprend à faire l'homme;* et en composant ce livre d'une manière digne du titre. Cette hypothèse a pris sans doute dans quelques naturalistes modernes une forme moins grossière que dans Robinet ou dans de Maillet; mais sous ce nouvel habit elle n'a point changé de caractère : saisissant quelques ressemblances partielles, n'ayant aucun égard aux différences, elle voit dans le ver l'embryon de l'animal vertébré; dans le vertébré à sang froid l'embryon de l'animal à sang chaud; elle fait naître ainsi chaque classe l'une de l'autre; ce ne sont que des âges différents d'une seule, et l'animalité tout entière a dans sa vie les mêmes phases que l'individu de la plus parfaite de ses espèces. De là découle naturellement la conséquence, qu'en prenant les classes supérieures à l'état d'embryon, on doit y retrouver les parties des inférieures, et que la composition doit être la même dans toutes, sauf le plus ou moins de développement de certaines parties.

« Mais ces rapports, qui offrent quelque chose de plausible quand on ne les énonce qu'en termes très-généraux, s'évanouissent aussitôt qu'on veut entrer dans le détail, et faire la comparaison de point en point. Il n'y a pas moins d'hyatus dans les rapports des parties que dans l'échelle des êtres; en vain, pour échapper à la conviction, se jette-t-on dans des suppositions arbitraires, dans des renversements d'organes, incompatibles avec les liens qui les attachent au reste du corps; en vain, pour dernière ressource, se réfugie-t-on dans ce langage figuré où la logique ne pénètre pas : on est obligé d'avouer que certaines parties, et souvent en grand nombre, manquent dans certains êtres, sans que l'on puisse motiver leur absence autrement que parce qu'elles ne convenaient point à l'ensemble de l'être, et si l'on veut chercher à ces prétendues théories une base rationnelle et générale, que trouve-t-on, sinon toujours cette supposition d'une nature limitée dans son mode d'action?

« En effet, si l'on remonte à l'auteur de toutes choses, quelle autre loi pouvait le gêner que la nécessité d'accorder à chaque être qui devait durer les moyens d'assurer son existence, et pourquoi n'aurait-il pu varier ses matériaux et ses instruments? Certaines lois de coexistence dans les organes étaient donc nécessaires; mais c'était tout : pour en établir d'autres, il faudrait prouver ce défaut de liberté dans l'action du principe organisateur, que nous avons vu n'être qu'une chimère.

« En vain aurait-on recours à cet autre axiome de l'obligation de tout faire par les voies les plus simples : bien loin qu'il soit plus simple d'employer les mêmes matériaux pour des buts différents, il est facile de concevoir des cas où cette méthode aurait été la plus compliquée de toutes; et même rien n'est moins prouvé que cette simplicité constante des voies. La beauté, la richesse, l'abondance, ont été dans les vues du Créateur non moins que la simplicité.

« Toutefois, ceux qui ont cherché dans ces derniers temps à donner une nouvelle forme au système métaphysique du panthéisme, et qui l'ont intitulé : *Philosophie de la Nature*, ont adopté les deux hypothèses dont nous venons de parler, et y en ont ajouté une troisième, entièrement du même genre. Non-seulement chaque être, selon eux, représente tous les autres; il a une représentation de lui-même dans chacune de ses parties. La tête est un corps tout entier : le crâne composé de vertèbres, est l'épine; le nez est le thorax; la bouche, l'abdomen; la mâchoire supérieure, les bras; l'inférieure, les jambes : les dents sont les doigts ou les ongles; et dans ce thorax, dans ces quatre membres on retrouve le larynx, les côtes, les omoplates et les bassins; en un mot tous les os.

« On comprend, en effet, que ceux qui n'admettent qu'une seule substance, dont toutes les existences individuelles ne seraient que des manifestations, doivent adopter avec quelque plaisir l'idée que ces manifestations se succèdent dans un ordre régulier et progressif, qu'elles portent toutes l'empreinte et deviennent en quelque sorte des images d'un type commun, ou de la substance essentielle, et que chaque partie de partie représente non-seulement le tout spécial qui la contient, mais encore le grand tout qui contient tous les autres. Cependant on voit aussi que ces conclusions ne découlent pas rigoureusement du panthéisme, et que, en fussent-elles des conséquences, elles ne le seraient qu'en tant que réduites à des termes généraux, et qu'il s'en faudrait de beaucoup que l'on pût en déduire précisément la continuité des formes successives et l'échelle graduée des formes coexistantes.

« Nous concevons donc la nature simplement comme une production de la toute-puissance, réglée par une sagesse dont nous ne découvrons les lois que par l'observation; mais nous pensons que ces lois ne se rapportent qu'à la conservation et à l'harmonie de l'ensemble; que, par conséquent, tout doit bien être constitué de manière à concourir à cette conservation et à cette harmonie; mais nous n'apercevons aucune nécessité d'une échelle des êtres, ni d'une *unité de composition,* et nous ne croyons pas même à la possibilité d'une apparition successive des formes diverses : car il nous paraît que dès le principe la diversité a été nécessaire à cette harmonie et à cette conservation; seuls buts que notre raison puisse apercevoir à l'arrangement du monde. »

La Théorie de *l'Unité de composition organique* n'a pas donné son dernier mot à la zoologie ; et c'est pour rassembler ici les pièces les plus importantes de cette grande question que nous terminerons notre exposé par la transcription de trois documents publiés, il y a quelques années, par MM. Geoffroy-Saint-Hilaire et Hoefer.

La première pièce a pour titre : *Un mot sur les Théories scientifiques.*

« Il serait fastidieux, dit M. Hoefer, il serait fastidieux d'entrer ici dans ces discussions interminables qui ont de tout temps divisé les savants en deux camps ennemis : l'un défendant l'expérience comme critérium de nos connaissances ; l'autre soutenant la conception rationnelle comme guide infaillible et presque exclusif de nos recherches.

« Le corps savant, comme le corps animal, se compose de deux parties distinctes, opposées entre elles, qui ne changent que de noms, suivant les différentes circonstances où elles se trouvent placées. Ceux qui se prosternent pieusement devant les idées préconçues de la raison, on pourrait, à juste titre, les appeler les moines de la science, parce que, confinés dans leurs cellules, ils se béatifient purement eux-mêmes ; leurs œuvres, en tant qu'inaccessibles au bon sens, étant sans vie et sans utilité pour le reste des hommes. Pour les autres, au contraire, espèce bien plus dangereuse, qui ne croient qu'à la puissance de l'expérience sensible, il est fort à craindre que la matière ne parvienne à étouffer la raison, et que *ce qui est* ne fasse taire *ce qui doit être ;* car, quoi qu'il en soit, j'ai plus de confiance dans la morale et la bonne foi des premiers que dans celles des derniers : et la preuve, c'est que presque tous les savants prenant l'expérience pour base de leurs spéculations ont, comme on dit vulgairement, fait leur chemin ici-bas, tandis que les rationnalistes purs, en attendant qu'on découvre un jour la pratique de leurs théories, espèrent patiemment dans la justice de la postérité, en maudissant l'aveuglement de leurs contemporains.

« L'homme ne crée rien ; voilà un fort ancien axiome. L'homme ne peut modifier ou développer que ce qui existe déjà ; malheureusement, cela s'appelle trop souvent aujourd'hui *inventer*. De là une confusion extrême, une foule de malentendus, de disputes même. Locke, au commencement de son fameux ouvrage : « *On the human Understanding*, » prétend que presque toutes nos querelles naissent d'un défaut de langage, et que pour réformer les sciences il faudrait d'abord commencer par réformer la langue. Chacun peut, de nos jours, apprécier l'opinion de Locke, laquelle ne paraît pas entièrement dénuée de fondement.

« Sans chercher à savoir si les discussions qui semblent avoir divisé le monde savant en deux factions ennemies proviennent de l'insuffisance du langage humain à rendre et à communiquer au dehors ce que l'esprit conçoit abstractivement en lui-même, nous nous bornerons ici a indiquer sommairement l'origine et les progrès de la lutte qu'on a vue se répéter de nos jours entre Meckel et Oken, G. Cuvier et Geoffroy-Saint-Hilaire, etc. Je dis qu'on a vu cette lutte se répéter ; car elle n'est pas nouvelle. Le principe de l'unité rationnelle et le principe de la multiplicité des choses existantes sont aussi anciens que le genre humain. Dès le moment que l'homme a senti et pensé ces deux grands principes ont reçu instantanément leur application. Pour se convaincre de la vérité de ce que j'avance, il suffit de connaître, ne fût-ce que superficiellement, l'histoire de la pensée de l'homme, en un mot l'histoire de la philosophie : *Nescire quod antequam natus esses factum sit, id semper esse puerum,* dit un savant de l'antiquité. Il faut donc avoir l'esprit bien enfantin pour vouloir assigner à chacun de ces grands principes, qui constituent l'essence même de notre vie intellectuelle, tel ou tel auteur ou inventeur particulier. Une pareille prétention est, ne craignons pas de le dire, tout ce qu'il y a au monde de plus absurde. Certes, nous ne nions pas qu'il puisse y avoir des hommes dont l'intelligence saisit à fond le mécanisme de notre pensée, et qui possèdent le rare talent d'en formuler les principes et de les exposer aux yeux de leurs semblables avec plus ou moins de clarté ; mais, encore une fois, ce n'est là que développer par le langage ce qui existe fondamentalement dans notre être, et développer n'est pas inventer.

« La lutte entre le principe de l'unité rationnelle et le principe de la multiplicité de ce qui existe n'est autre chose que la guerre scolastique connue, au moyen âge, sous le nom de *nominalisme* (*Conceptualisme*) *et de Réalisme. Les controverses de Guillaume de Champeaux et d'Abeilard à l'université de Paris se sont reproduites*, *sept siècles après, au sein de l'Académie des sciences, entre Georges Cuvier et Geoffroy-Saint-Hilaire.* Il n'y a de changé que ce qui change en tout temps, le nom et la forme ; et quand, dans les temps modernes, Gœthe, Schelling et Oken ont avancé, en philosophie naturelle, des théories réputées nouvelles, on serait tenté de croire qu'ils ignoraient que l'école d'Élée, ainsi que Platon, pensaient et écrivaient au fond comme eux, il y a plus de vingt siècles.

« Pour nous soustraire au reproche qu'on pourrait peut-être nous faire de voiler la vérité, nous allons soumettre au jugement de nos lecteurs quelques documents curieux venant à l'appui de nos assertions. On se convaincra, au moins, de cette vérité, qu'avant de vouloir faire un pas en avant dans la science il faut d'abord jeter un regard en arrière, et examiner les trésors que nous ont légués nos ancêtres. C'est en procédant ainsi que la postérité nous saura gré de nos efforts et appréciera nos œuvres.

« Platon traite dans un de ses dialogues les plus remarquables, dans le *Timée*, de la création du monde, de la nature de l'homme, en un mot, de la physique générale. Le *Timée* est le monument impérissable de la philosophie naturelle de l'antiquité. Il est à regretter que cette philosophie soit un peu obscure et quelquefois même inintelligible, défaut qui la rapproche, du reste, singulièrement des conceptions de quelques-uns de nos savants d'aujourd'hui.

« La terre et le feu jouent le principal rôle dans la créa-
« tion. Ces deux éléments se rattachent intimement à leurs
« compléments nécessaires, à l'air et à l'eau, et forment ainsi
« un tout harmonieux. Il faut la réunion des quatre élé-
« ments pour produire un animal parfait. Le Dieu suprême
« et éternel créa d'autres dieux à son image. Ce sont ces
« dieux, immortels comme leur père, créateur de l'univers,
« qui furent chargés du soin de créer l'homme et les animaux
« qui peuplent le monde. Et les enfants (du Dieu primitif),
« dit Platon, rassemblèrent, en imitant leur créateur, les
« particules de feu, de terre, d'eau et d'air, lesquelles doi-
« vent être un jour rendues au tout; et ils les réunirent sur
« un seul point en les liant ensemble, non pas d'une manière
« indissoluble, comme celles dont eux-mêmes sont formés,

« mais par des aspérités (γόμφοι) nombreuses et invisibles « à cause de leur petitesse. Ils formèrent ainsi chaque corps « de tous ces éléments-là. » D'après ce que nous venons de lire, est-il donc étonnant que Leibnitz ait mis au jour sa doctrine des monades, et que les idées nouvelles des chimistes sur le mode d'agrégation des atomes se soient produites?

« Suivant Oken (*Naturphilosophie*), les fonctions des sens sont les reflets des opérations élémentaires du monde, c'est-à-dire des diverses combinaisons proportionnelles de l'air, du feu, de l'eau et de la terre. Les sens sont les organes du monde, avec lequel ils sont en contact; en d'autres termes, ce sont les équivalents des quatre éléments de Platon. « Les objets organisés, dit Oken, sont « des nombres entiers; les objets non organisés sont des « fractions. Ce qui n'est que liquide ne peut point être or- « ganisé, attendu qu'il n'est qu'une partie de la totalité de « la masse planétaire; de même pour ce qui n'est que so- « lide. » « Les deux cercles (κυκλοι) divins (les mouvements « de l'âme), les dieux les placèrent, dit Platon, en suivant « la forme arrondie de l'univers, dans un corps sphéroïde; « ce corps, nous l'appelons la tête, parce qu'il domine tous « les autres membres. Les dieux lui décernèrent, d'un « commun accord, la suprématie sur tout le reste, sachant « bien que la tête serait susceptible de tous les modes de « mouvement. — Le mouvement des objets (la lumière des « objets qui frappent la vue (se communiquant par tout le « corps jusqu'à l'âme, produit la sensation appelée la vue; « celle-ci est suspendue pendant la nuit lorsque le feu sem- « blable (πῦρ ὅμοιον), la lumière du jour, se retire. La lu- « mière est pour nous la source du plus grand bien; car « personne ne pourrait parler de l'univers, à moins que

« d'avoir contemplé les astres, le soleil et le ciel. C'est « l'observation du jour et de la nuit, ce sont les révolutions « des mois et des années, qui ont construit le nombre, fourni « la notion du temps, et donné lieu à l'investigation sur la « nature de l'Univers. Aussi la vue est-elle mère de la phi- « losophie. »

« Voici maintenant comment s'exprime Oken (32,923 et suiv.). »

« La vue est le langage de l'univers; l'ouïe est le lan- « gage de l'homme (quoique au 32,922 immédiatement pré- « cédent, l'auteur ait déjà dit que l'ouïe est le langage de « l'homme.) — Au moyen de la vue, le monde nous ma- « nifeste son esprit, sa pensée; par l'ouïe, l'homme seul « se manifeste. — La vue va du dedans au dehors; l'ouïe « procède en sens inverse; la première nous procure la « conscience de soi; la seconde, la conscience du monde; « l'une représente la raison, — *macrocosme;* — l'autre, « l'intelligence, — *microcosme.* »

« Quant à la formation des éléments et la génération des êtres qui habitent notre globe, Platon s'exprime ainsi :

« D'abord, ce que nous appelons à présent *eau*, nous « le voyons devenir pierre et terre, en se condensant; « souffle et air, en se dissolvant et en s'évaporant; l'air « brûlé, nous le voyons se transformer en feu; le feu con- « centré et éteint, prendre de nouveau la forme de l'air, « et, à son tour, l'air condensé et épaissi, se changer en « brouillard et en nuages. De ceux-ci, rapprochés et con- « densés encore davantage, provient l'eau; de l'eau, la « terre et les pierres, de manière que toutes ces choses dé- « crivent un cercle de génération réciproque. » — « La na- « ture est immuable; elle n'abandonne point son principe « fondamental; elle reçoit constamment toute chose en elle,

« sans jamais revêtir aucune forme. — Avant la création « du monde il existait une triplicité : l'être (τὸ ὄν), l'espace « (ἡ χῶρα), et la génération (ἡ γένεσις). Le principe de la « génération, entretenu par le feu et l'eau, recevant les « formes (εἶδος) de la terre et de l'air, et soumis à toutes « les modifications qu'éprouvent ces éléments, semble être « apte à représenter toute image. Il n'est nulle part en équi-« libre; mais il est inégalement agité par les puissances « (δυναμεῖς) qui lui sont inhérentes, de même qu'il agite « celles-ci par son propre mouvement. Ces agitations et « secousses entraînent sans cesse ce qui se sépare de ces « puissances, comme les instruments employés à vanner le « blé séparent, par le mouvement qu'on leur applique, ce « qui est pesant et serré, de ce qui est rare et léger. — Ainsi « fut sécrété à part ce qui est dissemblable, et rassemblé « en un seul lieu ce qui est le plus semblable; car toutes ces « choses-là occupèrent, avant qu'elles n'eussent servi à la « composition de l'univers, les unes telle place, les autres « telle autre place; et lorsque Dieu voulut coordonner (κοσ-« μεῖσθαι) l'univers, il disposa d'abord, par espèces et par « nombre, le feu, la terre, l'air et l'eau, dont il existait bien « des traces; mais ces éléments étaient dispersés sans or-« dre et comme dans un état où se fait sentir l'absence de « Dieu. »

« La classe des oiseaux, qui porte, au lieu de poils, « des plumes, tire son origine de cette race d'hommes inof-« fensifs, mais légers et inconstants, qui, dans leur simpli-« cité niaise, regardent les choses qu'ils jugent par le sens « de la vue, comme infaillibles et certaines. Les animaux « du continent sont nés des hommes qui, méprisant la sa-« gesse, n'élèvent jamais leurs regards vers le ciel pour « s'informer de la nature de l'univers; ils n'ont jamais fait

« usage des mouvements intellectuels de la tête, n'ayant « pris pour guides de leurs actions que les parties de l'âme « logées entre le diaphragme et l'ombilic. De là vient « que ces animaux, baissant la tête, appuient leurs mem- « bres contre la terre; leurs têtes sont diversement allongées, « suivant que les mouvements de l'âme ont été plus ou « moins comprimés par la paresse et l'inertie qui leur est « propre. Les uns ont quatre pieds, les autres en ont da- « vantage. Ce sont les moins sages, auxquels Dieu a donné « un grand nombre de pieds, afin que de cette manière ils « soient plus à même de se traîner dans leur élément.

« Ceux dont le corps touche la terre, comme n'ayant « pas besoin de pieds, sont les plus stupides de tous. La « quatrième classe est celle qui vit dans l'eau; elle se com- « pose des individus les plus brutes et les moins dociles, « qui, dans ces transformations graduelles, n'ont pas « même été jugés dignes d'une respiration pure; car leur « âme est entachée de toute espèce de vices. Au lieu de « jouir de la vie dans un élément pur et léger, ils sont con- « damnés à languir dans un élément lourd et épais. C'est « ainsi que les poissons, les mollusques et tous les ani- « maux aquatiques subissent, refoulés dans les dernières « demeures, le châtiment du dernier des vices. Voilà « comment autrefois, et encore aujourd'hui, les âmes des « animaux transmigrent des uns dans les autres, suivant « qu'elles perdent ou acquièrent de la sagesse. »

« Voici comment Platon s'exprime à l'égard des végé- taux :

« Tout ce qui participe de la vie peut, avec raison, « être appelé un animal. — La plante vit, et ne diffère de « l'animal qu'étant attachée par les racines (κατεῤῥιζωμένον « πέπηγε), elle est privée de la faculté de se mouvoir. Aux

« plantes convient la troisième espèce d'âme, qui est logée « entre le diaphragme et l'ombilic; car elles sont douées de « la sensibilité accompagée du désir (μετὰ ἐπιθυμιῶν). Tout « est ici dans un état passif (Πάσχον διατελεῖ πάντα). »

« Est-ce que la lecture d'un pareil passage ne pourrait pas suggérer l'idée d'une unité harmoniquement graduée entre le règne animal et le règne végétal, sans qu'il soit besoin d'être pour cela un Gœthe? Mais j'appelle surtout l'attention des hommes qui s'occupent de sciences sur le passage suivant du *Timée* (p. 149 de l'édit. de Lindau Lips. 1828).

« Tout ce qui nous environne dans le monde extérieur « tend sans cesse à nous décomposer, afin que chaque espèce « s'approprie ce qui lui est homogène. Le sang, distribué « en molécules (κερματίζεσθαι), est renfermé dans notre « corps, comme les animaux sont renfermés sous le ciel. « Aussi le sang doit-il imiter le mouvement circulaire de « l'univers (τὴν τοῦ παντὸς ἀναγκάζεσθαι μιμεῖσθαι φορὰν); « et dans ce mouvement des molécules internes (τῶν ἐντὸς « μερισθέντων), tout ce qui est homogène se rapproche « (πρὸς τὸ ξυγγενὲς φερόμενον ἕκαστον), et remplit sans cesse « le vide qui s'est fait (τὸ κενωθὲν πάλιν ἀνεπλήρωσεν). »

« Le voilà donc le fameux principe de l'unité de composition organique! La voilà la pierre philosophale de la plupart de nos physiologistes modernes trouvée dans le *Timée* de Platon, écrit il y a vingt-quatre siècles! Mais dirai-je maintenant que c'est Platon qui est l'auteur ou l'inventeur du principe de l'unité de composition organique, depuis qu'il est démontré que cet honneur n'appartient ni à Gœthe, ni à Oken, ni même à M. Geoffroy-Saint-Hilaire? Non; je le répète encore, le cercle de l'unité est la condition fondamentale de notre ère, la forme même de notre vie intellectuelle, pour parler philosophiquement. »

M. Geoffroy Saint-Hilaire répondit à cet article du jeune savant.

« Dans son morceau brillant sur les travaux généraux de l'esprit, disait l'auteur de la Philosophie anatomique, M. Hoefer fait preuve de goût et de progrès dans les études philosophiques. Allemand, et entré en France pour élucider et pour enseigner le kantisme parmi nous, pour y développer cette doctrine d'un spiritualisme à perte de vue, ce philosophe montre, en embrassant de nouvelles opinions d'un caractère plus spécial, qu'il entre jusqu'à un certain point dans la réalité, qu'il s'est utilement empreint des idées de la société française, et que, reconnaissant la supériorité de notre marche expérimentale, il n'accomplira pas la mission qu'il s'était donnée.

« Son article n'établit point autrement, ni avec plus de détails et de précision, les généralités qu'avait posées en 1830 le poëte et philosophe de l'Allemagne, traitant avec une prédilection très-remarquable des débats ayant éclaté au sein de l'Institut de France, durant les mois de février et mars 1830. *Dans ce sanctuaire des sciences*, écrivait Gœthe, *où tout se passe avec dignité et convenance*, *ce ne sont point des débats à attribuer à des attaques personnelles*, *mais on doit voir s'y reproduire ce conflit perpétuel entre les deux grandes doctrines dans lesquelles le monde savant s'est depuis longtemps partagé*. Or, Gœthe n'entendait pas comprendre dans cette réflexion, et encore moins reporter jusqu'aux jours glorieux des Platon et des Aristote, ses vues doctrinales concernant la métamorphose des fleurs.

« Ce que cite M. Hoefer, et ce que des écrits de Platon il songe à faire ressortir, ce sont de ces éclairs de génie, de ces concentrations instinctives de la vie des choses, de ces jugements trop généraux et trop abstraits pour être compris par le commun des hommes. J'ai, dans une notice sur Buffon, nommé et déclaré ces méditations pratiques, ces larges voies de recherches, l'intelligence ou la théorie des *faits nécessaires*. Aux seuls penseurs, la tête de nos grands hommes, ce mode d'action, non sans être très-périlleux, peut convenir; il leur réussit de concevoir et de remplir des lacunes regrettables, et d'évoquer du sein de la nuit des *faits nécessaires*, et perçus par l'esprit avant l'actualité de leur existence palpable.

« Ceci fut surtout en usage dans le grand siècle de la philosophie, et vint au secours de la finesse et de l'esprit des Grecs d'alors, pour tant d'inventions *à priori* qu'ils hasardèrent; tel était leur sentiment exquis de la dualité fondamentale des choses, que tout se ramenait naturellement et sans efforts à la condition la plus haute de leur essence, *matériaux comburants* et *matériaux combustibles*, et qu'on y croyait la vie des choses dépendant effectivement du jeu pratique de leurs relations mutuelles. En raison de ces aperçus des plus beaux génies de la Grèce, direz-vous que la chimie, que la philosophie étaient plus ou moins vaguement énoncées dans les écrits du Portique? Non, ce serait à tort. Les sciences qui relèvent du savoir d'une infinité de faits à connaître ne pourront apparaître, plus tard, qu'après tous leurs faits produits, attendant nécessairement du temps l'heure propice et pour elles providentielle, pour qu'ainsi les données intellectuelles de l'humanité s'en trouvent agrandies.

« Or, croyez qu'il en est ainsi de ce qui devient science en ce moment, de ce savoir profond qui s'introduit bien lentement sans doute, mais qui n'en pénètre que mieux dans le domaine de la pensée publique; j'entends parler de ce que M. Hoefer appelle le *fameux principe de composition organique*, et de ce que d'autres, plus préoccupés de la gloire et du génie de Gœthe, tel entre autres que le profond botaniste M. Martins, préfèrent désigner sous le nom d'*unité typéale*.

« Cette science est vraiment nouvelle; car c'est tout au plus s'il faut la dire comme reconnue telle, et la considérer comme douée d'assez d'éléments acquis; chez de certains esprits, qui se hâtent bien lentement, ou qui sont restés en dehors du mouvement général, il y a une certaine persuasion qu'il faut encore s'abstenir dans cette direction.

« C'est, il est vrai, un événement si nouveau, attrayant et satisfaisant pour l'esprit, c'est une pensée si nouvelle que l'idée de cette *unité typéale*, que quelques naturalistes l'ont aussi peut-être admise avec trop de confiance et sans l'avoir vraiment comprise, s'en autorisant en conséquence, avec toute licence, pour fonder à leur gré ou pour renverser quelques réputations.

« Ainsi, il vient de paraître, durant une excursion de quelques jours que j'ai faite à Londres, une causerie sur moi, dans le grand répertoire des causeries de France, nommé le *Dictionnaire de la Conversation*, où l'on résume tous les travaux de ma vie scientifique, comme se rattachant principalement à cette doctrine de l'*unité typéale*, à un principe que j'aurais posé touchant l'arrangement des êtres organisés; mais, en même temps, l'on a fini cet article en déclarant que c'est là une doctrine fausse, perverse, fatale pour l'inexpérience de la jeunesse, et tendant à insinuer ou à prêcher l'inutilité de l'intervention de Dieu dans la création; sont aussi d'autres reproches au sujet des races diverses, sur ce que j'aurais avancé qu'elles sont modifiables ; que sais-je? Or, toute cette hostilité repose sur ma *croyance* , ainsi affirmée et exposée, que toutes les existences organiques répandues dans l'univers seraient la descendance d'une espèce unique et antédiluvienne. N'est-il que ce chef d'accusation pour autoriser à déclarer *fausse et dangereuse* la doctrine de l'*unité typéale*, je dois me rassurer, je n'ai *jamais cru*, et *je ne crois nullement* à ce qu'on m'attribue là ; car quelle serait cette *espèce?* elle apparaîtrait donc sans antécédent ! Or, c'est là un non-sens pour ma doctrine ; il doit me suffire d'assurer que je n'ai rien écrit de semblable.

« En dernière analyse, considérer toutes ces divergences d'opinions dont j'ai à répondre, c'est défaut selon tel système ; mais, quant à M. Hoefer, aucun des modernes, *ni Gœthe, ni Oken, ni même Geoffroy-Saint-Hilaire* ne doivent se prévaloir de l'honneur d'avoir pris part à cette direction nouvelle de l'actuelle philosophie : cette pensée serait due à l'antiquité, elle aurait été déposée il y a vingt-quatre siècles et écrite dans le *Timée* de Platon ! »

« Le principe régulateur de l'unité des choses, répondit à son tour M. Hoefer, est la manifestation d'un germe vivifiant déposé primitivement dans notre être ; pour le trouver et le reconnaître, il n'est pas nécessaire d'avoir préalablement traversé une longue suite d'expériences ou une série de générations ; car ce qui existe primitivement en nous peut et *doit* se manifester en tout temps et en tout lieu, sous une forme quelconque ; un tel principe ne peut être inventé, dans le sens propre du mot, pas plus que les principes universels et absolus de la morale. Voilà ce qu'il nous importait de dire, et ce que nous voulions établir.

« La tendance à l'unité est un *besoin instinctif*, aussi

essentiel et nécessaire à notre raison que la nourriture à notre corps. Toute pensée généralise ; seulement telle généralisation est plus ou moins étendue, et domine un plus ou moins grand nombre d'objets particuliers. La plus élevée de toutes les généralisations et celle qui implique en même temps l'aveu de notre impuissance à saisir dans leur ensemble les choses de l'expérience, c'est l'unité que nous comprenons sous le nom de *Dieu*. Le principe de l'unité du monde moral et le principe du monde physique partent tous deux d'une source commune; ce sont les branches d'un tout commun dont les racines tiennent à l'essence même de notre existence *telle qu'elle est*. Perpétuellement en conflit avec le monde extérieur, avec la matière que les sens fournissent à notre entendement, ces deux principes autour desquels gravite notre destinée, provoquent à toute époque des discussions et des controverses sans cesse renouvelées. Ces discussions sont au fond les mêmes partout : elles ne subissent que l'influence de l'esprit de la société; elles se modifient quelquefois, et paraissent sous des formes différentes à des siècles différents. Ainsi, dans l'antiquité, où la cosmogonie et la théogonie, la science et la religion, étaient intimement liées l'une à l'autre, en formant un tout unique, comme le bouton d'un arbre qui cache en lui l'origine des branches auxquelles il peut plus tard donner lieu; dans l'antiquité, dis-je, la controverse scientifique devait se confondre avec la controverse religieuse ; au moyen âge, où l'élément religieux semblait avoir une prépondérance marquée, et l'emporter sur l'élément scientifique, l'instinct, qui pousse la raison irrésistiblement vers l'unité des choses, cherchait à se satisfaire presque exclusivement dans le domaine du monde moral et religieux. Dans les temps modernes, où la théocratie a été refoulée dans d'étroites limites, où la récompense dans un monde à venir préoccupe les esprits bien moins que l'examen des choses visibles et l'exploitation des faits actuels, la lutte entre l'unité abstraite et la multiplicité réelle devait se tourner vers les sciences naturelles, et se produire telle que nous la voyons aujourd'hui.

« Est-ce donc étonnant que cette grande lutte, qui résume en elle la condition fondamentale de notre être, ait, arrivée aujourd'hui à sa troisième période, donné lieu à la naissance de la philosophie de la nature de Schelling et d'Oken, du panthéisme de Gœthe et de la loi *de soi pour soi* de M. Geoffroy-Saint-Hilaire ?

« Tous les systèmes nés et vivants de nos jours composent, comme ceux nés et ayant vécu dans l'antiquité et au moyen âge, le cortége obligé du spectacle solennel de la raison humaine exécutant, comme le soleil avec ses planètes, le double mouvement de rotation autour d'elle-mêmes et de translation progressive en entraînant tout à sa suite.

« Déjà le cercle paraît se renouveler; la science et la religion, toutes deux moins dédaigneuses l'une de l'autre, paraissent, en s'accommodant mieux aux besoins vivement sentis d'une société régénérée, incliner à une alliance mieux entendue et plus rationnelle. Le panthéisme de nos jours, plus éclairé que l'ancien et plus riche par l'observation de tant de siècles parcourus, semble être le précurseur de cette union qui versera ses conséquences, comme des bienfaits, sur toute l'humanité. Le temps moderne et l'antiquité se donneront donc la main, mais sur un terrain plus élevé et plus solide, sur un plan plus avancé et plus étendu ; car la raison progresse, et ne reste pas immobile sur la place qu'elle occupe. Seulement, dans une époque de transition comme la nôtre tout paraît encore vague, incertain, indécis; les esprits sont dans un état d'oscillation.

« Tous les problèmes scientifiques, moraux, sociaux, etc., se rattachent immédiatement à l'instinct de notre raison, à la tendance, à l'unité. Communauté, classification, attraction, cohésion, affinité, amour du prochain, fraternité, égalité, liberté, etc., tout cela se range sous une seule et même bannière : sous *la tendance à l'unité.* Non pas l'unité, mais la tendance à l'unité, voilà le secret de notre vie, la route que le destin nous a tracée. L'unité ne doit donc pas être regardée comme un principe *constitutif*, pour parler le langage philosophique, mais comme un *régulateur*; en d'autres termes, l'unité ne doit pas être le point de départ pour arriver au problème proposé; mais, comme c'est par les sens que nous débutons, et que ce sont eux qui nous fournissent les matériaux que l'intelligence élabore, il faut, par un examen attentif et une constitution successive des choses, procéder à la recherche de la perfection et de l'harmonie, en un mot, l'unité, qui n'est enfin autre chose que le grand problème lui-même, dont la solution est proposée à l'humanité, et qui présente diverses faces, suivant qu'il regarde des directions diverses de l'homme.

« De même qu'il nous semble, en voguant sur les eaux d'une rivière, voir fuir les rivages et le bateau rester immobile, ainsi il arrive souvent à notre esprit, par une illusion presque analogue à celle de nos sens, de mettre à la place d'une tendance sans cesse en mouvement progressif, un point immobile, un *non plus ultra*, et de prendre une loi indéfiniment régulatrice pour un principe absolument constitutif et immuable. C'est de cette illusion naturelle, de ce paralogisme inhérent à notre essence que proviennent presque toutes les erreurs, toutes les disputes, toutes les opinions ennemies entre lesquelles le monde est partagé. »

Geoffroy Saint-Hilaire n'est plus; cet homme de génie a disparu de la scène du monde, et les penseurs qui, après sa mort, ont porté les regards sur ses œuvres, en ont parlé comme ceux qui étaient, il y a près de vingt ans, les témoins d'une lutte à laquelle l'Europe savante se tenait attentive. « L'idée qu'il a mise en lumière, a dit M. Edgard Quinet, est, à beaucoup d'égards, le fond de notre époque. Désir, pressentiment, nécessité d'une vaste unité, c'est là ce qui travaille le monde. M. Geoffroy Saint-Hilaire, véritable génie précurseur, a établi dans la nature et la science ce principe harmonieux que nous cherchons encore dans le monde civil, politique et religieux. Voilà par où les travaux de cet esprit créateur se lient au travail actuel de tout le genre humain; et comme il est d'abord arrivé à ce fondement d'unité que tout le monde recherche par toutes les voies, il a mis, sans y songer, tout le monde dans les intérêts de sa gloire. Nous n'étions pas tous capables de suivre chacun de ses pas : notre ignorance, notre impuissance nous arrêtait; mais nous nous disions : il nous devance, il va où tout le siècle arrivera; nous marchions avec une confiance assurée vers l'avenir, sachant qu'il le possédait déjà dans l'ordre de la science et de la nature. »

10.

MAMMIFÈRES

DES MAMMIFÈRES EN GÉNÉRAL.

Les *Mammifères* doivent être placés à la tête du règne animal, non-seulement parce que c'est la classe à laquelle appartient l'homme lui-même, mais encore parce que c'est celle de toutes qui jouit des facultés les plus multipliées, des sensations les plus délicates, des mouvements les plus variés. La plupart vivent à la surface du sol, et sont organisés pour s'y mouvoir avec force, et d'une manière continue, en y marchant sur leurs quatre membres. Quelques-uns peuvent s'élever en l'air (*chauves-souris*) au moyen de membres prolongés et de membranes étendues; d'autres ont les membres tellement raccourcis, qu'ils ne se meuvent aisément que dans l'eau (*baleines*); mais tous ces animaux, malgré ces différences, conservent toujours les caractères fondamentaux de leur classe et l'organisation qui lui est propre. Il faut donc bien se garder de confondre ceux qui volent avec les *oiseaux*, et ceux qui vivent dans l'eau avec les *poissons*.

Le squelette des animaux mammifères est, en général, comparable à celui de l'homme : aussi les pièces correspondantes ont-elles reçu les mêmes noms. Le cerveau, toujours composé de deux hémisphères, présente un volume relatif plus ou moins considérable, suivant le degré d'intelligence dont jouissent les différentes espèces. Leur langue est attachée à un os hyoïde qui ne tient au crâne que par des ligaments, et le larynx est placé au dessus de la trachée-artère; ils ont comme l'homme deux poumons, un cœur double, un diaphragme, le même nombre d'organes des sens; leurs viscères abdominaux présentent aussi à peu près les mêmes dispositions; leur corps est en totalité ou en partie couvert de poils, laineux ou soyeux, le plus souvent libres et distincts, quelquefois réunis pour former des écailles, comme dans les pangolins, des cornes, comme dans les rhinocéros, ou même une sorte d'écorce, comme dans quelques cétacés. Leurs mamelles sont toujours par paires, et se nomment pectorales quand elles se trouvent sur la poitrine, abdominales sous le ventre, et inguinales entre les cuisses; il y a le plus souvent un petit pour chaque paire. Ces petits, quoique faibles en naissant, ont ordinairement la forme de leurs parents. Quelquefois, cependant, ils naissent dans un tel état d'imperfection qu'on ne leur reconnaît aucun organe. Mais alors, après être restés pendant un certain temps attachés aux mamelles de leur mère, ils viennent pour ainsi dire au monde une seconde fois : tels sont les animaux nommés *marsupiaux* ou *didelphes*.

« Beaucoup de mammifères ont, comme l'homme, les trois sortes de dents; d'autres n'en ont que deux sortes, ou une seule, ou même n'en ont pas du tout. Elles sont d'ailleurs généralement composées, d'abord d'un émail qui recouvre la couronne, et présente quelquefois assez de dureté pour faire feu avec le briquet; en second lieu, d'une substance osseuse, qui forme la racine entière de la dent et la partie intérieure de la couronne : cette matière en devenant dure et compacte dans quelques dents de grands animaux prend le nom d'ivoire; par exemple dans l'éléphant, l'hippopotame, le morse, le dugong, le narwal, le cachalot. Les dents sont *simples* lorsque la partie interne est enveloppée par l'externe, comme dans l'homme, sans en être pénétrée; elles sont *composées* lorsque leur section transversale présente des couches ou des replis alternatifs d'ivoire et d'émail. Souvent, dans ce dernier cas, une troisième substance, nommée ciment, recouvre l'émail et remplit les intervalles qui séparent les différentes parties de la dent, comme dans l'éléphant et le cabiai. Enfin, les dents sont *demi-composées* lorsque, la base étant simple, les replis ne se montrent qu'à une certaine profondeur, comme dans le bœuf. Les incisives sont généralement taillées en coin ou en biseau; tandis que les *canines* ou *laniaires* ont la forme d'un cône plus ou moins allongé hors de la mâchoire et de la ligne des autres dents. Quant aux molaires, leur couronne est de forme variable, suivant la nourriture dont l'animal doit user. Ceux qui sont *insectivores* ont des molaires coniques ou du moins garnies de tubercules aigus. Les *carnivores* ont en même temps des molaires coniques, des molaires tranchantes à plusieurs pointes et des molaires tuberculeuses au fond de la bouche. Ces dernières sont d'autant moins nombreuses que l'animal est plus carnivore. Les herbivores les ont plus ou moins aplaties et marquées de sillons diversement figurées.

L'estomac des mammifères est le plus souvent composé d'une seule poche. Lorsqu'il y en a plusieurs, les aliments reviennent à la bouche, quelque temps après la première déglutition, pour être broyés de nouveau, et l'on dit alors que l'animal rumine. Quelques-uns, que l'on nomme *cétacés*, paraissent dépourvus de doigts et même, jusqu'à un certain point, d'extrémités. Un assez grand nombre ont les doigts enveloppés par un *sabot* corné dont ils ne peuvent se servir que pour leur défense et pour la marche : ce sont les *ongulés*. Tous les autres, nommés *onguiculés*, ont les doigts terminés par des ongles plus ou moins offensifs. Ces doigts forment une *main* lorsque l'un d'eux est opposable aux autres, comme le pouce dans l'homme. A l'aide des différences importantes que nous venons d'indiquer, on peut partager la classe des mammifères en *neuf* ordres, savoir : *six*, pour les onguiculés, *deux* pour les ongulés et *un* pour les cétacés ou mammifères à nageoires.

Les principales différences que les mammifères offrent entre eux, et qui ont servi à subdiviser la classe en ORDRES OU FAMILLES, existent dans leurs habitudes et leur manière de vivre, c'est-à-dire dans le régime ou l'espèce de nourriture qui leur est propre, et dans leurs séjours ou les lieux qu'ils habitent; aussi les caractères de ces subdivisions sont-ils tirés des organes du toucher et de ceux de la mastication, ou de la configuration des pieds et des dents.

Les membres peuvent être façonnés en mains ou en pieds, en une sorte d'ailes, en nageoires : aussi distingue-t-on des mammifères terrestres ou volants, des mammifères essentiellement aquatiques, ou des amphibies.

Le régime, qui s'annonce toujours par la forme particulière des dents, ou par la perfection des organes du toucher, est aussi très-variable : il y a des mammifères qui peuvent s'accommoder de toute espèce de nourriture, animale ou végétale : ils sont omnivores ; il en est d'autres qui se nourrissent exclusivement de chair, ou d'insectes, d'herbes, de fruits, et que l'on désigne à cause de cela par les dénominations de carnivores, d'insectivores, d'herbivores, ou de frugivores. Le caractère tiré des organes de la mastication dépend du nombre, de la combinaison et de la forme des dents de diverses sortes (incisives, canines et molaires).

La perfection des organes du toucher s'estime d'après

le nombre et le plus ou moins de mobilité des doigts. Un membre est façonné en une *main* lorsque le pouce est séparé des autres doigts et peut leur être opposé, comme dans la main de l'homme. Il y a des mammifères qui ont des mains seulement aux membres de devant (les *bimanes*), d'autres qui n'en ont qu'aux membres de derrière (les *pédimanes*), d'autres qui en ont à leurs quatre membres (les *quadrumanes*). Il y a des mammifères dont les doigts sont protégés à leur face externe seulement par un ongle (les *onguiculés*); d'autres, dont les doigts sont tout a fait enveloppés dans une corne arrondie qu'on nomme *sabot* (les ongulés).

Tous les mammifères, à l'exception des cétacés (c'est-à-dire les dauphins, les marsouins, etc.), ont deux paires de membres, savoir : une paire de membres antérieurs ou thoraciques, et une paire de membres postérieurs ou abdominaux; mais chez les cétacés cette dernière paire manque, et il n'existe, par conséquent, que des membres thoraciques. Chez tous ces animaux, leur structure est à peu près la même que chez l'homme, et les différences que l'on y remarque dépendent principalement de la longueur relative des divers os, et du nombre des doigts, qui, du reste, ne dépasse jamais cinq.

La conformation des membres varie un peu, suivant les usages auxquels ils sont destinés. Ils peuvent servir : 1° à la marche, au saut, etc.; 2° à la préhension et au toucher; 3° à fouir la terre; 4° à la nage, et 5° au vol; et lorsqu'ils sont le mieux adaptés à l'une de ces fonctions, ils ne sont que peu ou point propres aux autres.

Lorsque les membres sont destinés à servir uniquement à soutenir le corps et à le mouvoir sur la surface de la terre, ils doivent avoir beaucoup de solidité et être cependant très-grêles vers le haut, afin d'être plus légers; or, des doigts longs et flexibles nuiraient à cette solidité, et un nombre considérable de ces organes augmenterait sans utilité le poids du pied; aussi, chez les animaux dont les quatre pieds ne servent qu'à la course, les doigts sont ordinairement au nombre de deux ou trois seulement, courts, peu flexibles, et complétement enveloppés, à leur extrémité, par les ongles qui les protégent.

Lorsque les membres sont destinés à servir principalement à la préhension des objets et au toucher, il en est tout autrement; ils sont alors très-flexibles et terminés par cinq doigts, longs, bien séparés entre eux, et si mobiles que l'un d'eux peut, à volonté, changer de position, et s'appliquer contre les autres à la manière d'une pince; l'ongle est en même temps plat, et ne recouvre que le dessus de l'extrémité des doigts, dont la face inférieure ressemble à une pelote molle; enfin la main tout entière peut tourner sur l'avant-bras pour se diriger tantôt en dedans, tantôt en dehors.

Les pattes du cheval peuvent ainsi être prises comme exemple du mode de conformation des membres destinés à servir uniquement à la course, et la main de l'homme, comme exemple du mode de conformation de ces mêmes organes, lorsqu'ils sont destinés par la nature à servir uniquement à la préhension et au toucher. Mais entre ces deux extrêmes, il existe un grand nombre de degrés intermédiaires, et, chez beaucoup de mammifères, les pattes servent en même temps à la course, à la préhension et au toucher, et remplissent d'autant mieux l'une ou l'autre de ces fonctions, que leur conformation se rapproche davantage de l'un ou de l'autre des deux modes de structure dont nous venons de parler.

Les mammifères qui grimpent le mieux ont, en général, les pattes plus ou moins semblables à notre main, et propres à saisir les objets ; il en est cependant qui, à l'aide d'ongles très-aigus, peuvent monter aux arbres, en s'y accrochant seulement, bien que leurs doigts ne soient ni longs, ni très-flexibles, ni opposables entre eux. La plupart de ces animaux ont une longue queue, dont ils se servent comme d'un balancier, et quelquefois même cet organe est assez flexible pour s'enrouler autour des branches, et pour tenir lieu d'une espèce de main.

On remarque aussi des différences dans la conformation des membres, suivant que l'animal est destiné à courir ou à sauter ; dans ce dernier cas, la longueur des membres postérieurs l'emporte en général de beaucoup sur celle des membres antérieurs. Exemple : le lapin et surtout le kanguroo.

Lorsque les pattes doivent servir à l'animal pour fouir la terre, elles sont courtes (ce qui leur donne plus de force), larges et armées d'ongles puissants, et d'une forme particulière. Les taupes sont de tous les mammifères ceux dont les membres thoraciques sont le mieux conformés pour cet usage.

Pour que les membres soient conformés d'une manière favorable à la natation, ils doivent être courts et larges, afin de frapper l'eau avec plus de force, et d'agir sur une plus grande surface. Aussi, chez les mammifères dont la vie est complétement aquatique, ces organes ont-ils la forme de grandes palettes, qui ressemblent extrêmement aux nageoires des poissons ; le bras et l'avant-bras deviennent si courts, que le pied semble attaché immédiatement au corps, et les doigts sont tous cachés sous une peau commune. Quand l'animal doit se servir de ces nageoires pour se traîner sur le sol, leur conformation se rapproche un peu plus de celle de la patte d'un quadrupède ordinaire; et lorsque les membres doivent servir principalement à la course, sans cesser cependant d'être bien appropriés à la nage, les doigts sont simplement réunis par un repli lâche de la peau, appelé palmure, qui se tend lorsqu'ils s'écartent, et donne ainsi à la patte la largeur nécessaire.

Enfin, lorsque les membres des mammifères sont conformés pour servir au vol, ils présentent aussi une disposition particulière; les membres thoraciques deviennent très-longs; les doigts surtout s'allongent d'une manière démesurée, et soutiennent un repli de la peau des flancs, comme les baleines d'un parapluie en tendent le taffetas. Les chauves-souris nous présentent ce mode d'organisation; leurs mains sont de la sorte transformées en de véritables ailes. Nous ajouterons encore que quelques mammifères dont les membres sont conformés pour courir ou pour grimper seulement peuvent aussi se soutenir un peu dans l'air à l'aide des replis de la peau qui s'étendent entre les pattes antérieures et postérieures, et qui constituent ainsi une espèce de parachute; mais ce mode de conformation ne donne pas la faculté de voler réellement, comme celui dont il vient d'être question. (Tom. II, pl. 1 et 5.)

Les mammifères sont de tous les animaux ceux dont l'instinct est le plus développé, et ce sont aussi ceux dont le cerveau est le plus volumineux. Mais à cet égard ils présentent entre eux des différences très-grandes, et on remarque qu'en général ils sont d'autant moins favorisés sous ce rapport, qu'ils ressemblent moins à l'homme, que leur front est plus fuyant et leur museau plus saillant.

Ainsi que l'a fait judicieusement remarquer M. Lereboullet, depuis longtemps on a coutume de regarder les actions des animaux comme dérivant de deux sources, l'instinct et l'intelligence; mais il règne encore dans beaucoup d'esprits une grande incertitude sur ce que l'on doit entendre par l'un ou l'autre de ces actes, et sur leurs limites respectives.

Déjà, cependant, G. Cuvier, dans son Introduction au règne animal, avait jeté une vive lumière sur ce sujet important, en séparant nettement l'instinct de l'intelligence; mais il était réservé au frère du grand naturaliste de mieux faire ressortir encore cette distinction, en l'appuyant sur des faits nombreux. Une observation persévérante, éclairée par un jugement sévère, a conduit M. Frédéric Cuvier à poser ces limites, regardées jusqu'alors comme si obscures. Reproduire ici quelques-unes de ses pensées, c'est rendre un nouvel hommage à la sagacité peu commune et à la profondeur de vues qui caractérisent si éminemment toutes les productions de cet écrivain.

L'instinct est une force aveugle, nécessaire, invariable, qui porte les animaux à exercer telles ou telles actions; l'intelligence, au contraire, suppose une connaissance antérieure; elle n'est nullement nécessaire, mais conditionnelle; elle n'est pas invariable, mais elle se modifie suivant les circonstances, et se perfectionne.

L'enfant qui suce le lait maternel, l'oiseau qui se prépare un nid, le castor qui bâtit sa hutte, l'abeille qui construit sa ruche merveilleuse, font des actes nécessaires, invariables, qui se répètent de la même manière dans toutes les générations, en un mot des actes instinctifs. — Le chien, qui obéit à la voix de son maître, qui vient déposer, intact, à ses pieds le gibier abattu par lui; le cheval, qui reconnaît les chemins par lesquels il n'a passé qu'une fois, exécutent des actes qui ne sont nullement nécessaires; mais qui pourraient être modifiés de différentes manières, en un mot, des actes intellectuels. Ces deux séries d'actes sont en raison inverse l'une de l'autre: là où l'intelligence est nulle ou obscure l'instinct, au contraire, est très-développé, et réciproquement. Le castor est peut-être de tous les mammifères celui qui a le moins d'intelligence, et c'est celui qui a le plus d'instinct: l'homme, au contraire, dont l'intelligence est si développée, n'a qu'un très-petit nombre d'actions instinctives. Cette vérité a été très-éloquemment établie dans une publication récente de M. le professeur Flourens.

Le castor est un mammifère de l'ordre des rongeurs, c'est-à-dire de l'ordre même qui a le moins d'intelligence; mais il a un instinct merveilleux, celui de se construire une cabane, de la bâtir dans l'eau, de faire des chaussées, d'établir des digues; et tout cela avec une industrie qui supposerait, en effet, une intelligence très-élevée dans cet animal si cette industrie dépendait de l'intelligence.

Le point essentiel était donc de prouver qu'elle n'en dépend pas, et c'est ce qu'a fait F. Cuvier. Il a pris des castors très-jeunes; et ces castors, élevés loin de leurs parents, et qui par conséquent n'en ont rien appris; ces castors, isolés, solitaires, ces castors qu'on avait placés dans une cage, tout exprès pour qu'ils n'eussent pas besoin de bâtir; ces castors ont bâti, poussés par une force machinale et aveugle, en un mot par un pur instinct.

L'opposition la plus complète, continue le même auteur, sépare l'instinct de l'intelligence. Tout dans l'instinct est aveugle, nécessaire et invariable; tout dans l'intelligence est électif conditionnel et modifiable.

Le castor qui se bâtit une cabane, l'oiseau qui se construit un nid, n'agissent que par instinct.

Le chien, le cheval, qui apprennent jusqu'à la signification de plusieurs de nos mots, et qui nous obéissent, font cela par intelligence.

Tout dans l'instinct est inné : le castor bâtit sans l'avoir appris ; tout y est fatal : le castor bâtit, maîtrisé par une force constante et irrésistible.

Tout dans l'intelligence résulte de l'expérience et de l'instruction : le chien n'obéit que parce qu'il l'a appris ; tout y est libre : le chien n'obéit que parce qu'il le veut.

Enfin tout dans l'instinct est particulier : cette industrie si admirable que le castor met à bâtir sa cabane il ne peut l'employer qu'à bâtir sa cabane ; et tout dans l'intelligence est général : car cette même flexibilité d'attention que le chien met à obéir il pourrait s'en servir pour faire tout autre chose.

Après avoir posé les limites de ces deux forces distinctes et primitives, l'instinct et l'intelligence, il ne reste plus à poser que la limite même qui sépare l'intelligence de l'homme de celle des animaux.

Ici les idées de M. F. Cuvier s'élèvent, et tout en s'élevant n'en paraissent pas moins sûres.

Les animaux reçoivent par leurs sens des impressions semblables à celles que nous recevons par les nôtres ; ils conservent, comme nous, la trace de ces impressions ; ces impressions conservées forment dans leur intelligence, comme dans la nôtre, des associations nombreuses et variées ; ils les combinent, ils en tirent des rapports, ils en déduisent des jugements : ils ont donc de l'intelligence.

Mais toute leur intelligence se réduit là. Cette intelligence qu'ils ont ne se considère pas elle-même, ne se voit pas, ne se connaît pas. Ils n'ont pas la réflexion, cette faculté suprême qu'a l'esprit de l'homme de se replier sur lui-même et d'étudier l'esprit.

La réflexion ainsi définie est donc la limite qui sépare l'intelligence de l'homme de celle des animaux ; et l'on ne peut disconvenir, en effet, qu'il n'y ait là une ligne de démarcation profonde. Cette pensée qui se considère elle-même, cette intelligence qui se voit et qui s'étudie, cette connaissance qui se connaît, forment évidemment un ordre de phénomènes déterminés, d'une nature tranchée et auxquels nul animal ne saurait atteindre. C'est là, si l'on peut ainsi dire, le monde purement intellectuel, et ce monde n'appartient qu'à l'homme. En un mot, les animaux sentent, connaissent, pensent ; mais l'homme est le seul de tous les êtres créés à qui ce pouvoir ait été donné de sentir qu'il sent, de connaître qu'il connaît, et de penser qu'il pense. (Voy. tom. II, page 308.)

Ces distinctions fondamentales établies par Frédéric Cuvier, et si nettement reproduites par M. Flourens dans son lucide résumé et dans son éloge historique, ne reposent pas sur des idées spéculatives ; elles s'appuient sur des faits ; elles sont le résultat d'une étude de trente années : elles doivent prendre rang dans la science. Elles nous démontrent que si l'homme se rapproche de la brute par son organisation et par quelques-unes de ses facultés, il s'en éloigne de toute la profondeur d'un abîme par un ordre d'idées supérieures, dont on retrouve encore des vestiges chez les peuples les plus sauvages, tandis que les animaux n'en présentent pas la moindre trace, pas même ces orangs merveilleux que l'on voudrait nous donner pour frères.

L'homme, par ses deux natures, établit donc un lien entre le monde visible et le monde invisible : par sa nature matérielle et périssable, il tient au reste de la création; par sa nature spirituelle, il se rattache au Créateur, au *grand esprit*, suivant l'expression si simple et si vraie de ces Indiens chantés par l'auteur des *Natchez* :

Les mammifères sont répandus sur toute la surface du globe; mais l'Asie et l'Afrique sont la patrie des espèces les plus grandes. L'éléphant, les gros carnassiers, le chameau, la girafe, l'hippopotame, le rhinocéros, vivent dans les parties les plus chaudes de ces continents. L'Amérique nourrit des espèces plus grosses que l'Europe. Cette dernière contrée, dont la position géographique est moins favorable à un développement quelquefois anormal de la nature organique, est celle qui possède les plus petites; car le bœuf, le cheval, l'âne, sont originaires des Indes; il ne reste donc pour le continent européen que les mammifères de petite taille.

Comme l'avait déjà fait remarquer Buffon, pour se rendre raison de l'origine des animaux il faut remonter aux temps où les continents n'étaient pas encore séparés, se rappeler les premiers changements survenus à la surface du globe et qui, depuis les époques anté-diluviennes, en ont renouvelé l'aspect, la forme et les productions. Il faut en même temps se représenter les deux cents espèces d'animaux quadrupèdes réduites à trente-huit familles, et remonter par les faits et par les conditions organiques de l'existence actuelle des animaux à ces premiers âges de la nature.

On ne peut faire un pas dans cette étude difficile mais attachante sans rencontrer des preuves incontestables de l'influence profonde et incessante qu'ont exercée sur les animaux et les plantes la constitution de l'air antérieur, la température, son humidité ou sa sécheresse, son état électrique, en un mot les circonstances météorologiques si grandes et si impérieuses aux époques primitives de l'existence de la terre. Dès que l'homme a commencé à changer de ciel, et qu'il s'est répandu de climats en climats, sa nature a subi des altérations : elles ont été légères dans les contrées tempérées, que nous supposons voisines du lieu de son origine, mais elles ont augmenté à mesure qu'il s'en est éloigné ; et lorsque après des siècles écoulés, des continents traversés, et des générations déjà dégénérées par l'influence des différentes terres, il a voulu s'habituer dans les climats extrêmes et peupler les sables du Midi et les glaces du Nord, les changements sont devenus si grands et si sensibles, qu'il y aurait lieu de croire que le nègre, le lapon, et le blanc forment des espèces différentes, si, d'un côté, l'on n'était assuré qu'il n'y a eu qu'un seul homme de créé, et de l'autre, que ce blanc, ce lapon, et ce nègre, si dissemblants entre eux, peuvent cependant s'unir ensemble et propager en commun la grande et unique famille de notre genre humain. Ainsi, leurs taches ne sont point originelles ; leurs dissemblances n'étant qu'extérieures, ces altérations de nature ne sont que superficielles, et il est certain que tous ne font que le même homme, qui s'est verni de noir sous la zône torride, et qui s'est tanné, rapetissé par le froid glacial du pôle de la sphère. Cela seul suffirait pour nous démontrer qu'il y a plus de force, plus d'étendue, plus de flexibilité dans la nature de l'homme que dans celle de tous les autres êtres ; car les végétaux et presque tous les animaux sont confinés chacun à leur terrain, à leur climat :

et cette étendue dans notre nature vient moins des propriétés du corps que de celles de l'âme. C'est par elle que l'homme a cherché les secours qui étaient nécessaires à la délicatesse de son corps; c'est par elle qu'il a trouvé les moyens de braver l'inclémence de l'air et de vaincre la dureté de la terre. Il s'est, pour ainsi dire, soumis les éléments; par un seul rayon de son intelligence il a produit celui du feu, qui n'existait pas sur la surface de la terre; il a su se vêtir, s'abriter, se loger; il a compensé par l'esprit toutes les facultés qui manquent à la matière; et sans être ni si fort, ni si grand, ni si robuste que la plupart des animaux, il a su les vaincre, les dompter, les subjuguer, les confiner, les chasser, et s'emparer des espaces que la nature semblait leur avoir exclusivement départis.

La grande division de la terre est celle des deux continents; elle est plus ancienne que tous nos monuments : cependant l'homme est encore plus ancien, car il s'est trouvé le même dans ces deux mondes. L'Asiatique, l'Européen, le Nègre, produisent également avec l'Américain; rien ne prouve mieux qu'ils sont issus d'une seule et même souche que la facilité qu'ils ont de se réunir à la tige commune. Le sang est différent, mais le germe est le même; la peau, les cheveux, les traits, la taille, ont varié sans que la forme intérieure ait changé; le type en est général et commun : et s'il arrivait jamais, par des révolutions qu'on ne doit pas prévoir, mais seulement entrevoir dans l'ordre général des possibilités que le temps peut toutes amener; s'il arrivait, dis-je, que l'homme fût contraint d'abandonner les climats qu'il a autrefois envahis, pour se réduire à son pays natal, il reprendrait avec le temps ses traits originaux, sa taille primitive et sa couleur naturelle. Il ne faut donc que cent cinquante ou deux cents ans pour laver la peau d'un nègre par cette voie du mélange avec le sang du blanc; mais il faudrait peut-être un assez grand nombre de siècles pour produire ce même effet par la seule influence du climat. Depuis qu'on transporte des nègres en Amérique, c'est-à-dire depuis environ trois cent cinquante ans, l'on ne s'est pas aperçu que les familles noires qui se sont soutenues sans mélange aient perdu quelques nuances de leur teinte originelle : il est vrai que ce climat de l'Amérique méridionale étant par lui-même assez chaud pour brunir ses habitants, on ne doit pas s'étonner que les nègres y demeurent noirs.

C'est là la plus grande altération que le ciel ait fait subir à l'homme, et l'on voit qu'elle n'est pas profonde. La couleur de la peau, des cheveux et des yeux, varie par la seule influence du climat; les autres changements, tels que ceux de la taille, de la forme des traits, et de la qualité des cheveux, ne me paraissent pas dépendre de cette seule cause : car dans la race des nègres, lesquels, comme l'on sait, ont pour la plupart la tête couverte d'une laine crépue, le nez épaté, les lèvres épaisses, on trouve des nations entières avec de longs et vrais cheveux, avec des traits réguliers; et si l'on comparait, dans la race des blancs, le Danois au Calmouck, ou seulement le Finlandais au Lapon, dont il est si voisin, on trouverait entre eux autant de différence pour les traits et la taille qu'il y en a dans la race des noirs. Par conséquent, il faut admettre pour ces altérations, qui sont plus profondes que les premières, quelques autres causes réunies avec celle du climat. La plus générale et la plus directe est la qualité de la nourriture; c'est principalement par les aliments que l'homme reçoit l'influence de la terre qu'il habite. Celle de l'air et du ciel agit plus superficiellement ; et tandis qu'elle altère la surface la plus extérieure en changeant la couleur de la peau, la nourriture agit sur la forme intérieure par ses propriétés, qui sont constamment relatives à celles de la terre qui la produit. On voit dans le même pays des différences marquées entre les hommes qui en occupent les hauteurs et ceux qui demeurent dans les lieux bas; les habitants de la montagne sont toujours mieux faits, plus vifs, et plus beaux que ceux de la vallée; à plus forte raison, dans des climats éloignés du climat primitif, dans des climats où les herbes, les fruits, les grains et la chair des animaux sont de qualité et même de substance différentes, les hommes qui s'en nourrissent doivent devenir différents. Ces impressions ne se font pas subitement, ni même dans l'espace de quelques années : il faut du temps pour que l'homme reçoive la teinture du ciel ; il en faut encore plus pour que la terre lui transmette ses qualités ; et il a fallu des siècles, joints à un usage toujours constant des mêmes nourritures, pour influer sur la forme des traits, sur la grandeur du corps, sur la substance des cheveux, et produire ces altérations intérieures qui, s'étant ensuite perpétuées par la génération, sont devenues les caractères généraux et constants auxquels on reconnaît les races et même les nations différentes qui composent le genre humain.

Dans les animaux, ces effets sont plus prompts et plus grands, parce qu'ils tiennent à la terre de bien plus près que l'homme; parce que, leur nourriture étant plus uniforme, plus constamment la même, et n'étant nullement préparée, la qualité en est plus décidée et l'influence plus forte; parce que d'ailleurs les animaux ne pouvant ni se vêtir, ni s'abriter, ni faire usage de l'élément du feu pour se réchauffer, ils demeurent nûment exposés et pleinement livrés à l'action de l'air et à toutes les intempéries du climat : et c'est pour cette raison que chacun d'eux a, suivant sa nature, choisi sa zone et sa contrée. C'est par la même raison qu'ils y sont retenus, et qu'au lieu de s'étendre ou de se disperser comme l'homme, ils demeurent, pour la plupart, concentrés dans les lieux qui leur conviennent le mieux ; et lorsque, par des révolutions sur le globe ou par la force de l'homme, ils ont été contraints d'abandonner leur terre natale, qu'ils ont été chassés ou relégués dans des climats éloignés, leur nature a subi des altérations si grandes et si profondes, qu'elle n'est pas reconnaissable à la première vue, et que pour la juger il faut avoir recours à l'inspection la plus attentive, et même aux expériences et à l'analogie. Si l'on ajoute à ces causes naturelles d'altération dans les animaux libres celle de l'empire de l'homme sur ceux qu'il a réduits en servitude, on sera surpris de voir jusqu'à quel point la tyrannie peut dégrader, défigurer la nature ; on trouvera sur tous les animaux esclaves les stigmates de leur captivité et l'empreinte de leur fers ; on verra que ces plaies sont d'autant plus grandes, d'autant plus incurables, qu'elles sont plus anciennes, et que dans l'état où nous les avons réduits il ne serait peut-être plus possible de les réhabiliter, ni de leur rendre leur forme primitive et les autres attributs de nature que nous leur avons enlevés.

La température du climat, la qualité de la nourriture, et les maux de l'esclavage, voilà les trois causes de changement, d'altération et de dégénération dans les animaux. Les effets de chacune méritent d'être considérés en particulier, et leurs rapports vus en détail nous présenteront un tableau au devant duquel on verra la nature telle qu'elle est aujourd'hui, et dans le lointain on apercevra ce qu'elle était avant sa dégradation.

Comparons nos chétives brebis avec le mouflon, dont elles sont issues : celui-ci, grand et léger comme un cerf, armé de cornes défensives et de sabots épais, couvert d'un poil rude, ne craint ni l'inclémence de l'air ni la voracité du loup : il peut non-seulement éviter ses ennemis par la légèreté de sa course, mais il peut aussi leur résister par la force de son corps et par la solidité des armes dont sa tête et ses pieds sont munis. Quelle différence de nos brebis, auxquelles il reste à peine la faculté d'exister en troupeau, qui même ne peuvent se défendre par le nombre, qui ne soutiendraient pas sans abri le froid de nos hivers, enfin qui toutes périraient si l'homme cessait de les soigner et de les protéger ! Dans les climats les plus chauds de l'Afrique et de l'Asie, le mouflon, qui est le père commun de toutes les races de cette espèce, paraît avoir moins dégénéré que partout ailleurs : quoique réduit en domesticité, il a conservé sa taille et son poil : seulement il a beaucoup perdu sur la grandeur et la masse de ses armes. Les brebis du Sénégal et des Indes sont les plus grandes des brebis domestiques, et celles de toutes dont la nature est la moins dégradée ; les brebis de la Barbarie, de l'Égypte, de l'Arabie, de la Perse, de l'Arménie, de la Calmouquie, etc., ont subi de plus grands changements ; elles se sont, relativement à nous, perfectionnées à certains égards, et viciées à d'autres : mais, comme se perfectionner ou se vicier est la même chose relativement à la nature, elles se sont toujours dénaturées : leur poil rude s'est changé en une laine fine ; leur queue, s'étant chargée d'une masse de graisse, a pris un volume incommode et si grand, que l'animal ne peut la traîner qu'avec peine. Et en même temps qu'il s'est bouffi d'une manière superflue, et qu'il s'est paré d'une belle toison, il a perdu sa force, son agilité, sa grandeur, et ses armes; car ces brebis à longue et large queue n'ont guère que la moitié de la taille du mouflon; elles ne peuvent fuir le danger ni résister à l'ennemi; elles ont un besoin continuel des secours et des soins de l'homme pour se conserver et se multiplier. La dégradation de l'espèce originaire est encore plus grande dans nos climats : de toutes les qualités du mouflon il ne reste rien à nos brebis, rien à notre bélier, qu'un peu de vivacité, mais si douce, qu'elle cède encore à la houlette d'une bergère; la timidité, la faiblesse, et même la stupidité et l'abandon de son être, sont les seuls et tristes restes de leur nature dégradée.

L'espèce du bœuf est celle de tous les animaux domestiques sur laquelle la nourriture paraît avoir la plus grande influence; il devient d'une taille prodigieuse dans les contrées où le paturage est riche et toujours renaissant.

Les anciens ont appelé *taureaux-éléphants* les bœufs d'Éthiopie et de quelques autres provinces de l'Asie, où ces animaux approchent en effet de la grandeur de l'éléphant. L'abondance des herbes et leur qualité substantielle et succulente produisent cet effet; nous en avons la preuve même dans notre climat : un bœuf nourri sur les têtes des montagnes vertes de Savoie ou de Suisse acquiert le double du volume de celui de nos bœufs; et néanmoins ces bœufs de Suisse sont, comme les nôtres, enfermés dans l'étable et réduits au fourrage pendant la plus grande partie de l'année. Mais ce qui fait cette grande différence, c'est qu'en Suisse on les met en pleine pâture dès que les neiges sont fondues, au lieu que dans nos provinces on leur interdit l'entrée des prairies jusqu'après la récolte de l'herbe qu'on réserve aux chevaux. Ils ne sont donc jamais ni largement ni convenablement nourris; et ce serait une attention bien nécessaire, bien utile à l'État, que de faire un règlement à cet égard, par lequel on abolirait les vaines pâtures en permettant les enclos. Le climat a aussi beaucoup influé sur la nature du bœuf : dans les terres du Nord des deux continents il est couvert d'un poil long et doux comme de la fine laine ; il porte aussi une grosse loupe sur les épaules, et cette difformité se trouve également dans tous les bœufs de l'Asie, de l'Afrique, et de l'Amérique; il n'y a que ceux d'Europe qui ne soient pas bossus. Cette race d'Europe est cependant la race primitive, à laquelle les races bossues remontent par le mélange dès la première ou la seconde génération; et ce qui prouve encore que cette race bossue n'est qu'une variété de la première, c'est qu'elle est sujette à de plus grandes altérations, à des dégradations qui paraissent excessives, car il y a dans ces bœufs bossus des différences énormes pour la taille : le petit zébu de l'Arabie a tout au plus la dixième partie du volume du taureau-éléphant d'Ethiopie.

En général, l'influence de la nourriture est plus grande et produit des effets plus sensibles sur les animaux qui se nourrissent d'herbes ou de fruits; ceux, au contraire, qui ne vivent que de proie varient moins par cette cause que par l'influence du climat, parce que la chair est un aliment préparé et déjà assimilé à la nature de l'animal carnassier qui la dévore; au lieu que l'herbe étant le premier produit de la terre, elle en a toutes les propriétés, et transmet immédiatement les qualités terrestres à l'animal qui s'en nourrit.

Aussi le chien, sur lequel la nourriture ne paraît avoir que de légères influences, est néanmoins celui de tous les animaux carnassiers dont l'espèce est la plus variée; il semble suivre exactement dans ses dégradations les différences du climat : il est nu dans les pays les plus chauds, couvert d'un poil épais et rude dans les contrées du Nord, paré d'une belle robe soyeuse en Espagne, en Syrie, où la douce température de l'air change le poil de la plupart des animaux en une sorte de soie. Mais, indépendamment de ces variétés extérieures, qui sont produites par la seule influence du climat, il y a d'autres altérations dans cette espèce, qui proviennent de sa condition, de sa captivité, ou, si l'on veut, de l'état de société du chien avec l'homme. L'augmentation ou la diminution de la taille viennent des soins que l'on a pris d'unir ensemble les plus grands ou les plus petits individus; l'accourcissement de la queue, du museau, des oreilles, provient aussi de la main de l'homme. Les chiens auxquels de génération en génération on a coupé les oreilles et la queue transmettent ces défauts, en tout ou en partie, à leurs descendants. J'ai vu des chiens nés sans queue, que je pris d'abord pour des monstres individuels dans l'espèce; mais je me suis assuré, depuis, que cette race existe, et qu'elle se perpétue par la génération. Et les oreilles pendantes, qui sont le signe le plus général et le plus certain de la servitude domestique, ne se trouvent-elles pas dans presque tous les chiens? Sur environ trente races différentes dont l'espèce est aujourd'hui composée, il n'y en a que deux ou trois qui aient conservé leurs oreilles primitives : le chien de berger, le chien-loup, et les chiens du Nord, ont seuls les oreilles droites. La voix des animaux a subi, comme tout le reste, d'étranges mutations. Il semble que le chien soit devenu criard avec l'homme, qui de tous les êtres qui ont une langue est celui qui en use et abuse le plus; car dans l'état de nature le chien est presque muet; il n'a qu'un hurlement de besoin, par accès assez rares. Il a pris son aboiement dans son commerce avec l'homme, surtout avec l'homme policé : car lorsqu'on le transporte dans des climats extrêmes et chez des peuples grossiers, tels que les Lapons et les Nègres, il perd son aboiement, reprend sa voix naturelle, qui est le hurlement, et devient même quelquefois absolument muet. Les chiens à oreilles droites, et surtout le chien de berger, qui de tous est celui qui a le moins dégénéré, est aussi celui qui donne le moins de voix. Comme il passe sa vie solitairement dans la campagne, et qu'il n'a de commerce qu'avec les moutons et quelques hommes simples, il est, comme eux, sérieux et silencieux, quoique en même temps il soit très-vif et fort intelligent. C'est de tous les chiens celui qui a le moins de qualités acquises et le plus de talents naturels; c'est le plus utile pour le bon ordre et pour la garde des troupeaux : et il serait plus avantageux d'en multiplier, d'en étendre la race que celle des autres chiens, qui ne servent qu'à nos amusements, et dont le nombre est si grand, qu'il n'y a point de ville où l'on ne pût nourrir un nombre de familles des seuls aliments que les chiens consomment.

L'état de domesticité a beaucoup contribué à faire varier la couleur des animaux; elle est en général originairement fauve ou noire. Le chien, le bœuf, la chèvre, la brebis, le cheval, ont pris toutes sortes de couleurs; le cochon a changé du noir au blanc; et il paraît que le blanc pur et sans aucune tache est à cet égard le signe du dernier degré de dégénération, et qu'ordinairement il est accompagné d'imperfections ou de défauts essentiels. Dans la race des hommes blancs, ceux qui le sont beaucoup plus que les autres, et dont les cheveux, les sourcils, la barbe, etc., sont naturellement blancs, ont souvent le défaut d'être sourds, et d'avoir en même temps les yeux rouges et faibles; dans la race des noirs, les nègres blancs sont encore d'une nature plus faible et plus défectueuse. Tous les animaux absolument blancs ont ordinairement ces mêmes défauts de l'oreille dure et des yeux rouges; cette sorte de dégénération, quoique plus fréquente dans les animaux domestiques, se montre aussi quelquefois dans les espèces libres, comme dans celles des éléphants, des cerfs, des daims, des guenons, des taupes, des souris; et dans toutes cette couleur est toujours accompagnée de plus ou moins de faiblesse de corps et d'hébétation des sens.

Mais l'espèce sur laquelle le poids de l'esclavage paraît avoir le plus appuyé et fait les impressions les plus profondes, c'est celle du chameau. Il naît avec des loupes sur le dos et des callosités sur la poitrine et sur les genoux : ces callosités sonts des plaies évidentes occasionnées par le frottement : car elles sont remplies de pus et de sang corrompu. Comme il ne marche jamais qu'avec une grosse charge, la pression du fardeau a commencé par empêcher la libre extension et l'accroissement uniforme des parties musculeuses du dos; ensuite elle a fait gonfler la chair aux endroits voisins; et comme, lorsque le chameau veut se reposer ou dormir, on le contraint d'abord à s'abattre sur ses jambes repliées, et que peu à peu il en prend l'habitude de lui-même, tout le poids de

12.

son corps porte, pendant plusieurs heures de suite chaque jour, sur sa poitrine et ses genoux, et la peau de ces parties, pressée, frottée contre la terre, se dépile, se froisse, se durcit et se désorganise. Le lama, qui, comme le chameau, passe sa vie sous le fardeau, et ne se repose aussi qu'en s'abattant sur la poitrine, a de semblables callosités qui se perpétuent de même par la génération. Les babouins et les guenons, dont la posture la plus ordinaire est d'être assis, soit en veillant, soit en dormant, ont aussi des callosités au dessous de la région des fesses, et cette peau calleuse est même devenue inhérente aux os du derrière, contre lesquels elle est continuellement pressée par le poids du corps; mais ces callosités des baboins et des guenons sont sèches et saines, parce qu'elles ne proviennent pas de la contrainte des entraves ni du faix accablant d'un poids étranger, et qu'elles ne sont au contraire que les effets des habitudes naturelles de l'animal, qui se tient plus volontiers et plus longtemps assis que dans aucune autre situation. Il en est de ces callosités comme de la double semelle de peau que nous portons sous les pieds; cette semelle est une callosité naturelle que notre habitude constante à marcher ou rester debout rend plus ou moins épaisse, ou plus ou moins dure, selon le plus ou moins de frottement que nous faisons éprouver à la plante de nos pieds.

Les animaux sauvages, n'étant pas immédiatement soumis à l'empire de l'homme, ne sont pas sujets à d'aussi grandes altérations que les animaux domestiques; leur nature paraît varier suivant les différents climats, mais nulle part elle n'est dégradée. S'ils étaient absolument les maîtres de choisir leur climat et leur nourriture, ces altérations seraient encore moindres; mais comme de tout temps ils ont été chassés, relégués par l'homme, ou même par ceux d'entre eux qui ont le plus de force et de méchanceté, la plupart ont été contraints de fuir, d'abandonner leur pays natal et de s'habituer dans des terres moins heureuses. Ceux dont la nature s'est trouvée assez flexible pour se prêter à cette nouvelle situation se sont répandus au loin, tandis que les autres n'ont eu d'autre ressource que de se confiner dans les déserts voisins de leur pays. Il n'y a aucune espèce d'animal qui, comme celle de l'homme, se trouve généralement partout sur la surface de la terre : les unes, et en grand nombre, sont bornées aux terres méridionales de l'ancien continent; les autres, aux parties méridionales du Nouveau-Monde; d'autres, en moindre quantité, sont confinées dans les terres du Nord, et au lieu de s'étendre vers les contrées du Midi elles ont passé d'un continent à l'autre par des routes jusqu'à ce jour inconnues; enfin, quelques autres espèces n'habitent que certaines vallées, et les altérations de leur nature sont en général d'autant moins sensibles qu'elles sont plus confinées.

Le climat et la nourriture ayant peu d'influence sur les animaux libres, et l'empire de l'homme en ayant encore moins, leurs principales variétés viennent d'une autre cause; elles sont relatives à la combinaison du nombre dans les individus, tant de ceux qui produisent que de ceux qui sont produits. Dans les espèces, comme celle du chevreuil, où le mâle s'attache à sa femelle et ne la change pas, les petits démontrent la constante fidélité de leurs parents par leur entière ressemblance entre eux; dans celles, au contraire, où les femelles changent souvent de mâle, comme dans celle du cerf, il se trouve des variétés assez nombreuses; et comme dans toute la nature il n'y a pas un seul individu qui soit parfaitement ressemblant à un autre, il se trouve d'autant plus de variétés dans les animaux, que le nombre de leur produit est plus grand et plus fréquent. Dans les espèces où la femelle produit cinq ou six petits, trois ou quatre fois par an, de mâles différents, il est nécessaire que le nombre des variétés soit beaucoup plus grand que dans celles où le produit est annuel et unique : aussi les espèces inférieures, les petits animaux, qui tous produisent plus souvent et en plus grand nombre que ceux des espèces majeures, sont-elles sujettes à plus de variétés. La grandeur du corps, qui ne paraît être qu'une quantité relative, a néanmoins des attributs positifs et des droits réels dans l'ordonnance de la nature : le grand y est aussi fixe que le petit y est variable ; on pourra s'en convaincre aisément par l'énumération que nous allons faire des variétés des grands et des petits animaux.

Le sanglier a pris en Guinée des oreilles très-longues et couchées sur le dos ; à la Chine, un gros ventre pendant et les jambes fort courtes ; au Cap Vert, et dans d'autres endroits, des défenses très-grosses, et tournées comme les cornes du bœuf ; dans l'état de domesticité, il a pris partout des oreilles à demi pendantes, et des soies blanches dans les pays froids ou tempérés. Je ne compte ni le pécari ni le babiroussa dans les variétés de l'espèce du sanglier, parce qu'ils ne sont ni l'un ni l'autre de cette espèce, quoiqu'ils en approchent de plus près que d'aucune autre.

Le cerf, dans les pays montueux, secs et chauds, tels que la Corse et la Sardaigne, a perdu la moitié de sa taille, et a pris un pelage brun avec un bois noirâtre ; dans les pays froids et humides, comme en Bohême et aux Ardennes, sa taille s'est agrandie, son pelage et son bois sont devenus d'un brun presque noir; son poil s'est allongé au point de former une longue barbe au menton. Dans le nord de l'autre continent, le bois du cerf s'est étendu et ramifié par des andouillers courbes. Dans l'état de domesticité, le pelage change du fauve au blanc; et, à moins que le cerf ne soit en liberté et dans de grands espaces, ses jambes se déforment et se courbent. Je ne compte pas l'axis dans les variétés de l'espèce du cerf; il approche plus de celle du daim, et n'en est peut-être qu'une variété.

On aurait peine à se décider sur l'origine de l'espèce du daim : il n'est nulle part entièrement domestique, ni nulle part absolument sauvage; il varie assez indifféremment et partout du fauve au pie et du pie au blanc; son bois et sa queue sont aussi plus grands et plus longs suivant les différentes races, et sa chair est bonne ou mauvaise selon le terrain ou le climat. On le trouve, comme le cerf, dans les deux continents, et il paraît être plus grand en Virginie et dans les autres provinces de l'Amérique tempérée qu'il ne l'est en Europe. Il en est de même du chevreuil; il est plus grand dans le nouveau que dans l'ancien continent. Mais, au reste, toutes ces variétés se réduisent à quelques différences dans la couleur du poil, qui change du fauve au brun; les plus grands chevreuils sont ordinairement fauves, et les petits sont bruns. Ces deux espèces, le chevreuil et le daim, sont les seuls de tous les animaux communs aux deux continents qui soient plus grands et plus forts dans le nouveau que dans l'ancien.

L'âne a subi peu de variétés, même dans sa condition de servitude la plus dure; car sa nature est dure aussi, et résiste également aux mauvais traitements et aux incommodités d'un climat fâcheux et d'une nourriture grossière. Quoiqu'il soit originaire des pays chauds, il peut vivre et même multiplier sans les soins de l'homme dans les climats tempérés. Autrefois il y avait des onagres ou ânes sauvages dans tous les déserts de l'Asie-Mineure : aujourd'hui ils sont plus rares, et on ne les trouve en grande quantité que dans ceux de la Tartarie. Le mulet de Daourie, appelé *czigithai* par les Tartares Mongoux, est probablement le même animal que l'onagre des autres provinces de l'asie; il n'en diffère que par la longueur et les couleurs du poil, qui selon M. Bell paraît ondé de brun et de blanc. Ces onagres czigithai se trouvent dans les forêts de la Tartarie jusqu'aux cinquante-unième et cinquante-deuxième degrés ; et il ne faut pas les confondre avec les zèbres, dont les couleurs sont bien plus vives et bien autrement tranchées, et qui d'ailleurs forment une espèce particulière presque aussi différente de celle de l'âne que de celle du cheval. Le seule dégénération remarquable dans l'âne en domesticité, c'est que sa peau s'est ramollie et qu'elle a perdu les petits tubercules qui se trouvent semés sur la peau de l'onagre, de laquelle les Levantins font le cuir grenu qu'on appelle chagrin.

Le lièvre est d'une nature flexible et ferme en même temps, car il est répandu dans presque tous les climats de l'ancien continent, et partout il est à peu près le même; seulement, son poil blanchit pendant l'hiver dans les climats très-froids, et il reprend en été sa couleur naturelle, qui ne varie que du fauve au roux. La qualité de la chair varie de même; les lièvres les plus rouges sont les meilleurs à manger. Mais le lapin, sans être d'une nature aussi flexible que le lièvre, puisqu'il est beaucoup moins répandu, et que même il paraît confiné à de certaines contrées, est néanmoins sujet à plus de variétés, parce que le lièvre est sauvage partout, au lieu que le lapin est presque partout à demi domestique. Les lapins clapiers ont varié par la couleur du fauve au gris, au blanc, au noir; ils ont aussi varié par la grandeur, la quantité, la qualité du poil. Cet animal, qui est originaire d'Espagne, a pris en Tartarie une queue longue, en Syrie du poil touffu et pelotonné comme du feutre, etc. On trouve quelquefois des lièvres noirs dans les pays froids. On prétend aussi qu'il y a dans la Norvége, et dans quelques autres provinces du Nord, des lièvres qui ont des cornes. M. Klein a fait graver deux de ces lièvres cornus. Il est aisé de juger, à l'inspection des figures, que ces cornes sont des bois semblables au bois du chevreuil. Cette variété, si elle existe, n'est qu'individuelle, et ne se manifeste probablement que dans les endroits où le lièvre ne trouve point d'herbes, et ne peut se nourrir que de substances ligneuses, d'écorces, de boutons, de feuilles d'arbres, de lichens, etc.

L'élan, dont l'espèce est confinée dans le nord des deux continents, est seulement plus petit en Amérique qu'en Europe; et l'on voit par les énormes bois que l'on a trouvés sous terre au Canada, en Russie, en Sibérie, etc., qu'autrefois ces animaux étaient plus grands qu'ils ne le sont aujourd'hui : peut-être cela vient-il de ce qu'ils jouissaient en toute tranquillité de leurs forêts, et que, n'étant point inquiétés par l'homme, qui n'avait pas encore pénétré dans ces climats, ils étaient maîtres de choisir leur demeure dans les endroits où l'air, la terre, et l'eau leur convenaient le mieux. Le renne, que les lapons ont rendu domestique, a, par cette raison, plus changé que l'élan, qui n'a jamais été réduit en servitude. Les rennes sauvages sont plus grands, plus forts, et d'un poil plus noir que les rennes domestiques : ceux-ci ont beaucoup varié pour la couleur du poil, et aussi pour la grandeur et la grosseur du bois. Cette espèce de lichen ou de grande mousse blanche qui fait la principale nourriture du renne semble contribuer beaucoup par sa qualité à la formation et à l'accroissement du bois, qui proportionnellement est plus grand dans le renne que dans aucune autre espèce ; et c'est peut-être cette même nourriture qui, dans ce climat, produit du bois sur la tête du lièvre, comme sur celle de la femelle du renne ; car dans tous les autres climats il n'y a ni lièvres cornus, ni aucun animal dont la femelle porte du bois comme le mâle.

L'espèce de l'Éléphant est la seule sur laquelle l'état de servitude ou de domesticité n'a jamais influé, parce que dans cet état il refuse de produire, et par conséquent de transmettre à son espèce les plaies ou les défauts occasionnés par sa condition. Il n'y a dans l'Éléphant que des variétés légères et presque individuelles : sa couleur naturelle est le noir : cependant il s'en trouve de roux et de blancs, mais en petit nombre. L'éléphant varie aussi par la taille, suivant la longitude plutôt que la latitude du climat ; car sous la zone torride, dans laquelle il est, pour ainsi dire, renfermé, et sous la même ligne, il s'élève jusqu'à quinze pieds de hauteur dans les contrées orientales de l'Afrique, tandis que dans les terres occidentales de cette même partie du monde il n'atteint guère qu'à la hauteur de dix ou onze pieds.

Je ne parlerai point ici des variétés qui se trouvent dans chaque espèce d'animal carnassier, parce qu'elles sont très-légères, attendu que de tous les animaux ceux qui se nourrissent de chair sont les plus indépendants de l'homme, et qu'au moyen de cette nourriture déjà préparée par la nature ils ne reçoivent presque rien des qualités de la terre qu'ils habitent ; que d'ailleurs, ayant tous de la force et des armes, ils sont les maîtres du choix de leur terrain, de leur climat, etc., et que par conséquent les trois causes de changement, d'altération et de dégénération dont nous avons parlé ne peuvent avoir sur eux que de très-petits effets.

Mais, après le coup d'œil que l'on vient de jeter sur ces variétés qui nous indiquent les altérations particulières de chaque espèce, il se présente une considération plus importante et dont la vue est bien plus étendue ; c'est celle du changement des espèces mêmes, c'est cette dégénération plus ancienne, et de tout temps immémoriale, qui paraît s'être faite dans chaque famille, ou, si l'on veut, dans chacun des genres sous lesquels on peut comprendre les espèces voisines et peu différentes entre elles. Nous n'avons dans tous les animaux terrestres que quelques espèces isolées qui, comme celle de l'homme, fassent en même temps espèce et genre ; l'éléphant, le rhinocéros, l'hippopotame, la girafe, forment des genres ou des espèces simples qui ne se propagent qu'en ligne directe, et n'ont aucune branche collatérale : toutes les autres paraissent former des familles dans lesquelles on remarque ordinairement une souche principale et commune, de laquelle semblent être sortis tous les groupes secondaires.

Il résulte de ces considérations savantes du Pline français, que les animaux du Sud dans les deux continents sont toujours d'espèces différentes ; souvent même les genres auxquels ils se rapportent sont particuliers à l'un d'eux. — Le Nord de l'ancien monde et celui du nouveau ont, au contraire, plus d'analogie dans leurs productions mammalogiques et plusieurs espèces leur sont communes, ce qui peut s'expliquer par les moyens de passage que les glaces peuvent dans certains cas fournir à ces animaux.

Les lamas et les vigognes, en Amérique; les phalangers, les kanguroos, les ornithorhynques, et les échidnés, en Australie; les éléphants, en Asie et en Afrique; les makis, à Madagascar, sont des exemples de mammifères dont le genre ou la famille a de même une limite géographique déterminée. Les espèces des chats et des chiens, celles des rats et antilopes, ne sont pas les mêmes partout; mais comme leurs genres ont des représentants sur presque tous les points du globe, on peut dire que ceux-ci sont cosmopolites. L'Australie offre la particularité de posséder seule des monotrêmes, et ces animaux, joints aux didelphes, en sont presque les seuls mammifères. Elle n'a, en effet, qu'un nombre très-restreint de monodelphes, comparativement à celui des animaux dans les autres régions. Ce n'est qu'en Amérique que se retrouvent les didelphes; encore y sont-ils d'un genre tout différent de ceux de la Nouvelle-Hollande. Un dernier exemple remarquable de répartition géographique est celui des singes, qui diffèrent, comme famille naturelle, en Amérique et dans l'ancien monde, et celui des roussettes, dont l'Amérique n'a pas une seule espèce, ces animaux y étant représentés par les vampires et les phyllostomes, qui constituent parmi les chéiroptères un groupe de même valeur que celui des roussettes.

Il en est de même pour les mammifères aquatiques : les espèces des différentes mers et des hémisphères opposés ne sont pas identiques : celles du pôle Sud ne ressemblent pas à celles du pôle Nord.

La France possède un petit nombre de mammifères

indigènes : elle renferme quatorze espèces de carnassiers appartenant tous à l'ordre des chauves-souris ; douze insectivores ; deux carnassiers plantigrades, l'ours et le blaireau ; quatorze carnassiers digitigrades, quatre carnassiers pinnigrades ; dix cétacés, dont deux baleines, un cachalot et sept dauphins ; vingt-deux rongeurs, un pachyderme et six ruminants. Nous ne comprenons pas ici les espèces introduites anciennement chez nous, et qui s'y sont acclimatées.

Pour se former une idée nette de la manière dont les animaux sont distribués sur le globe, on peut en partager la surface en régions qui n'ont rien de commun avec les délimitations arbitraires de la politique, mais qui se lient à la constitution des continents, des montagnes, qui en sont comme la charpente fondamentale, et à la position des mers et des fleuves qui les baignent ou les alimentent. Ces divisions géographiques sont si naturelles et si nettement limitées, que leurs diverses parties peuvent offrir des espèces tout à fait différentes.

La division généralement adoptée partage la surface du globe en dix-huit régions zoologiques, où divers modes de création paraissent se révéler d'une façon constante. Elle permet d'apercevoir facilement l'influence que la configuration de la terre, les montagnes, les fleuves et les plaines, etc., exercent sur les grandes familles des animaux en général et des mammifères en particulier.

La 1re *région*, que nous appelons *région du Nord, de l'Europe et de l'Asie*, s'étend depuis la Norwége jusqu'au Kamtschatka et au détroit de Behring ; elle comprend au Nord tout l'océan Glacial arctique, le Spitzberg, l'Islande ; à l'Ouest, une partie de l'Océan Atlantique ; elle est bornée au midi par la mer Baltique, et par une chaîne de montagnes qui, partant du golfe de la Finlande, se replie vers le lac Seilan, et remonte ensuite jusqu'au grand bassin de Behring. On trouve dans cette région un grand nombre de mammifères remarquables; elle est la patrie de plusieurs espèces de cétacés : la *Baleine* vit habituellement dans les environs du Spitzberg; elle remonte cependant quelquefois jusqu'à la hauteur du banc de Terre-Neuve; le *Cachalot macrocéphale* habite les mêmes parages; on remarque également dans la mer Glaciale le *Phoque à croissant*, le *Phoque à capuchon*, etc.

Les mammifères terrestres qui sont propres à cette région sont le *Renne*, l'*Elan*, l'*Ours blanc*, qui vivent également dans l'Amérique et dans l'ancien continent, les *Loutres marines; des Lamantins* se rencontrent sur les bords de la mer. Presque toutes les montagnes boréales sont peuplées par des *Gloutons*, des *Martres zybelines*, des *Marmottes*; les bords des grandes rivières de la Norwége, de la Sibérie et de la mer Glaciale servent de refuge aux *Renards bleus* ou *Isatis* et aux *Campagnols;* vers la source de la Léna on trouve les *Chameaux*, et le long de ses bords un grand nombre de *Rats* et de *Souris*. Le *Castor* vit vers le 60e degré de latitude; les monts Atlas et les confins de l'Asie et du Kamstchatka sont la patrie du *Pyka* ou *Lagomys*; le *Campagnol Lemming* et un grand nombre d'autres mammifères qui sont communs aux régions tempérées, comme les *Hérissons*, les *Putois*, etc., vivent dans la Laponie, la Norwége et la Suède.

La 2e *région*, qu'on pourra désigner sous le nom de *région du Japon et de la Chine*, s'étendra de la Corée à l'île de Malaca; toutes les îles situées dans l'océan Équinoxial, entre l'équateur et le 45e degré de latitude, lui appartiendront. Les mammifères qui peuplent cette région sont peu connus; les espèces les plus remarquables sont : 1° le *Cheval sauvage*, le *Musc* et l'*Antilope*, qui sont très-répandus ; 2° le *Renard*, la *Martre zybeline*, le *Caraco* et le *Buffle*, qui peuplent la Corée ; 3° les *Rennes*, l'*Argali*, le *Sanglier* et le *Lynx*, qui vivent près de l'embouchure du fleuve Amour ; 4° le *Rhinocéros bicorne*, le *Macaque maïmon*, l'*Orang roux*, l'*Éléphant*, le *Cerf musc* et une nouvelle espèce d'antilope vivent dans l'île de Sumatra. L'île de Java nous offre la *Guenon nègre*, le *Macaque maimon*, la *Roussette kiodote*, le *Nyctère*, le *Mégaderme trèfle* ; l'*Orang roux*, le *Pongo* et la *Guenon nasique* sont originaires de Bornéo. Dans l'une des Moluques on a observé l'*Orang-wouwou*, le *Tarsier aux mains rousses*, la *Guenon dorée*, la *Céphalote* de *Pallas*, les *Phalangers à queue écailleuse*, les *Polatouches*, le *Cerf axis*; le *Kanguroo* d'*Aroé* habite l'île du même nom ; les *Chéiroptères* sont très-multipliés dans l'île de Timor.

La 3ᵉ *région* se compose de toutes les îles situées dans l'océan Équinoxial, entre les deux tropiques, depuis le 130ᵉ degré de longitude ; elle doit porter le nom de *région Océanique des deux tropiques*. Les mammifères qui sont dispersés dans cette région sont peu connus ; quelques *Galéopithèques* habitent les îles *Pelew*.

La 4ᵉ *région*, ou *région de la Nouvelle-Hollande et de la Nouvelle-Zélande*, comprend ces deux vastes contrées presque inconnues et une grande partie des mers qui les baignent. Cette région offre le genre *Hydromis*, qui est également répandu dans l'Amérique septentrionale ; elle est peuplée d'un grand nombre de mammifères qui lui sont particuliers : tels sont les *Kanguroos*, les *Dasyures*, les *Péramèles*, les *Phascolomes* les *Potoroos*, les *Isoodons*, les *Coalas*, les *Ornithorhynques*, les *Échidnés*, et les *Phalangers volants*.

La 5e *région*, ou *région Indienne*, comprendra une partie de la mer du même nom jusqu'à l'embouchure de l'Indus : elle sera circonscrite au nord par les montagnes du Tibet, les plus hautes de la terre. Le *Buffle* paraît être originaire des bords du Gange; la *Chèvre sauvage* et le *Nycticèbe* habitent le Bengale; une grande espèce d'*Écureuil* se trouve au Malabar; la *Guenon malbrouck*, le *Gibbon*, la *Guenon toque*, plusieurs espèces de *Civettes*, le *Tigre royal*, le *Lion* d'*Afrique*, le *Pangolin*, le *Rat perchal*, le *Babyroussa*, sont répandus sur les côtes de Coromandel; les *Loris grêles*, le *Chevrotain memenre*, le *Vespertilion kiriwoula*, les *Axis*, les *Éléphants* et les *Tigres* sont très-répandus dans l'île de Ceylan.

La 6e *région*, ou *région de l'intérieur de l'Asie*, a ses limites, d'un côté, au lac Aral, à la Bulgarie supérieure, et, de l'autre côté, aux confins du royaume de la Chine et de la mer du Japon; au nord elle est bornée par cette chaîne de montagnes qui se prolongent sur la ligne qui s'étend du golfe de Finlande jusqu'au détroit de Behring. Les races ou les types primitifs de plusieurs animaux habitent l'intérieur de cette région; on y trouve des troupes d'*Anes* et des *Chevaux sauvages;* des *Mouflons*, des *Pasengs:* ces deux espèces de mammifères y sont très-répandues. Les premiers sont le type de l'espèce du *Mouton*, et le second de notre *Chèvre*. Cette région paraît être la patrie primitive du *Buffle* et des *Chameaux à deux bosses;* on y observe encore la *Vache grognante* ou *Yac*.

La 7e *région*, ou *région de la mer Caspienne et de la mer Noire*, forme deux bassins; l'un appartient à la mer Caspienne, et l'autre à la mer Noire. Dans le premier se trouvent le cours de l'Ural et du Volga, la Tauride et la Géorgie; le deuxième est circonscrit par des montagnes plus ou moins exhaussées, qui, partant des environs de Moscou, traversent le Caucase, la Turquie asiatique, s'enfoncent sous la Méditerranée, se joignent aux Alpes, forment la montagne Noire, et se prolongent de nouveau jusqu'aux lieux d'où nous les avons vues partir.

Cette région offre vers l'embouchure du Volga les *Campagnols à collier* et deux espèces de *Hamsters;* le *Rat agraire* et l'*Isatis* vivent dans les provinces d'Archangel. On remarque aux environs de la mer Caspienne des *Chevaux* et *Anes sauvages*, des *Marmottes de Pologne*, des *Ours*, des *Porcs-épics*. Le Caucase est la patrie des *Ægagres*, des *Bouquetins*, des *Lynx*, des *Sangliers*, des *Renards* et des *Chevreuils*.

La 8e *région*, ou la *région de l'ouest de l'Europe*, sera bornée au nord par le cours de la Vistule, au midi par les Pyrénées, à l'occident par l'océan Atlantique, et à l'orient par le cours du Rhône et par la chaîne des montagnes qui la séparent de la 6e région. La Lithuanie offre l'*Auroch;* les principales chaînes de montagnes de l'Europe donnent asile à l'*Ours brun*, au *Chamois*, au *Bouquetin*, à la *Marmotte*, au *Lynx*, etc. L'Angleterre n'a plus de *Loups;* les *Hamsters* paraissent être originaires de l'Allemagne et de la Pologne; une nouvelle espèce de *Desman* a été observée près des Pyrénées; on trouve en France quatre espèces de *Musaraignes*, etc.

La 9e *région* se composera des royaumes d'Espagne et du Portugal. On la nomme la *région* de la grande *Péninsule*. Les lapins paraissent être propres à l'Espagne. Les autres mammifères lui sont communs avec le reste de l'Europe : tels sont les *Hérissons*, les *Loutres*, les *Fouines*, les *Martres*, les *Mulots*, les *Rats d'eau*, les *Souris*, les *Campagnols*, etc. On remarque cependant que les rochers de Gibraltar sont habités par le *Macaque magot*. On trouve en Espagne une espèce de *Genette*, et le *Porc-épic*.

La 10e *région*, ou la *région de la mer Adriatique et de la Méditerranée*, s'étend depuis les Cévennes jusqu'aux îles de l'Archipel. Dans l'île du Rhône on trouve en France quelques castors; l'Italie a le *Porc-épic*, comme l'Espagne; le *Buffle* y est répandu; le *Mouflon* vit dans la Corse, la Sardaigne et la Morée.

La 11e *région*, ou la *région de la Turquie d'Asie*, comprend les contrées situées entre la mer Noire, la mer Caspienne et le golfe Persique. L'*Aspalax* des anciens et le *Zemmi* habitent les environs de Constantinople, l'Asie-Mineure et la Perse. Le midi du Caucase sert de refuge à quelques espèces de *Gerboises*, au *Lynx* appelé *Chaus;* le *Chameau* à deux bosses, originaire de la Perse, se tient en Syrie et en Arabie; l'Asie-Mineure abonde en *Chèvres,* en *Chats,* en *Lapins d'angora;* le *Daman* est répandu en Syrie.

La 12e *région*, ou *région du midi de l'Afrique*, comprend toute la pointe de l'Afrique qui s'étend depuis l'équateur jusqu'au 34e degré, où est situé le cap de Bonne-Espérance. On rapportera à cette région les îles de Madagascar, de France, de Bourbon, et les mers qui les environnent. Nous n'avons que des notions peu exactes sur le nombre des genres et des espèces des mammifères qui habitent cette immense région, encore peu connue. Les *Lions* y paraissent très-répandus, comme dans les autres régions de l'Afrique; l'*Antilope guevey* et la *Civette* se voient sur les côtes du Co go; on observe l'*Antilope* jusqu'au cap de Bonne-Espérance, dont les environs sont peuplés par l'*Éléphant d'Afrique*, par les *Rhinocéros bicorne* et *ramus*, le *Lion*, le *Buffle du Cap*, la *Girafe*, le *Zèbre* et le *Conagra*. Ces mammifères s'avancent vers 6 à 12 degrés du côté du nord. La même contrée est aussi la patrie du *Gnou*, du *Caama*, du *Ourebi*, du *Gnivey*, du *Steenbock*, du *Grisbock*, de l'*Oryctérope*, du *Babouin chevelu*, de l'*Hyène tachetée*, du *Serval* du Cap, du *Daman*, de la *Genette*, du *Zorille*. L'île de Madagascar a des mammifères qui lui sont particuliers; elle n'a qu'une espèce qui lui soit commune avec le continent : c'est le *Sanglier à masque*. Les plus remarquables qui sont répandus dans cette île sont les onze espèces de *Makis*, le *Tarsier aux mains brunes*, la *Roussette* d'*Edwards*, la *Mangouste vansire* et la *Genette fossane*; l'Ile de France a un *Vespertilion* et un *Nyctinome* qui lui sont propres.

La 13e *région*, ou la *région occidentale de l'Afrique*, commencera au cap Formose et finira, au nord, au cap Blanc; elle sera bornée à l'orient par le golfe Persique; elle comprend toutes ces immenses contrées situées entre l'équateur et le tropique du Cancer. Nous ne connaissons qu'un petit nombre des mammifères qui l'habitent. On trouve dans la Guinée supérieure un grand nombre de singes du genre *Guenon*; le Sénégal offre le *Léopard*, plusieurs *Antilopes*, l'*Écureuil palmiste*, le *Phascochœre*, l'*Hippopotame*, le *Phalanger*, le *Galago*, et le *Nyctère*; on trouve dans l'Abyssinie et les environs l'*Orang chimpanzé*, le *Macaque*, la *Civette* et le *Zibeth*, plusieurs espèces d'*Antilopes*.

La 14e *région*, ou la *région septentrionale de l'Afrique*, aura pour limites, à l'occident, l'océan Atlantique et la partie de la Méditerranée dont les flots baignent la Barbarie; au nord, l'autre grande partie de la Méditerranée; à l'orient, l'embouchure du Nil. Elle s'étend du cap Blanc jusqu'à l'Égypte, elle comprend une grande partie du désert de Zahara, la Barbarie et l'Égypte. Les animaux de la première contrée sont peu connus; la seconde est peuplée de *Lions*, de *Panthères*, de *Mouflons* d'*Afrique*, de *Gàzelles*, de *Bubales*, de *Porcs-épics*, de *Magots*, d'*Écureuils* et de *Dromadaires*; la troisième a l'*Hyène rayée* et le *Chacal*, la *Mangouste*, l'*Ichneumon*, le *Lynx botte*, la *Gerboise*, le *Rat du Caire* et d'*Alexandrie*, la *Gazelle*, le *Nyctère* de la *Thébaïde*, le *Rhinolophe trident*, et la *Roussette* d'*Égypte*.

La 15e *région*, ou la *région de l'Amérique méridionale*, est bornée par l'océan Atlantique, l'océan Austral et l'océan Equinoxial. Les animaux les plus remarquables de cette région sont les *Singes*, que nous avons vus différer de ceux de l'Asie et de l'Afrique. Ils vivent près des grande rivières, telles que l'Orénoque, le Rio-Grande, l'Amazone et la Plata; le *Glossophage musette*, à Surinam, le *grand Vespertilion*, à la Guiane; le *Noctilion* ou *bec de lièvre* a été trouvé au Pérou; les *Vespertilions très-velu*, *rouge* et *poudré*, les *Molosses*, les *Phyllostomes*, ont été observés dans le Paraguay. La famille des *Ours* n'est représentée que par une espèce. Parmi le genre des *Chiens*, on trouve quelques espèces remarquables dans cette région. Le *Loup rouge* habite le Mexique et le Paraguay; le *Renard crabier*, à Cayenne; et le *Renard antarctique*, les îles Malouines. Les espèces du genre *Chat* sont très-nombreuses dans l'Amérique méridionale. Le *Jaguar* vit dans le Brésil, le Paraguay, le pays des Amazones. Le *Couguar* se rencontre dans la terre des Patagons; mais on le trouve également dans la 18e région. Le *Serval* d'*Amérique*, l'*Eira* et l'*Yaguarondi*, sont très-répandus dans le Paraguay. La véritable patrie du chat sauvage est la Nouvelle-Espagne; celle du *Margay* est la Guiane et le Brésil. Les autres espèces de mammifères qu'on rencontre dans la 15ᵉ région sont le *Didelphe sarigue* et le *Didelphe crabier:* le premier vit dans le Brésil et dans le Paraguay, et le second dans les forêts marécageuses de Surinam et de Cayenne. Cette région fournit un grand nombre de rongeurs. Tout le genre *Échimys* est presque originaire de Cayenne et du Paraguay. Les *Coendous* sont indigènes du Paraguay et du Mexique. Le *Lièvre tapéti* appartient au Brésil. Cette région offre encore, parmi les rongeurs, le *Guangue,* qui est répandu dans le Chili; et parmi les édentés, l'*Aï* et l'*Unau;* l'un se trouve fréquemment au Brésil, l'autre dans la Guiane; les *Tatous,* les *Fourmiliers* abondent également dans les deux contrées. Dans la famille des pachydermes on ne trouve que deux genres, qui sont indigènes dans cette région : le genre *Pécari,* qui vit dans le Mexique; et le genre *Tapir,* qui habite les rivages humides des contrées les plus chaudes. Le Pérou et les montagnes qui le traversent nous offrent plusieurs espèces de *Cerfs* et de *Lamas.*

La 16ᵉ *région,* ou la *région du grand détroit de l'Amérique,* est formée par les grandes et les petites Antilles, les autres îles voisines et le golfe du Mexique. Le *Noctilion longicaude* a été trouvé à la Martinique. Le *Kinkajou* se tient dans les grandes Antilles. L'*Agouti* a pour patrie l'île Lucie; il vit également dans le Brésil et la Guiane.

La 17ᵉ *région,* ou la *région septentrionale de l'Amérique,* s'étend depuis le golfe du Mexique jusqu'au cercle polaire. Elle est habitée par le *Cerf du Canada,* par le *Cerf de la Virginie,* par le *Bison,* qui se trouve habituellement sur la rive droite du Mississipi, par le *Chat cervier* des fourreurs, par le *Vespertilion de la Caroline*, par le *Polatouche*, le *Scalope* du *Canada*, et par un grand nombre de *Chats*, de *Renards*, de *Didelphes*, genres qui sont communs à toutes les contrées de l'Amérique.

La 18e *région*, ou la *région polaire*, commence d'un côté au cercle du même nom, et se termine au pôle. On trouve dans cette dernière région plusieurs espèces de mammifères qui habitent également les contrées du nord de l'Asie : tels sont le *Castor*, le *Renne*, l'*Élan*, l'*Ours blanc*, le *Glouton*, le *Blaireau*, l'*Écureuil gris* et l'*Écureuil suisse*.

Nous terminerons ces considérations par quelques résultats intéressants, tirés d'un ouvrage de M. Minding, de Berlin, sur le nombre d'espèces de mammifères répandues dans les diverses parties du globe.

L'hémisphère boréal contient 317 mammifères qui lui sont particuliers ;

L'austral, 817, dont 68 sont communs au deux hémisphères.

L'hémisphère oriental du globe en nourrit 672;

L'hémisphère occidental, 469, dont 61 sont communs à l'un et à l'autre. Ce résultat prouve que c'est l'Asie méridionale qui contient évidemment le plus grand nombre de ces animaux.

L'Europe ne compte pas de genre particulier, mais 66 espèces qui lui sont propres, 41 genres et 91 espèces qui lui sont communs avec d'autres parties du monde, surtout avec le nord de l'Asie. C'est avec l'Amérique du Sud qu'elle offre le moins de rapprochement sous ce rapport.

L'Asie boréale compte 1 genre et 559 espèces propres ; 45 genres et 103 espèces communs, qui ont beaucoup d'analogie avec ceux de l'Europe, et presque aucune avec ceux de l'Amérique méridionale.

L'Amérique du Nord compte 7 genres et 129 espèces communs, le plus grand nombre avec l'Europe, et le moindre avec l'Océanie.

L'Amérique méridionale a 39 genres et 331 espèces propres; 33 genres et 25 espèces communs avec l'Amérique du Nord, pour la plupart, et aucun avec l'Asie.

L'Afrique compte 13 genres et 221 espèces propres; 50 genres et 51 espèces communs, principalement avec l'Asie méridionale, et peu avec l'Amérique du Sud.

L'Asie méridionale a 11 genres et 191 espèces propres; 33 genres et 67 espèces communs, pour la plupart, avec l'Afrique, et fort éloignés de ceux de l'Amérique du Sud.

Enfin l'Océanie a 11 genres et 54 espèces propres; 33 genres et 67 espèces communs, surtout avec l'Asie méridionale, mais qui offrent peu de rapprochements, principalement avec ceux de l'Asie boréale.

A quelle époque les mammifères ont-ils commencé à habiter la surface du globe? Les plantes ont couvert la terre longtemps avant qu'elle fût peuplée d'animaux. La nature préparait en silence leur vaste demeure : retraites sûres, bocages frais, nourriture copieuse, rien ne devait manquer à aucun être au moment où il recevait l'existence. Les crustacés, les vers, les mollusques, les insectes, les poissons, se montrèrent sans doute les premiers; les oiseaux auxquels ils servent de pâture vinrent ensuite; les animaux qui broutent l'herbe durent paraître avant les animaux carnassiers, qui avaient besoin des premiers pour subsister.

Ces inductions semblent tous les jours se confirmer par l'examen des fossiles, ces monuments antiques de la terre. On trouve en effet dans les couches schisteuses les empreintes d'un grand nombre de plantes, et dans les bancs de gypse les squelettes de poissons et d'un grand nombre d'autres animaux marins et fluviatiles.

Il en résulte que l'histoire naturelle du globe se trouve pour ainsi dire exister dans les roches mêmes dont notre planète se compose, et que l'étude de ces monuments antiques de la puissance du Créateur nous apprend à connaître ce qui s'est passé longtemps avant l'existence de l'homme sur la terre.

Les recherches de la géologie ont établi, avec la clarté la plus grande et la plus imprévue, que la terre, aujourd'hui peuplée d'animaux si variés et de végétaux si nombreux et si brillants, n'a pas toujours eu les mêmes habitants; son étude nous fait même voir que d'abord les conditions auxquelles elle était soumise n'auraient pas permis que la vie se manifestât en un seul point de sa surface. Mais à mesure que la haute température à laquelle elle s'était élevée s'abaissa des créations d'animaux et de végétaux eurent lieu. Les mammifères n'y figurèrent point d'abord, et l'observation des couches dont est composée l'écorce du globe fait voir que ceux qui furent les premiers créés avaient déjà cessé d'exister lors de l'apparition des espèces actuelles. Leurs races furent donc remplacées, et c'est bien au-dessus des terrains qui renferment leurs débris qu'on commence à trouver des fossiles analogues à ceux de notre période.

Toutes les classes de l'empire organique ont perdu plusieurs de leurs espèces lors des révolutions qui ont tourmenté notre planète; et, pour nous borner aux seuls mammifères, nous signalerons non-seulement qu'il a existé des espèces qui n'ont plus aujourd'hui de représentants, mais que certaines d'entre elles sont de genres inconnus dans la nature vivante. Cette assertion, facile à prouver, n'a pas toujours été connue des savants, et longtemps on a été incertain sur la véritable nature des fossiles, c'est-à-dire des débris que les espèces qui habitaient anciennement le globe ont laissés dans son sein. Ces débris, qui consistent en de véritables os, ont été recueillis à plus ou moins grand nombre à toutes les époques. Souvent on les a pris pour de véritables pierres, affectant, par un jeu de la nature, les formes osseuses qu'on leur reconnaissait. D'autres fois on a admis que c'étaient véritablement des os, et l'opinion a été souvent que ces os provenaient de géants humains, dont on a même prétendu reconnaître les noms. C'est ainsi que les ossements recueillis en Dauphiné, sous le règne de Louis XIII, ont été décrits et montrés comme étant ceux du fameux géant Teuthobochus, roi des Cimbres, qui avait été défait par Marius; on rapporte même qu'ils avaient été recueillis dans un vaste tombeau (trente pieds de long), avec des médailles au chiffre de Marius, et une inscription ainsi conçue : *Teuthobocus rex.* Les pièces osseuses, examinées par M. de Blainville, ont été reconnues pour des os de mastodontes, avec lesquels gisait une dent d'un très-grand rhinocéros, d'espèce aujourd'hui détruite; quant au tombeau, il n'avait jamais existé, et les médailles étaient des médailles grecques de Marseille.

Selon la nature des terrains dans lesquels ils se rencontrent, et suivant aussi les circonstances qui les y ont laissés, les os fossiles sont plus ou moins bien conservés. Souvent ce sont de simples fragments, des dents éparses, des débris de cornes, etc.; d'autres fois, au contraire, des têtes à peu près entières, et souvent même des squelettes assez complets pour qu'on ait pu les observer dans tous leurs détails et même les préparer. On possède à Lisbonne un squelette monté, et presque entier, du *mégathérium*, grande espèce d'oryctérope gigantesque des alluvions de l'Amérique du Sud. Des mastodontes de l'Amérique septentrionale ont également été préparés, et le Muséum de Paris possède une suite immense, en partie décrite par Cuvier, d'ossements de mammifères plus ou moins bien conservés, et qui proviennent de presque tous les points du globe; car on a recueilli des mammifères fossiles dans des brèches ou des terrains, plus ou moins anciens, il est vrai, en Europe, en Asie, en Afrique, en Amérique, et à la Nouvelle-Hollande.

Pallas, qui a contribué par quelques mémoires importants aux progrès de la palœontologie, admettait que les rhinocéros, les éléphants, etc., dont on découvre les restes fossilifiés en Europe, étaient de la même espèce que ceux de ces animaux qui vivent présentement en Asie et en Afrique; mais on a plus tard reconnu qu'ils en diffèrent réellement sous ce rapport, et qu'on ne saurait admettre qu'ils sont les premiers parents de ceux-ci. Camper a le premier aperçu ce fait pour les mastodontes et quelques autres, et les nombreuses observations qu'on a faites depuis, celles de Cuvier surtout, ne permettent aucun doute à cet égard. Cuvier, qui s'est occupé des fossiles mammifères plus qu'aucun autre naturaliste, a fait connaître, dans son célèbre ouvrage, le résultat de ses recherches à ce sujet; il y a décrit un grand nombre de genres et d'espèces aujourd'hui détruits.

Le plus sûr moyen pour arriver à reconnaître l'ordre et le genre auxquels appartiennent les débris fossiles, c'est de les comparer entre eux. Ce travail demande d'assez longues études anatomiques, et une collection nombreuse de squelettes d'espèces vivantes qui puissent servir de point de comparaison. Les données auxquelles on arrive par ce moyen sont assez positives pour que l'inspection d'une dent fasse reconnaître souvent quelle était la nature et la taille de l'animal auquel elle a appartenu ; mais une seule partie, quelle qu'elle soit, n'est pas toujours suffisante, ainsi que le croient beaucoup de personnes.

A l'exception de la famille des ornithorhynques et des échidnés, tous les mammifères importants ont laissé dans des couches plus ou moins anciennes des débris fossiles; car les deux groupes (singes et chameaux), qui n'avaient point encore été signalés parmi les fossiles, viennent de l'être récemment. On a trouvé dans le sous-Himalaya un crâne fossile tout à fait semblable à celui du dromadaire; et dans le midi de la France une localité riche en débris antédiluviens, Auch, a nouvellement fourni la mâchoire fossile (avec des palœothériums, dinothériums, mastodontes) d'un singe fort rapproché des gibbons, et, ajoute-t-on, des indices de la présence dans le même terrain de fossiles de sajous, ce qui serait une chose fort singulière en géographie zoologique, puisqu'on se rappelle que les gibbons sont d'Asie, les sajous de l'Amérique méridionale, deux localités éminemment différentes par leurs productions zoologiques. On vient aussi de recueillir un singe fossile dans l'Himalaya : celui-ci est voisin des cynocéphales. Parmi les animaux fossiles qui n'ont plus d'analogues dans la zoologie actuelle, les plus curieux sont ceux 1° des *Mastodontes,* qui étaient fort voisins des éléphants, et dont les débris ont été recueillis en Europe, en Asie et dans les deux Amériques; leurs dents, au lieu d'être lamelleuses comme celles des éléphants, étaient mamelonnées à leur surface, et plusieurs d'entre eux avaient des défenses à la mâchoire inférieure aussi bien qu'à la supérieure; 2° les *Mégathériums*, que l'on a trouvés à peu de distance de la surface du sol, dans diverses localités de l'Amérique du Sud : c'étaient des animaux voisins des fourmiliers et des oryctéropes, mais leur taille approchait de celle des éléphants; les carapaces qui gisent dans les mêmes terrains que les Mégathériums étaient sans doute celles de Tatous, presque aussi grands que ces animaux; 3° les *Dinothériums:* ceux-ci étaient probablement aquatiques, et formaient un genre intermédiaire aux éléphants et aux lamantins; ils étaient dans l'ordre des gravigrades : on a trouvé leurs débris en France et en Allemagne. Une tête de Dinothérium, recueillie non loin de Darmstadt, a près de deux mètres de longueur. Ce Dinothérium prouve qu'avec un seul os on ne saurait reconstruire un animal dans tous ses détails, puisqu'on possède de lui une tête presque entière, et que néanmoins on ne saurait dire s'il avait deux ou quatre membres. Un trait bien remarquable de cet animal existe dans ses incisives inférieures, qui sont au nombre de deux, fort longues et dirigées vers le sol de manière à représenter les défenses des éléphants.

La classification des *Mammifères* a occupé un grand nombre de naturalistes, et ces travaux divers ont amené cette étude à un degré de perfection qu'on regrette de ne pas trouver dans d'autres groupes du Règne animal.

Nous suivrons dans cet ouvrage la méthode de Cuvier; mais avant nous croyons devoir donner une idée de la méthode de M. de Blainville et de celle de M. Isidore Geoffroy Saint-Hilaire.

D'après M. de Blainville, la classe des *Mammifères* est

partagée en trois sous-classes, subdivisibles elles-mêmes en un ou plusieurs ordres chacune.

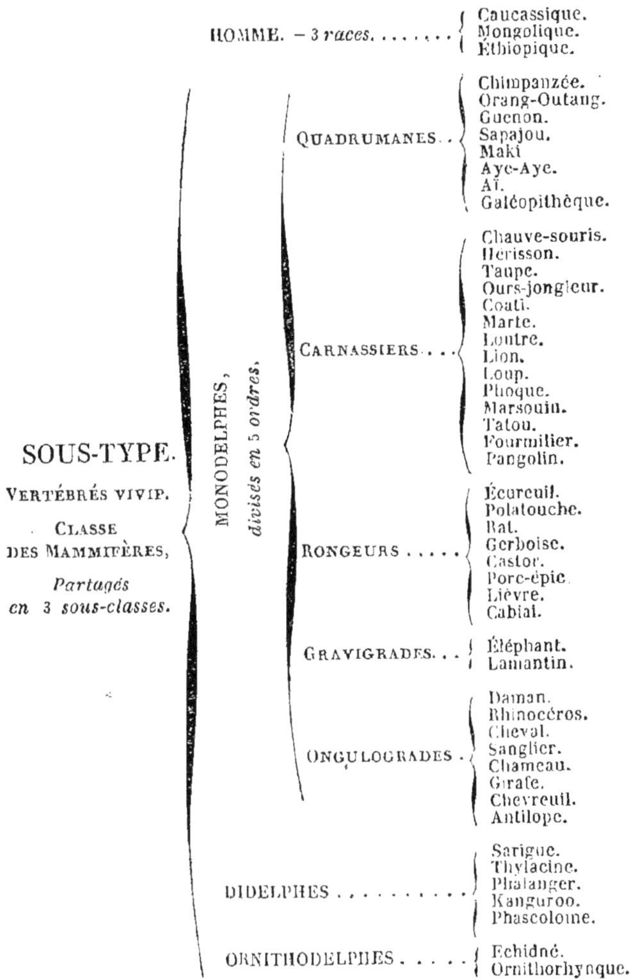

La méthode de M. Isidore Geoffroy Saint-Hilaire, non encore publiée en entier par son auteur, est développée par lui au Muséum d'histoire naturelle. Il ne range pas, comme Cuvier, les *Mammifères* sur une ligne verticale, dans l'ordre supposé de leurs dégradations successives, mais sur trois lignes parallèles, qui commencent, chacune, par les animaux les plus complets, et descendent jusqu'aux plus simples.

1re *série*. — QUADRUPÈDES.

Avec bassin bien développé et sans os marsupiaux.

1er ORDRE. PRIMATES. Dents dissimilaires. Extrémités antérieures conformées en bras terminés par des mains.	1er *sous-ordre*. — BIMANES. Deux mains, antérieures seulement.		Homme.
	2e *sous-ord*. — QUADRUMANES. Quatre mains, dont les antérieures souvent imparfaites.		1re *fam*. Singes. 2e — Lémuriens. 3e — Tarsiens. 4e — Chiromiens.
2e ORDRE. TARDIGRADES. Dents dissimilaires. Extrémités antérieures conformées en bras terminés par des crochets.	. . . .		*Une seule famille*. Bradypiens.
3e ORDRE. CHÉIROPTÈRES. Dents dissimilaires. Extrémités antérieures conformées en ailes.	Ailes imparfaites.		*famille*. Galéopithéciens.
	Sous-ord. — CHAUVES-SOURIS. Ailes complétement développées		1re *fam*. Ptéropiens. 2e — Vespertiliens. 3e — Vampiriens.
4e ORDRE. CARNASSIERS. Dents dissimilaires. Extrémités antérieures conformées en pattes ou nageoires. Dents plus ou moins exactement en série continue	1er *sous-ord*. CARNIVORES. Molaires plus ou moins tranchantes.	non empêtrés.	1re *fam*. Potidiens. 2e — Ursiens. 3e — Mustéliens. 4e — Viverriens. 5e — Vulpiens. 6e — Féliens.
		empêtrés.	1re *fam*. Phociens. 2e — Trichéciens.
	2e *sous-ord*. — INSECTIVORES. Molaires hérissées de pointes.		1re *fam*. Gymnuriens. 2e — Tupaiens. 3e — Macroscélidiens. 4e — Soriciens. 5e — Talpiens. 6e — Erinaciens.
5e ORDRE. RONGEURS. Dents dissimilaires. Extrémités antérieures conformées en pattes ou nageoires. Dents en série interrompue par une large barre.	. . . .		1re *fam*. Ciriens. 2e — Castoriens. 3e — Muriens. 4e — Diplostomiens. 5e — Talpoïdiens. 6e — Hystriciens. 7e — Léporiens. 8e — Caviens.

6e ORDRE. PACHYDERMES. Dents dissimilaires. Extrémités antérieures conformées en colonnes. Estomac simple ou divisé en poches, dont la première seule communique avec l'œsophage.

- Dissimilaires. . . . . *famille.* Damans.
- Similaires (6 *fam.*)
  - Une trompe. . . . . *famille.* Éléphants.
  - Point de trompe.
    - Plusieurs sabots de forme symétriques, à chaque pied.
      - 1re *fam.* Tapirs.
      - 2e — Rhinocéros.
      - 3e — Hippopotames.
    - Deux sabots principaux aplatis en dedans. *famille* Suilliens.
    - Un seul sabot. . . . . *famille* Chevaux.

7e ORDRE. RUMINANTS. Dents dissimilaires. Extrémités antérieures conformées en colonne. Estomac très-complexe; œsophage communiquant à la fois avec trois poches stomacales.

- . . . . 1re *famille.* Caméliens.
- . . . . 2e — Antilopiens.

8e ORDRE. ÉDENTÉS. Dents similaires ou nulles.

- Bouche bien fendue, langue ordinaire. *fam.* Dasypiens.
- Bouche très-petite, langue extensible. . . . .
  - 1re *fam.* Myrmécophagiens
  - 2e — Pangolins.

2e *série.* — QUADRUPÈDES.

Avec bassin bien développé et des os marsupiaux.

1er ORDRE. MARSUPIAUX carnassiers.

- 1er *sous-ord.* — CARNIVORES. *famille.* Dasyuriens.
- 2e *sous-ord.* — INSECTIVORES.
  - 1re *fam.* Didelphiens.
  - 2e — Pérameliens.

2e ORDRE. MARSUPIAUX frugivores.

- 1er *sous-ord.* — SEMI-RONG.
  - 1re *fam.* Phalangiens.
  - 2e — Phascolarctiens.
  - 3e — Kanguriens.
- 2e *sous-ordre.* — RONGEURS . . *famille.* Phascolomiens.

3e ORDRE. MONOTRÈMES.

- . . . . 1re *famille.* Ornithorhynques.
- . . . . 2e — Échidnés.

3e *série.* — BIPÈDES.

Avec bassin rudimentaire, ou nul.

1er ORDRE. SIRÉNIENS.

- . . . . 1re *famille.* Lamantins.
- . . . . 2e — Dugongs.
- . . . . 3e — Rytines.

2e ORDRE. CÉTACÉS.

- . . . . 1re *famille.* Delphiniens.
- . . . . 2e — Physétériens.
- . . . . 3e — Baléniens.

Le classement que nous venons d'expliquer dans le tableau qui précède est une nouvelle tentative pour rapprocher, selon leurs véritables affinités, les groupes primaires, secondaires et tertiaires. La première condition pour qu'il en soit ainsi, c'est évidemment que la caractéristique de toute division soit parfaitement applicable à chacun des animaux qui sont compris dans cette division. Or, on sait combien il est rare que cette condition soit remplie, et que les caractères compris dans la définition générale d'un groupe naturel se retrouvent non dans la pluralité, mais dans la totalité des êtres de ce groupe.

M. Isid. Geoffroy Saint-Hilaire a pensé que l'exactitude, la rigueur, sont réellement possibles dans l'histoire naturelle des êtres organisés, et spécialement en zoologie, en choisissant convenablement les éléments de la caractéristique, et souvent même en modifiant légèrement, pour les élever à un plus haut degré de généralité, les définitions déjà usitées; mais il est encore quelques points sur lesquels la classification du tableau qui précède est à modifier, comme n'étant pas à la fois rigoureuse et naturelle. Ainsi, sans insister sur quelques difficultés de détails relatives à divers genres, le groupe des phoques, placé, dans cette classification, dans l'ordre des carnassiers, comme il l'est par Cuvier et par presque tous les auteurs, se trouve, par cela même, compris dans une caractéristique générale qui est inexacte pour lui. La place assignée au groupe des tardigrades et celle qui est donnée aux monotrèmes sont, au contraire, exemptes de tout reproche sous ce point de vue; mais l'ordre naturel ne paraît pas conservé. Voici donc trois points, et trois points importants, sur lesquels la conciliation cherchée entre la rigueur et les affinités naturelles n'a point encore été obtenue.

Il y a d'ailleurs, remarquons-le, à l'égard de toute classification une difficulté bien plus grave, de l'ordre le plus général, et qui touche aux racines même de la science. Le système de la fixité des espèces, en d'autres termes, cette hypothèse, non démontrée, que les espèces aujourd'hui existantes se sont transmises immuables depuis leur origine, est encore la base presque universellement admise de la zoologie. La définition de l'espèce, telle qu'elle est presque partout reproduite, est fondée sur cette douteuse abstraction, et c'est sur la définition de l'espèce que s'élèvent à leur tour successivement les définitions du genre, de la famille, et de tous les groupes supérieurs. Il est donc vrai de dire que l'échafaudage tout entier de la classification zoologique repose sur une base bien peu solide, et que la question doit être reprise dans son principe.

Le classement des mammifères suivant les idées de M. Isid. Geoffroy Saint-Hilaire est une application de ses vues générales sur le parallélisme des séries, vues présentées pour la première fois en 1832, et appliquées, de 1832 à 1836, à la coordination méthodique des êtres anomaux. Selon ces vues, qu'il suffira de rappeler brièvement, non seulement l'idée de l'*échelle animale,* telle que Bonnet l'avait déduite des doctrines philosophiques de Leibnitz, non-seulement l'hypothèse, dérivée de cette idée, que les animaux formaient une *série continue*, ne sont plus admissibles aujourd'hui, mais une *série unique*, *unilinéaire,* ne peut suffire non plus, sous un autre point de vue, à l'expression des rapports naturels des êtres. Si, d'une part, les animaux ne se suivent pas comme les anneaux d'une chaîne, s'il y a des lacunes résultant de la non-existence de certains animaux, objection faite depuis longtemps, et qui subsiste dans toute sa force, d'une autre part il arrive aussi que la série s'écarte, en sens inverse, du plan idéal que l'on s'était tracé. Certains degrés d'organisation se trouvent plusieurs fois représentés, et la série se dédouble en quelque sorte partiellement, ou même se multiplie davantage encore. L'existence de termes surabondants, de redoublements dans la série entraîne la nécessité de classifications établies sur un plan nouveau, et dans lesquelles les animaux se trouvent disposés non selon une série unique, mais selon plusieurs séries parallèles, composées de termes réciproquement analogues, et se correspondant les uns aux autres. C'est ce mode de classification que l'auteur a nommé *classification parallélique*, et qui, appliqué par lui-même aux mammifères, aux oiseaux, aux êtres anomaux, l'a été par MM. Duméril et Bibron aux reptiles, et par M. Brullé à plusieurs groupes d'animaux articulés.

Le nombre des séries principales admises à l'égard des mammifères est de trois.

La première, beaucoup plus considérable, par le nombre de ses genres et de ses espèces, que les deux autres prises ensemble, comprend les mammifères à quatre membres, chez lesquels le système reproducteur est le même que chez l'homme ; huit ordres composent cette première série.

Dans la seconde sont les marsupiaux et les monotrèmes, ou les didelphes de M. de Blainville : ils constituent trois ordres, correspondant à trois des huit ordres de la première série, les carnassiers, les rongeurs, les édentés.

La troisième série, celle des mammifères à une seule paire de membres, tous aquatiques, est continuée par deux ordres, l'un proposé depuis longtemps par Illiger sous le nom de *Sirenia*, et qui comprend les lamantins, dugongs et rytines, ou les cétacés herbivores de M. Cuvier. Les *Cete* de Linné, ou la plupart des cétacés de M. Cuvier, forment le second ordre de la troisième serie, et le dernier de la classe des mammifères.

Sans insister plus longuement, il suffira d'un seul exemple pour montrer que la *classification parallélique* fournit une expression, non encore exacte, mais beaucoup plus approchée des rapports naturels des êtres. On sait les opinions si contradictoires, en apparence, de M. Cuvier et de M. de Blainville, sur les lamantins et les autres sirénides. Selon M. de Blainville, ces mammifères sont de véritables pachydermes; selon M. Cuvier, il faut les reléguer à l'extrémité inférieure de la série des mammifères, parmi les cétacés. Laquelle de ces deux opinions est fondée? Toutes deux le sont, mais incomplétement; car les sirénides sont à la fois très-analogues aux cétacés, sous un point de vue, aux pachydermes sous un autre. L'expression de ces doubles rapports est impossible dans une classification unilinéaire, et de là de profondes divergences entre les zoologistes, dont chacun, selon les vues qui lui sont propres, exprimera de préférence tels rapports et sacrifiera tels autres. Ces difficultés s'évanouissent dès qu'on recourt à la classification parallélique. Que l'on fasse des mammifères aquatiques à deux membres seulement une série distincte, parallèle à celle des quadrupèdes; les sirénides se placent naturellement dans la première, immédiatement au-dessus des cétacés, et vis-à-vis des pachydermes; et telle est, en effet, leur véritable place, car ils sont, en quelque sorte, les pachydermes de la série tout aquatique des bipèdes.

En combinant de diverses manières les caractères tirés des organes de la mastication et de la locomotion, Cuvier a établi sa classification en neuf ordres :

MAMMIFÈRES. — 9 *Ordres*.

Vivipares, pourvus de mamelles pour allaiter leurs petits ; poumons ; respiration simple ; sang chaud, circulation double et complète ; cœur à quatre cavités.

Groupe	Caractère	Ordre	Subdivisions
QUADRUPÈDES onguiculés.	Dents de trois sortes.	**BIMANES.** Mains aux membres antérieurs seulement (3 *races*).	Caucasique. Mongolique. Ethiopique.
		QUADRUMANES. Mains aux quatre membres (3 *familles*).	Singes. Ouistitis. Makis.
		CARNASSIERS. Système dentaire complet (3 *familles*).	Chéiroptères. Insectivores. Carnivores.
		MARSUPIAUX. Des poches mammaires servant à loger les petits pendant l'allaitement (6 *genres*).	Sarigues. Phalangers. Potorous. Kangourous. Koalas. Phascolomes.
	Point de canines....	**RONGEURS.** Système dentaire incomplet, manquant de canines seulement (12 *genres*).	Écureuils. Rats. Hélamys. Rats-taupes. Oryctères. Géomys. Diplostomes. Castors. Couia. Porcs-épics. Lièvres. Cavia.
	Point d'incisives.....	**ÉDENTÉS.** Système dentaire incomplet, manq. d'incisives au moins, quelquefois nul (3 *tribus*).	Tardigrades. Édentés ordinaires. Monotrêmes.
QUADRUPÈDES ongulés.	Non ruminants......	**PACHYDERMES.** Ongulés, estomac ordinaire, ne ruminant pas (3 *familles*).	Proboscidiens. Pachydermes ordinaires. Solipèdes.
	Ruminants.........	**RUMINANTS.** Estomac divisé en quatre poches, et conformé pour la rumination (2 *sections*).	Sans cornes. A cornes.
BIPÈDES à nageoires.............		**CÉTACÉS.** Une paire de membres conformés pour la natation ; forme de poisson (2 *familles*).	Herbivores. Ordinaires.

Ordre 1. — *Bimanes.*

L'histoire naturelle de l'homme est, sans contredit, la plus importante de toutes les questions qui occupent les zoologistes, et quoiqu'elle ait été la plus étudiée, elle est cependant une des moins avancées. Nous ne possédons, en effet, sur les habitants des contrées éloignées que des renseignements incomplets, et encore n'est-ce que dans ces dernières années qu'ils ont été acquis à la science. Ce n'est aussi que depuis peu que nos Atlas zoologiques renferment de bonnes figures des diverses variétés observées dans l'espèce humaine.

C'est cet ordre important qui ouvre la série du *Règne Animal*, dont l'étude va maintenant nous occuper.

Avant d'entrer en matière, nous allons consacrer quelques pages à des caractères généraux qui appartiennent à l'homme considéré comme espèce. Nous souhaitons que ces réflexions ne soient pas sans intérêt pour les naturalistes, quoiqu'elles ne puissent rien apprendre au physiologiste ou au métaphysicien. Nous parlerons ensuite brièvement des différences qui distinguent l'homme d'avec les autres animaux, et des nuances nombreuses qui différencient également les hommes entre eux.

Caractères particuliers de la tête et du cerveau.

La première considération qui doive nous occuper est celle du cerveau et de la tête humaine. Sans contester le rapport intime qui existe entre la forme matérielle de cet organe et nos facultés intellectuelles, il ne faut pas cependant confondre l'expression de ce rapport, que nous admettons, avec celle d'identité, que quelques hommes ont cherché à établir. Il y a une ligne de démarcation profondément tracée entre les facultés intellectuelles et les organes cérébraux. On ne doit pas plus les confondre qu'on ne confond le télescope avec l'œil qui regarde, ou l'instrument avec l'artiste qui joue de cet instrument.

La tête mérite plus particulièrement qu'on l'étudie, parce qu'elle est le siége de l'organe de la pensée et de toutes les sensations animales. Les proportions de ses différentes parties dans l'homme indiquent la prédominance de la pensée sur les sens. Quelle différence, en effet, ne trouvons-nous pas entre l'homme et les autres animaux, à l'égard des proportions relatives du crâne et de la face qui est le siége des sens externes. La grandeur comparative de la face augmente en proportion du développement des sens, et le crâne diminue dans la même proportion. Le crâne, au contraire, augmente en proportion de la masse du cerveau.

On remarque généralement que les animaux dont le cerveau approche le plus des proportions du cerveau humain sont aussi ceux qui sont doués au plus haut degré d'intelligence et de docilité. Il est donc possible d'exprimer avec quelque certitude par des nombres ces proportions relatives; c'est ce qu'on fait en mesurant l'angle de la face.

En examinant une tête de profil, quand le corps est dans une direction parfaitement droite, la ligne menée de la partie la plus proéminente du front jusqu'à l'os maxillaire supérieur dans la direction de la face est ce que l'on appelle ligne faciale. Une seconde ligne horizontale menée parallèlement au plancher des narines détermine avec la ligne faciale l'angle facial, et donne la mesure relative de la proéminence du front et des mâchoires. Il n'y a que dans l'homme que la ligne faciale soit droite;

car il est le seul être où la face se trouve perpendiculairement au-dessous du crâne; aussi l'angle facial, chez lui, approche-t-il le plus de l'angle droit. Dans les animaux, au contraire, comme la face se trouve placée en avant du crâne, la ligne faciale est oblique et l'angle facial aigu.

Ces rapports augmentent de plus en plus à mesure que l'on descend dans l'échelle animale, jusqu'à ce qu'enfin l'angle se perde complétement, et que le crâne et la face se trouvent sur le même niveau et forment différents points d'une même ligne horizontale. Si l'idée de stupidité s'associe généralement à l'allongement du museau ou partie inférieure de la face, c'est que cet allongement augmente nécessairement l'obliquité de la ligne faciale et rend l'angle facial encore plus aigu. Le redressement de la ligne faciale, dans l'homme ou dans les animaux, est, au contraire, un signe d'intelligence, et prouve une sagacité supérieure : c'est que dans l'homme et dans les quadrumanes, où les sinus frontaux sont comparativement peu développés, ce redressement est ordinairement dû à la convexité du crâne et au volume du cerveau.

Nous avons réuni dans le tableau suivant les grandeurs différentes de l'angle facial dans l'homme et dans un certain nombre d'animaux :

Européen enfant.	90°	Gibbon syndactile adulte.	49°
Européen adulte.	85°	Sapajou.	65°
Européen décrépit.	75°	Guenon Talapoin.	57°
Nègre adulte.	70°	Magot.	52°
Femme boschismanne. . .	71°	Jeune mandrill.	42°
Orang-outang jeune. . . .	67°	Mandrill adulte.	35°
Orang-outang adulte. . . .	40°	Saïmiri.	66°
Chimpansé jeune.	67°	Hurleur roux.	47°
Gibbon cendré jeune. . . .	66°	Maki rouge.	34°
Gibbon cendré adulte. . .	60°	Lori paresseux.	43°

Roussette brune	28°	Sarigue	21°
Phyllostome vampire	30°	Kanguroo géant	23°
Hérisson	25°	Lièvre	30°
Ours brun des Alpes	32°	Marmotte	25°
Coati	28°	Porc-épic	23°
Loutre commune	27°	Aye-aye	44°
Putois	31°	Unau	30°
Chien doguin	35°	Pangolin	39°
Chien mâtin	41°	Babi-roussa	29°
Renard	24°	Cheval	23°
Loup	31°	Bélier	30°
Hyène	40°	Dauphin	25°
Lionne	20°	Echidné	20°
Léopard	28°	Ornithorhynque	14°
Phoque	32°		

Nous avons dit que chez plusieurs animaux la ligne faciale ne mesure pas la proéminence du cerveau, mais celle des sinus frontaux, qui dans les carnivores, plusieurs ruminants et surtout dans l'éléphant, sont assez développés pour gonfler tellement le crâne, qu'ils relèvent la ligne faciale beaucoup au delà de ce qu'exigerait la proportion du cerveau. Cela prouve que cette manière de mesurer est moins exacte que ne se l'est imaginé son inventeur, le célèbre Camper ; elle sert à démontrer d'une manière frappante et générale la grande différence caractéristique qui existe entre l'homme et quelques autres animaux, mais son utilité ne va pas plus loin.

Les marbres précieux dus au ciseau de Phidias et de Praxitèles prouvent que les Grecs comprenaient cette théorie de l'angle facial. Lorsqu'ils ont représenté des législateurs, des sages, des poëtes, auxquels ils voulaient donner un caractère auguste et vénérable, ils ont agrandi l'angle facial jusqu'à 90°, et ils ont encore augmenté ces dimensions dans leurs statues de héros et de dieux ; dans le Jupiter Olympien, par exemple, la ligne faciale est en dehors de la perpendiculaire et forme un angle de 100°.

Dans l'homme, la ligne faciale varie de 65° à 85° pour les adultes ; chez les enfants elle s'étend jusqu'à 90°. Cette preuve, à défaut d'autres, pourrait suffire à prouver que ce n'est pas d'après la ligne faciale qu'on peut absolument mesurer l'intelligence. Certains singes ont la ligne faciale aussi droite que la plupart des nègres.

Selon Camper, la mesure de l'angle facial des Grecs (100°) forme la plus noble expression du beau idéal, si toutefois ces rapports, qui, de son propre aveu même, n'ont jamais existé dans la nature, peuvent être considérés comme formant la beauté, dans l'acception propre du mot. Il est certain, dit-il, que jamais on n'a rencontré une tête pareille. Je ne comprends même pas comment il ait pu s'en trouver seulement une parmi les Grecs, car ni les Égyptiens dont ils descendent, ni les Perses, ni les Grecs eux-mêmes ne nous ont montré une semblable conformation de la tête sur leurs médailles, lorsqu'ils ont voulu donner un portrait exact et fidèle. Ainsi le modèle de la beauté antique n'a pas été pris dans la nature; il est le produit de l'imagination . c'est ce que Winkelmann et d'autres, après lui, ont appelé le *beau idéal*.

Ce qui est vrai, c'est que chaque peuple se forme une idée de la beauté, d'après les caractères qui lui sont propres. Une ligne faciale perpendiculaire était le type caractéristique de la physionomie grecque; dès lors les Grecs ont exagéré ce type dans leurs statues des dieux ou des hommes supérieurs.

Mais on peut découvrir des rapports plus importants que ceux de l'angle facial, en considérant le crâne et la face dans une coupe longitudinale et verticale de la tête. Il résulte de l'examen de ces proportions dans l'homme et dans les autres animaux que l'on n'en peut rien conclure pour le développement des manifestations instinctives. L'aire du crâne de l'homme est presque quatre fois aussi large que celle de la face ; dans l'orang-outang elle l'est trois fois ; dans les petits singes à queue prenante deux fois aussi large, et presque égale dans les carnivores, excepté les chiens à museaux courts, dans lesquels le crâne est un peu plus long que la face. Dans les lièvres et la marmotte, la face excède le crâne d'un tiers, dans le porc-épic et les ruminants, de la moitié, et de plus encore dans le genre cochon. Elle est trois fois aussi grande que le crâne dans l'hippopotame, et quatre fois dans le cheval. Il est évident que ces proportions, si on les adoptait comme des indices certains de la supériorité intellectuelle, nous conduiraient à des résultats directement contraires à la réalité. Le cheval, ce noble animal, si connu pour sa docilité et son intelligence, serait, à ce compte, inférieur au lièvre, à la marmotte, au cochon et au porc-épic, et le chien de Terre-Neuve, que sa sagacité, son courage et son attachement ont rendu célèbre, serait sur le même niveau que les carnivores les plus féroces et les singes les plus brutaux.

La face humaine et les fonctions auxquelles sont destinées ses différentes parties fournissent, bien plus que la conformation de la tête, des indications précises sur la supériorité de l'homme. Dans la bête les organes de la face ne sont que des instruments pour saisir et mâcher les aliments, ou bien ce sont des armes offensives. Chez l'homme ils indiquent dans un langage silencieux mais expressif, les sentiments, les émotions qu'il éprouve ; ils révèlent les opérations de son intelligence. La face ou plutôt le museau de la brute se compose principalement de mâchoires allongées et étroites. Le menton, les lèvres, les joues, les sourcils et le front manquent totalement ou sont très-réduits. Le nez se confond presque avec la mâchoire supérieure. Mais chez l'homme les mâchoires et les dents sont relativement très-petites et cachées par les lèvres. La bouche n'est pas grande et est incapable de servir directement et seule à la préhension des aliments; les autres parties, au contraire, le menton, les lèvres, les sourcils, etc..., sont développés et sont susceptibles d'une mobilité, d'une action qu'on ne retrouve pas chez les autres animaux; enfin le front, large et haut, surmonte tous les traits, et complète l'expression d'un être moral et intelligent. La physionomie humaine dans sa forme et son expression présente le contraste le plus frappant avec les animaux de toutes les classes, sans en excepter les tribus des anthropomorphes.

Camper avait indiqué l'absence de l'os inter-maxillaire comme un des caractères qui distinguent la tête humaine de celle des autres animaux. Les os maxillaires supérieurs dans l'homme sont, en effet, réunis ensemble, et renferment toutes les dents supérieures. Dans les autres animaux de la même classe que l'homme, les os maxillaires supérieurs sont séparés par un troisième os, qui a une forme triangulaire, et qui s'appelle os incisif, parce qu'il porte les dents incisives. Cependant, comme il se trouve aussi chez des animaux qui n'ont pas d'incisives, Blumenbach l'a appelé plus convenablement *os intermaxillaire*. L'homme ne possède rien d'analogue à cet os.

La tête de l'homme se distingue aussi de celle des autres animaux par les dents, qui sont toutes à peu près égales, et en séries uniformes, au moins chez les adultes.

Chez les animaux les dents varient beaucoup de grandeur et de longueur, suivant les genres, et sont séparées entre elles par des intervalles plus ou moins grands. L'uniformité de la longueur des dents et leur rapprochement est une particularité remarquable de l'espèce humaine. Les incisives inférieures de l'homme sont perpendiculaires et sur une ligne verticale avec le devant de la mâchoire. Dans les animaux ces dents penchent en arrière de leurs alvéoles. La mâchoire a aussi la même inclinaison, de sorte que le menton, qui est un trait si remarquable de la figure humaine, ne se trouve chez aucun animal, pas même chez l'orang-outang. Les tubercules mousses des dents sont aussi très-remarquables. Ils ne ressemblent pas à ceux des carnivores ou des herbivores, et sont en rapport avec la nourriture variée de l'homme.

Après avoir parlé brièvement des points de conformation de la tête humaine qui ont attiré l'attention des physiologistes, il nous reste à exposer les particularités qui empêchent de confondre l'homme avec les autres animaux, en ce qui concerne le cerveau.

L'immense supériorité de l'homme sur les autres animaux, sous le rapport des facultés intellectuelles, nous a conduits à rechercher quelques particularités correspondantes dans son cerveau. Nous savons que cet organe est le siége des impressions des sens et l'instrument ou l'organe de la pensée ou de la réflexion. Le grand attribut de l'esprit humain, sa qualité éminente et distinctive, c'est la *perfectibilité*. L'homme au point de vue moral est le produit de l'art et de l'éducation. A l'état sauvage, il montre souvent un état de l'intelligence qui n'est guère supérieur à ce que l'on rencontre dans d'autres animaux, dans le chien, par exemple. La science n'est donc pas innée dans son esprit; ce n'est que par l'art qu'il peut l'acquérir; plus on a donné de soins à son éducation, à la culture de son esprit, plus il approche de la perfection.

Il faut le reconnaître, toutefois, cet esprit varie infiniment, suivant les races humaines, et même chez les individus de chaque race. Naturellement stérile chez les uns, il résiste aux plus pénibles labeurs, à l'application la plus constante; tandis que chez d'autres sa richesse naturelle peut presque tenir lieu de la culture qu'on lui donne. Il y a donc deux points qui doivent frapper l'attention du physiologiste, dans l'étude de ce merveilleux organe, le cerveau :

1° Pouvons-nous découvrir dans l'aspect du cerveau des causes matérielles qui expliquent la perfectibilité, le pouvoir de l'éducation, caractères distinctifs de l'esprit humain?

2° La différence qui existe entre les hommes, sous le rapport des facultés mentales, peut-elle s'expliquer par une différence de conformation dans le cerveau de chaque individu?

Ces points dépassent les limites des connaissances humaines; et il ne nous appartient pas de formuler un jugement sur cette matière. Mais nous n'hésitons pas à déclarer que tous les efforts qu'on tentera pour mesurer la supériorité de l'homme d'après son cerveau seront toujours vains. En effet, quoiqu'il y ait dans le cerveau de l'homme quelques particularités qui le distinguent du cerveau des animaux, nous n'y voyons rien qui vienne à l'appui de cette opinion. Nous allons néanmoins maintenant exposer les observations qui ont été faites sur le cerveau, au sujet de la différence spécifique que cet organe présente chez l'homme et les autres animaux.

On a dit que le cerveau de l'homme était proportionnellement plus grand que celui d'aucun autre animal : il n'y a d'exception, selon nous, à cette loi que pour l'éléphant et quelques-uns des plus grands cétacés. Tous les autres grands animaux que nous connaissons ont le cerveau plus petit.

On s'est livré à un autre ordre de recherches : on a comparé la masse entière du cerveau avec le corps de l'homme et des animaux. En n'étudiant ainsi que les animaux domestiques et ceux qui sont le plus communs, on a pu croire que l'homme avait, de tous les êtres vivants, le cerveau le plus développé par rapport à son corps. Mais en étendant cette comparaison on a trouvé de nombreuses exceptions. Toutes choses égales d'ailleurs, le cerveau de plusieurs mammifères et de quelques oiseaux dépasse en volume celui de l'homme; mais il est très-difficile, pour ne pas dire impossible, d'établir cette proportion d'une manière comparative, parce que le poids du cerveau reste à peu près le même, pendant que celui du corps varie considérablement, et quelquefois du simple au double, selon qu'il est plus maigre ou plus gras; c'est ainsi que cette proportion a été indiquée dans le chat comme 1 à 156 par un auteur, et comme 1 à 82 par un autre.

Voici cependant un tableau de ces proportions : on y voit que, toutes choses égales d'ailleurs, les petits animaux ont proportionnellement le cerveau plus grand ;

Que l'homme n'est surpassé que par un petit nombre d'animaux, tous maigres et peu charnus, comme les mulots, les petits oiseaux, etc... ;

Que, parmi les mammifères, les rongeurs ont assez généralement le plus grand cerveau, et les pachydermes le plus petit;

Que les animaux à sang froid l'ont de beaucoup plus petit que ceux à sang chaud.

Le poids du cerveau est au poids total du corps :

Chez l'Homme, enfant	:: 1 : 22	Chez le Lapin adulte,	:: 1 : 140
le Jeune homme,	:: 1 : 25	l'Ondatra,	:: 1 : 124
l'Adulte,	:: 1 : 30	le Rat,	:: 1 : 76
le Vieillard,	:: 1 : 35	le Surmulot,	:: 1 : 130
le Gibbon,	:: 1 : 48	la Souris,	:: 1 : 43
le Saïmiri,	:: 1 : 22	le Mulot,	:: 1 : 31
le Saï,	:: 1 : 25	l'Ornithorynque,	:: 1 : 130
l'Ouïstiti,	:: 1 : 28	l'Échidné,	:: 1 : 50
le Coaïta,	:: 1 : 41	l'Éléphant,	:: 1 : 500
le Malbrouck jeune,	:: 1 : 24	le Sanglier,	:: 1 : 672
le Callitriche,	:: 1 : 41	le Verrat,	:: 1 : 412
le Mone,	:: 1 : 44	le Cochon de Siam,	:: 1 : 451
le Mangabey,	:: 1 : 48	le Cheval,	:: 1 : 400
le Macaque,	:: 1 : 96	l'Ane,	:: 1 : 254
le Magot,	:: 1 : 105	le Cerf,	:: 1 : 290
le Papion,	:: 1 : 104	le Chevreuil jeune,	:: 1 : 94
le Mococo,	:: 1 : 61	la Brebis,	:: 1 : 192
le Vari,	:: 1 : 84	le Bœuf,	:: 1 : 860
le Noctule,	:: 1 : 96	le Veau,	:: 1 : 219
la Taupe,	:: 1 : 36	le Dauphin,	:: 1 : 102
le Hérisson,	:: 1 : 168	le Marsouin,	:: 1 : 93
l'Ours,	:: 1 : 265	l'Aigle,	:: 1 : 160
le Chien,	:: 1 : 305	le Faucon,	:: 1 : 102
le Renard,	:: 1 : 205	le Merle,	:: 1 : 68
le Loup,	:: 1 : 230	l'Alouette,	:: 1 : 56
le Chat,	:: 1 : 156	la Mésange à tête bleue,	:: 1 : 12
la Panthère,	:: 1 : 247	la Mésange nonette,	:: 1 : 16
la Martre,	:: 1 : 365	le Moineau,	:: 1 : 25
le Furet,	:: 1 : 138	le Serin,	:: 1 : 14
le Dasyure Oursin,	:: 1 : 520	le Tarin,	:: 1 : 23
le Wombat,	:: 1 : 614	le Pinçon,	:: 1 : 27
le Kangourou géant,	:: 1 : 800	le Chardonneret,	:: 1 : 24
le Castor,	:: 1 : 290	la Linotte,	:: 1 : 24
le Lièvre,	:: 1 : 228		
le Lapin jeune,	:: 1 : 31		

Chez le Rouge-gorge,	:: 1 :	32
la Pic femelle,	:: 1 :	27
la Pic mâle,	:: 1 :	28
le Geai,	:: 1 :	44
le Choucas,	:: 1 :	48
la Perruche,	:: 1 :	28
le Perroquet,	:: 1 :	45
le Pigeon,	:: 1 :	91
le Coq,	:: 1 :	25
l'Autruche,	:: 1 :	1200
le Vanneau,	:: 1 :	70
le Pluvier,	:: 1 :	122
le Canard,	:: 1 :	257
l'Oie,	:: 1 :	360
la Sarcelle,	:: 1 :	74
Chez la Tortue de terre,	:: 1 :	2240
la Tortue de mer,	:: 1 :	5688
le Lézard vert,	:: 1 :	160
la Couleuvre à collier,	:: 1 :	792
la Grenouille,	:: 1 :	172
la Salamandre,	:: 1 :	380
le Requin,	:: 1 :	2496
le Squale Roussette,	:: 1 :	1344
le Thon,	:: 1 :	37440
le Brochet,	:: 1 :	1305
la Carpe,	:: 1 :	560
la Silure,	:: 1 :	1887
l'Anguille,	:: 1 :	1366

Sœmmering a examiné la grandeur relative du cerveau et de la moelle épinière, c'est-à-dire la masse entière du cerveau et des nerfs qui en dérivent.

Pour une recherche pareille il faut partager le cerveau en deux portions, l'une comprenant la partie immédiatement en rapport avec les extrémités des nerfs, où a lieu l'impression, l'autre comprenant le reste du cerveau, que l'on suppose être le siége des opérations intellectuelles. De ce point de vue l'homme semble avoir l'avantage sur les autres animaux. On n'en trouve pas un qui ait le cerveau aussi développé, si on le compare au volume que représentent les nerfs. Quoi qu'il en soit, on n'est encore arrivé sur ce point à aucun résultat exact. C'est en vain qu'on chercherait à découvrir la différence d'intelligence qui existe entre l'homme et les autres animaux; on ne parviendra jamais à soulever le voile qui nous cache les relations établies entre le cerveau et l'intelligence. Il est évident que les proportions énoncées par Sœmmering reposent sur des hypothèses; car il suppose qu'une certaine partie du cerveau est nécessaire pour faire agir une certaine portion de nerf, ce qui est inadmissible.

La comparaison du cerveau et des nerfs n'a donné jusqu'à ce jour aucun résultat satisfaisant. Pour être plus heureux à l'avenir il faudrait s'assurer des proportions relatives du cerveau, du cervelet, de la moelle allongée. Les nerfs sont presque tous en rapport direct avec ce dernier viscère, et il serait de la plus haute importance de s'assurer de sa grandeur relative. Peu de nerfs sont en rapport avec le cerveau, et aucun ne l'est directement avec cette partie que l'on appelle le cervelet. Il est sûr que les hémisphères du cerveau dans l'homme excèdent de beaucoup ceux des autres mammifères, quelle que puisse être la proportion de l'encéphale entier et du reste du corps. Un autre caractère du cerveau humain, c'est que le nombre de ses parties est plus grand et le développement de chaque partie plus complet que chez les autres animaux. L'homme a toutes les parties que l'on retrouve chez les animaux, tandis que plusieurs animaux manquent de ces parties que l'on retrouve dans l'homme, ou ne les possèdent que d'une manière incomplète. Dans le deuxième volume de ce *Traité* nous avons déjà fait remarquer la petitesse des nerfs par rapport au cerveau, et nous avons vu que le contraire a lieu en quittant l'homme et en descendant l'échelle de la création. Dans le fœtus et dans l'enfant les nerfs sont plus volumineux que chez les adultes. On n'est pas certain que chez l'homme le cerveau soit plus grand que le cervelet; mais on sait que le cerveau croît proportionnellement avec la moelle allongée et la moelle épinière.

Les circonvolutions les plus profondes et les plus nombreuses caractérisent le cerveau humain, et il offre un plus large développement de la membrane vasculaire qu'on appelle la pie-mère.

Comme le cerveau des animaux diminue de plus en plus, ces circonvolutions deviennent moins fréquentes et moins profondes. Dans beaucoup d'animaux même elles n'existent pas du tout.

D'énormes changements s'opèrent dans la totalité du cerveau humain après la naissance ; ses proportions relatives et sa texture générale varient beaucoup. Quelques auteurs croient que le progrès des facultés intellectuelles correspond à ces changements. Cette croyance n'est pas appuyée sur des preuves suffisantes, et ne peut, d'ailleurs, se concilier avec les époques auxquelles ont lieu les développements de l'intelligence humaine. On n'est pas davantage d'accord sur le moment de la vie dans lequel le cerveau humain est arrivé à son développement le plus complet. Les uns disent que c'est à trois ans qu'il cesse d'augmenter, d'autres à sept, et d'autres encore beaucoup plus tard. D'un autre côté, on a quelque raison d'admettre que l'animal est parfait dans son organisation peu de temps après sa naissance ; si cela était établi, ce caractère formerait une distinction remarquable entre l'homme et les animaux.

Distribution de l'espèce humaine sur le globe.

Dans les motifs qu'on met en avant pour distinguer l'homme de la brute, il en est un qui mérite notre attention particulière, c'est la possibilité où il est d'habiter tous les climats. D'une part, la force et la souplesse de sa constitution lui permettent de vivre au milieu des températures les plus opposées, tandis que par sa sagacité il peut découvrir les moyens de pourvoir à sa subsistance, même sur les sols les plus ingrats. Nous le trouvons près des régions polaires et sous les tropiques brûlants, sur les plus hautes montagnes et dans les profondes vallées, près des bords de la mer et dans les sables du désert. Le froid et le chaud, la sécheresse et l'humidité, toutes les variations atmosphériques lui sont indifférentes. Il est bien partout, et le climat a moins d'influence sur la production des variétés de son espèce que sur celles de toute autre. La différence de climat a bien plus de conséquence pour les animaux inférieurs. Les Groënlandais et les Esquimaux sont aussi bien à 70° qu'à 80°, et les Danois ont fondé des colonies au Groënland, à un degré tout aussi élevé. Le docteur Ackin parle de trois Russes qui ont vécu six à sept ans au Spitzberg entre 77° et 78° de latitude nord. La faculté que possède l'espèce humaine de supporter le froid a été mieux démontrée encore par les voyages qui ont été entrepris dans ces derniers temps aux régions arctiques. Tandis que le mercure du thermomètre se congelait, que les animaux qui n'étaient pas destinés à vivre dans ces climats glacés succombaient à la rigueur du froid, des voyageurs entreprenants, tels que Parry, Francklin, Gaymard et autres ont enduré toutes les rigueurs d'un hiver plus rude qu'en Sibérie. Dans un climat où l'eau de-vie se gèle dans l'intérieur des cabanes, l'Indien du Canada et l'Esquimau vont sans danger à la chasse, et l'Européen peut, en entretenant la circulation du sang par l'exercice, endurer le même froid. Les Danois ont vécu à 72° de latitude Nord, au Groënland, et les Hollandais sous Heemskirk ont passé l'hiver à la Nouvelle Zemble, à 76° de latitude Nord.

D'un autre côté, l'homme peut aussi résister à des chaleurs excessives. Malgré l'assertion de Boërhaave que la température de 35° à 40° est fatale à notre espèce, la température moyenne de Sierra-Léone est cependant de 28° centigr., et à quelque distance de la côte le thermomètre s'élève à 38° et même à 39° et 40° à l'ombre. Adanson dit qu'à l'ombre au Sénégal le thermomètre marque 42° ½ à 17° de latitude Nord. Buffon parle d'une circonstance où la température a atteint 47° ½. Il est probable que les pays situés à l'est du grand désert sont encore plus chauds que le Sénégal, à cause des vents brûlants qui y soufflent.

Il est donc prouvé que l'homme peut supporter toutes les différentes températures brûlantes ou glaciales de notre planète. Il peut aussi bien supporter la pesanteur de l'atmosphère. On a calculé qu'au niveau de la mer la pression de l'atmosphère est égale au poids de 11 mètres cubes d'eau accumulés sur la tête, en calculant la hauteur barométrique à 30 pouces. En s'élevant à une hauteur de 4 kilomètres le baromètre descend, et la pression se réduit à huit mètres cubes d'eau. Il y a d'immenses terrains en Amérique qui sont peuplés à cette hauteur. La Condamine et Bouguer vécurent trois semaines avec leur suite à 4,868 mètres au-dessus du niveau de la mer, là où la pression atmosphérique égalait seulement 5 mètres cubes d'eau. Il y a de vastes plaines au Pérou situées à 3 kilomètres de hauteur, et les provinces intérieures du Mexique, qui contiennent une superficie d'un demi-million de milles carrés, sont élevés de 2 à 3 kilomètres au-dessus du niveau de la mer.

La ville de Mexico est à 2,277 mètres au-dessus du niveau de la mer, et celle de Quito à 2,908. On a dit que le point habité le plus élevé de la terre était le hameau d'Antisana, qui est à 4,101 mètres au-dessus de la mer;

et cependant M. de Humboldt gravit le Chimboraço, à une hauteur de 6,530 mètres. Un des sommets des monts Himalaya est élevé de 7,821 mètres.

Cette faculté de pouvoir vivre sous des pressions atmosphériques si différentes est un des phénomènes les plus curieux de l'histoire physiologique de l'homme : il paraît dû en partie à son organisation physique, en partie à la puissance de ses facultés morales ; car si l'organisation de l'homme est une des conditions essentielles d'une pareille faculté, nul doute que la supériorité de son intelligence ne le développe et ne l'étende encore.

Sans doute l'art contribue beaucoup à rendre l'homme capable de supporter les changements de climat et les températures les plus opposées ; mais l'art ne suffit pas. Sans la force et la souplesse de son organisation, son espèce ne se serait pas si universellement propagée sur la terre. La plupart des sauvages chinois songent à peine à se garantir le corps, même dans les rigueurs de l'hiver. L'Indien du Canada va chasser sans crainte, au milieu des glaces, les membres et la poitrine nus. Il dort sur la neige, et souvent impunément quand le thermomètre, au lever du soleil, indique 2° au-dessus de 0. Le jeune Groënlandais s'habitue à jouer dans l'eau jusqu'à ce qu'il devienne presque un être amphibie. D'un autre côté, le nègre brave tête nue l'ardeur du soleil, et traverse sans chaussure les sables brûlants du désert. Les femmes et les enfants sur la côte de Sierra-Léone restent toujours la tête découverte, au soleil comme à la pluie.

De la nourriture de l'homme.

Les propriétés physiques et les facultés intellectuelles de l'homme lui permettent d'habiter toutes les contrées de la terre; il n'est également assujetti à aucun genre particulier de nourriture. En d'autres termes, l'homme doit être naturellement omnivore. Si les plaines de la Laponie, les rivages de la mer Glaciale, les neiges du Groënland étaient destinés par la nature à être les habitations de l'homme, comment serait-il herbivore? Il lui serait impossible de se procurer des végétaux sur une terre toujours couverte de glace et de neige.

L'usage continuel de la nourriture animale est aussi salutaire pour l'Esquimau que la nourriture variée est nécessaire à d'autres hommes. Les Russes qui habitent l'hiver la Nouvelle-Zemble doivent, pour conserver leur santé, imiter les Samoïèdes, manger de la chair crue et boire le sang du renne. Tel est le régime nécessaire à la santé dans ces régions. Le Groënlandais mange avec appétit de la baleine crue et des veaux marins presque gelés et à demi putréfiés, qui ont séjourné sous l'herbe pendant l'été et sous la neige pendant l'hiver. Ces peuples boivent aussi le sang de ces animaux, et il n'est pas de mets plus délicat pour eux qu'un hareng trempé dans de l'huile de baleine. Dans la zone torride il serait difficile de nourrir les troupeaux nécessaires à la subsistance des habitants. Des pluies périodiques, des inondations et l'action prolongée d'un soleil brûlant détruisent les pâturages. Mais la nature a remédié à cet inconvénient par la noix de coco, le plantin, le sagou et la banane, une quantité de racines et de graines nutritives. Ainsi nous voyons que la nourriture végétale est plus salutaire sous la zone torride.

La nécessité de ce régime qu'impose aux hommes l'abondance des végétaux et le petit nombre des animaux révèle une vue providentielle qui s'applique à conserver notre espèce dans les climats les plus chauds. Un régime exclusivement animal exposerait l'homme à toutes les maladies épidémiques qui naissent de la putréfaction des animaux dans les pays bas et humides. Ainsi la nature a eu soin de distribuer les animaux sur la terre pour qu'ils soient utiles à la santé de l'homme, surtout dans les pays qui, par eux-mêmes, ne sont pas propres à son développement physique et intellectuel.

Le rapport qui existe entre la nourriture de l'homme et la nature du pays et du climat qu'il habite a été peu observé; et cependant l'homme, bien qu'indépendant du climat et du sol, est dans certains cas esclave de ces conditions. Ses manifestations morales et physiques sont liées à ces influences, ainsi que cela a lieu dans les autres animaux, et quelquefois avec plus de force encore. C'est le sol qui fournit à l'homme sa nourriture, et c'est du sol aussi que viennent les exhalaisons malsaines qu'il respire dans l'air. Lorsque l'on étudie l'homme physiologiquement, il ne faut pas perdre de vue ses rapports avec la terre où il vit : sous les tropiques, l'homme, toujours exposé à de fortes chaleurs, a le tempérament nerveux, et son activité vasculaire est sans cesse fortement excitée, malgré les téguments qui mettent son corps à l'abri de l'ardeur du soleil. Cela tient à la couleur brune de l'épiderme, qui rejette promptement la chaleur superflue du corps, et à la grande activité de la transpiration, particularités qui caractérisent la peau sous les tropiques.

Ces pays, surtout ceux qui sont bas et humides, produisent une grande quantité de végétaux et un très-petit nombre des animaux qui servent à notre nourriture. Aussi les habitants, excepté ceux des régions élevées et froides, telles que l'Abyssinie, le Mexique, etc., sont-ils obligés, par la rareté des animaux, de se nourrir de végétaux, et ont-ils été conduits à des dogmes religieux qui défendent la destruction des espèces utiles. Ainsi, dans l'Afrique intertropicale, les animaux sont sacrés pour les prêtres. Dans d'autres, surtout sur la côte occidentale, l'usage de la nourriture animale est défendu. Dans l'Indoustan il n'est pas permis aux indigènes de se nourrir de chair, et la vache y est sacrée, sans doute pour empêcher la destruction d'une espèce dont le lait est si essentiel à la nourriture de l'homme.

Mais ces précautions religieuses ne sont pas seulement destinées à préserver une espèce utile, mais encore à assurer la santé de l'homme. Car cette abstinence préserve les habitants des maladies épidémiques, si communes dans ces climats, et dont cette nourriture augmenterait le danger. Les graines, les racines nourrissent leur corps sans l'exciter. Ce régime, qui ne trouble ni le sang ni les nerfs, leur donne de la force, tandis que les épices qui y naissent aussi les préservent des miasmes dont ces pays abondent.

Dans les deux Indes et dans l'Afrique intertropicale les habitants vivent de riz et de maïs. Les épices sont employées dans leurs maladies. Ces toniques les protègent contre l'action des pluies et l'invasion des animaux parasites qui les attaquent. Si les indigènes vivaient du régime animal, ils auraient les systèmes sanguin et nerveux trop excités, et seraient victimes des maladies qui infectent ces pays. Les vues providentielles qui lient les productions naturelles aux besoins de l'homme ne se montrent nulle part aussi clairement que sous les tropiques. Là, si les sources des maladies sont abondantes, elles sont du moins restreintes à celles qui viennent directement du sol et du climat : la nature en a écarté toutes les maladies qui viennent de la nourriture de l'homme. Nous croyons donc que c'est sous l'influence des lieux qu'il habite que l'homme arrête le genre de régime qui lui est le plus convenable.

Lorsqu'on considère les facultés de l'esprit et le don de la parole, on proclame l'homme l'être raisonnable par excellence; les uns pensent que la raison n'appartient qu'à l'homme ; d'autres croient que cette raison est plus ou moins répandue dans tous les êtres animés. La grande supériorité de l'homme se manifeste encore par l'empire qu'il exerce sur tout le reste de la création. Les hommes mêmes dont l'intelligence est le plus bornée possèdent un immense avantage sur l'animal, non par une supériorité de force physique, mais par une suite d'opérations systématiques que la nature n'a donné qu'à l'homme de pouvoir accomplir.

Les plus forts et les plus intelligents des animaux n'ont pas une autorité infaillible sur d'autres êtres plus faibles et moins intelligents. Les plus forts, il est vrai, font leur proie des plus faibles; mais ceci est le résultat de la nécessité et de leurs instincts carnivores ; il n'y a aucun rapprochement à faire entre cet acte et les actions régulières qui concourent chez l'homme à un but prémédité. Il n'y a rien de pareil chez les animaux. Il est donc permis de croire qu'à cet égard tous les animaux sont égaux, et qu'ils sont bien au-dessous de l'homme par l'intelligence.

Jamais les animaux n'agissent de concert, pour arriver à un but commun, de la même manière et par les mêmes principes que l'homme. Le travail en commun de certaines tribus d'insectes, et les opérations réunies du mâle et de la femelle dans les animaux plus élevés, soit pour chercher la nourriture, soit pour travailler à la propagation de leur espèce, ne révèlent que des mouvements instinctifs et presque automatiques.

Avant de terminer les généralités de l'*Espèce humaine*, et comme complément de l'étude des diverses substances dont l'homme se sert pour aliment, nous ne pouvons passer sous silence l'*anthropophagie*. Personne n'ignore l'existence de cette habitude; mais où existe-t-elle, dans quelles conditions, et sous quelles formes? Est-elle le résultat d'un instinct physique et naturel, ou bien de certains préjugés, de certaines dépravations des facultés intellectuelles ou morales? Voilà deux questions bien distinctes, que nous devons examiner successivement.

L'anthropophagie se rencontre quelquefois chez les peuples civilisés; elle n'est alors qu'une sorte de phénomène accidentel, isolé, en dehors de la civilisation elle-même, qu'une abominable exception, qui ne se rattache ni aux mœurs ni aux idées d'aucune nation ni d'aucun temps. Qui n'a lu les horribles histoires de Tantale et de Pélops, de Lycaon, d'Atrée et de Thyeste, de Gabrielle de Vergy, du sire de Coucy et de la dame de Fayel? Qui ne connaît les infortunes de ces navigateurs poussés par les intolérables souffrances de la faim à se nourrir de la chair de leurs semblables? Josèphe raconte que pendant le siége de Jérusalem par Titus une femme, nommée Marie, fille d'Éléazar, d'au delà du Jourdain, tua son fils et le dévora. L'historien arabe Abd-Allatif nous a laissé un effrayant tableau des effets d'une famine en Égypte : on s'arrachait des lambeaux de cadavres humains, on égorgeait les enfants pour s'en nourrir, et des bandes d'anthropophages s'organisèrent. Une des plus cruelles famines dont l'histoire fasse mention désola la France en l'an 1030, et dura trois ans. Les hommes allaient, pour ainsi dire, à la chasse des hommes. Ils s'attaquaient les uns les autres, non pour se voler, mais pour se manger. Un homme, près de Mâcon, qui faisait profession de loger les passants, en avait tué et mangé quarante-huit, dont on trouva les ossements dans sa maison; il fut brûlé vif à Mâcon, par ordre d'Othon, comte de la ville. Un autre fut aussi condamné au feu pour avoir exposé publiquement en vente de la chair humaine, dans le marché de Tournay. Les annales des tribunaux, les recueils de médecine rapportent aussi plusieurs cas d'antropophagie accidentelle.

Pour étudier convenablement l'anthropophagie il faut l'observer dans les lieux où elle existe comme un fait constant et habituel, où elle fait, en quelque sorte, partie des mœurs d'une nation, c'est-à-dire chez les peuples sauvages.

Les anciens nous ont laissé peu de témoignages sérieux à cet égard. Sans parler des Lestrigons, cités par Homère, les renseignements qui méritent le plus d'attention nous sont fournis par Strabon, qui s'est toujours montré si soigneux d'écarter de ses récits les fables et les traditions mensongères des autres historiens. Au rapport de Strabon, les Massagètes considéraient comme impies ceux qui mouraient de maladie, et ils les jetaient en proie aux bêtes féroces. « La plus belle mort, selon eux, lorsqu'ils touchaient à la vieillesse, c'était d'être coupés en morceaux et mangés avec des viandes de boucherie. » Les mêmes détails nous sont donnés sur ce peuple par Hérodote. Les Massagètes appartenaient aux peuples Scythiques, et leur pays était situé au nord de la partie orientale du Taurus.

Le même Strabon parle encore des Derbices, peuple compris dans la deuxième partie de l'Asie septentrionale. « Les Derbices, dit-il, adorent la terre, et n'immolent ni ne mangent les animaux femelles. Ils égorgent les vieillards qui ont passé soixante-dix ans, et ce sont les parents les plus proches qui en mangent la chair. Les vieilles femmes, ils les étranglent et les ensevelissent. Quant aux hommes qui meurent avant soixante-dix ans, ils ne les mangent point et les ensevelissent comme les femmes. »

L'anthropophagie n'était nulle part plus répandue autrefois que dans le Nouveau-Monde; il paraît même qu'elle a existé chez presque toutes les nations de l'Amérique méridionale.

Les Tapuyas, qui occupaient tout le littoral depuis le Rio de la Plata jusqu'au fleuve des Amazones, ont été visités par Barlœus, qui nous a transmis de curieux détails sur leurs usages. S'il n'est pas bien prouvé que toutes les tribus des Tapuyas fussent anthropophages, dans toute l'étendue du mot, c'est-à-dire qu'elles sacrifiassent leurs ennemis à leur vengeance, il est bien certain, du moins, que ceux du Rio-Grande dévoraient les corps de leurs guerriers après leur mort. Les chefs, dit-on, dévoraient les chefs, et les guerriers les simples guerriers. Les mères mangeaient la chair de leurs enfants morts. Les os des cadavres étaient pilés avec le maïs, et le deuil durait jusqu'à ce que le corps tout entier eût servi de nourriture. On ajoute que les cheveux mêmes étaient mêlés à du miel sauvage, et préparés ainsi pour le repas funéraire. Les vieillards recevaient la mort de leurs enfants, qui les dévoraient.

Plus tard, les Tupinambas occupèrent ces mêmes pays, et conservèrent en partie les mêmes mœurs. Hans Stade, qui fut prisonnier de ces barbares, et qui fut sur le point de devenir leur victime, Lery, le père Yves d'Évreux, Thevet et Francisco da Cunha, rapportent une foule de détails sur les horribles festins des Tupinambas, sur les préparations diverses qu'ils faisaient subir à la chair de leur victime, sur les distributions qui en étaient faites dans toutes les familles de la tribu. Tous ces documents viennent à l'appui des indications qui avaient été fournies par Améric Vespuce, lors des premiers temps de la découverte du Nouveau-Monde.

Il n'est pas sans intérêt de rapporter ici les propres paroles de Thevet, qui visita le Brésil vers le milieu du seizième siècle. Un chef sauvage, que Thevet nomme Konian-Bebe, fit devant lui une harangue qui, pendant près de deux heures, roula sur ce sujet : « J'en ai tant mangé, et de Margaias, j'ai tant occis de leurs femmes et de leurs enfants, après en avoir fait à ma volonté, que je puis, par mes faits héroïques, prendre le titre du plus grand morbicha qui fut oncque entre nous. J'ai délivré tant de peuples de la gueule de mes ennemis. Je suis grand, je suis puissant, je suis fort.... Il n'y avait, ajoute Thevet, quasi homme qui ne tremblât de l'ouïr parler avec une si grosse, hideuse et épouvantable voix, que vous n'eussiez pas quasi pu ouïr tonner. » Ce chef barbare aimait à se comparer lui-même au jaguar; et il se vantait d'avoir mangé sa part de plus de cinq mille prisonniers.

Francisco da Cunha retrace énergiquement le sentiment d'effroi que causaient jadis aux Européens les féroces Aymorès, descendants des Tapuyas, et qui occupaient les plages à demi désertes où vont se perdre le Rio-Doce et le Belmonte. « Les Aymorès, dit-il, mangent la chair humaine comme nourriture ; ce que ne font pas les autres peuples, qui ne dévorent leurs ennemis que par vengeance, à la suite de leurs combats et par ancienneté de haine. »

Les nombreuses nations du Pérou, avant l'apparition de Manco-Capac sur le plateau de Titicaca, et les Caraïbes, qui dominaient dans l'archipel des Antilles et le long des côtes, entre l'Amazone et le golfe de Maracaïbo, étaient également anthropophages. Les Mexicains dévoraient la chair des victimes humaines qu'ils sacrifiaient à leurs dieux. Maintenant encore nous retrouvons l'anthropophagie dans le haut Orénoque, chez les Manitibitanos, établis sur les bords du Rio-Négro, et les Guaïpunabis. Les Botécudos, que l'on regarde comme les descendants des Aymorès, les Purys et les Bogres, les Muras et les Mundrucus, sur les bords de l'Amazone ; quelques autres peuplades, dans la ci-devant Amérique espagnole du Sud ; les Guagivos, qui errent le long du Meta, jusqu'à son confluent avec l'Orénoque, et qui désolent les établissements colombiens : tels sont les anthropophages les mieux connus de toutes ces contrées américaines.

Il est digne toutefois de remarquer que cette affreuse coutume n'existe pas chez plusieurs tribus voisines de ces cannibales, et mêlées en quelque sorte avec eux ; qu'elle est inconnue aux nations abruties du bassin de l'Orénoque, et que les Caraïbes du continent américain, ce qui est plus notable encore, ne sont point anthropophages comme ceux des Antilles.

Il est inutile de reproduire ici la longue liste des peuples anthropophages de l'Afrique, qui habitent les côtes de la

Guinée et les diverses contrées de la Nigritie centrale et de la Nigritie australe; nous dirons seulement qu'il en est parmi eux dont les mœurs et le caractère sont très-doux, et que chez eux l'antropophagie, comme au Congo, est la conséquence des sacrifices humains. La victime est désignée longtemps d'avance, mais elle ignore le sort qui lui est réservé ; on en prend le plus grand soin, et on tâche même de l'engraisser; lorsque le moment fatal est arrivé, on la tue subitement, au milieu des fêtes et en présence du roi et de tout le peuple; son corps est coupé en quatre parties, grillé immédiatement, puis distribué aux assistants selon leur rang, pour être mangé sur-le-champ.

En Asie, les Bhinderwas, tribu indienne qui habite les montagnes d'Omerkantak dans le Gandwânâ, croient faire une action agréable à leur dieu et un acte de miséricorde envers leurs parents en les tuant et en les mangeant, lorsqu'ils sont parvenus à la vieillesse ou attaqués d'une maladie regardée comme incurable. Ce festin, dit le lieutenant Prendegast, qui visita cette peuplade en 1820, est partagé par tous les parents et amis de la victime.

C'est surtout dans l'Océanie qu'il faut chercher l'anthropophagie. Non-seulement presque tous les peuples de ce monde maritime ont été ou sont encore cannibales, mais cette coutume est établie chez plusieurs d'entre eux qui sont assez avancés dans la civilisation. On la retrouve dans la Malaisie, les naturels de l'île d'Ombay, les tribus nègres de Timor, les Dayacks de Bornéo, et les Bathas de Sumatra. Ces derniers, particulièrement, offrent un mélange extraordinaire de douceur et de culture intellectuelle avec les usages les plus barbares. C'est par respect pour les lois et les institutions de leurs ancêtres que les Battas sont anthropophages. Ces lois condamnent à être mangés vivants les adultères, les voleurs de nuit, les prisonniers faits dans une guerre importante, ceux enfin qui, étant d'une même tribu, se marient ensemble et sont supposés, par conséquent, descendre des mêmes père et mère. La chair du criminel est mangée tantôt crue, tantôt grillée, assaisonnée de sel, de poivre, de citron, quelquefois avec du riz, et jamais ailleurs que sur le lieu du supplice. La chair humaine est défendue aux femmes; elles savent pourtant s'en procurer quelques morceaux à la dérobée. On a calculé que le nombre moyen des individus mangés, en temps de paix, était de 60 à 100 par chaque année.

Les Célébiens et même les Javanais, selon M. Crawfurd, mangent quelquefois le cœur de leurs ennemis. Dans l'Océanie centrale, on retrouve l'anthropophagie parmi les naturels les plus sauvages du Port-Western, dans le voisinage des montagnes Bleues; on la rencontre surtout dans la Nouvelle-Zélande, et chez les tribus noires de la Nouvelle-Calédonie. Dans la Polynésie, les naturels des îles Viti, ou Fidji, de Noukahiwa, et les Marquises; ceux de l'archipel des Carolines, ceux même de l'archipel de Tonga et des îles Pelew, si vantés pour leur douceur, sont plus ou moins anthropophages. M. Jules de Blosseville a constaté que l'anthropophagie avait existé autrefois jusque dans les îles de la Société.

Tous les peuples anthropophages n'estiment pas au même degré le goût de la chair humaine. Au rapport des anciens voyageurs que nous avons cités plus haut, quelques-uns des Tupinambas du Brésil convenaient que souvent leur estomac était contraint de rejeter cette horrible nourriture. Les Zélandais, au contraire, la trouvent excellente. Suivant eux, la chair de l'homme a le même goût que celle du cochon, mais est préférable. Taouaï, chef Zélandais, à demi civilisé par un long séjour chez les Anglais, tout en reconnaissant que l'anthropophagie était une mauvaise action, avouait cependant qu'il avait toujours trouvé le plus grand plaisir à manger la chair de ses ennemis, et qu'il regrettait vivement, malgré lui, d'être privé depuis longtemps de cette jouissance. Au moment même où ce chef barbare exprimait un tel désir, il était assis à une table sur laquelle étaient abondamment servis des mets excellents.

Simon de Vasconcellos, jésuite portugais, raconte dans les Chroniques de la Société des jésuites au Brésil, qu'il assistait un jour une vieille femme brésilienne convertie au christianisme, et près de mourir. Il lui offrait du sucre et diverses choses délicates : « Je n'aurais qu'un désir, répondit-elle, ce serait de grignoter les petits os de la main d'un enfant. »

En général, les anthropophages du Brésil préfèrent la chair des femmes et celle des enfants. Dans d'autres pays, au contraire, en Malaisie, par exemple, et dans quelques parties aussi de la Nouvelle-Zélande, ils aiment mieux celle d'un homme de cinquante ans ou d'un vieillard. Les Zélandais, qui ont une aversion marquée pour nos viandes salées, prétendent que la chair des Européens est désagréable, parce qu'ils mangent trop de sel ; la chair des Zélandais leur paraît meilleure. Selon les lieux et les mœurs, on dévore telle partie du corps plutôt que telle autre ; ici la cervelle, là le cœur, ailleurs l'œil gauche ; dans d'autres pays la chair musculaire est surtout fort recherchée. Les os sont quelquefois broyés et leur poussière mêlée à d'autres aliments ; mais le plus ordinairement ils sont réservés, et servent à faire divers ustensiles, des flûtes surtout et des instruments de musique. M. Bennett, ayant rencontré dans la Nouvelle Zélande un amas d'ossements humains, demandait à un chef zélandais si ces os appartenaient à des hommes qui eussent été dévorés. Celui-ci affirma qu'il était sûr du contraire ; car dans ce cas les os ne fussent point restés en place, et on eût enlevé les mâchoires inférieures pour en faire des crochets. On sait enfin que les sauvages des divers pays, et particulièrement de l'Océanie, gardent les têtes de leurs ennemis, après les avoir dévorés, qu'ils sont très-habiles à préparer ces têtes de manière à les conserver longtemps, et que souvent ils les vendent plus tard à des Européens. La chair humaine est mangée quelquefois crue, quelquefois grillée ou cuite par divers procédés.

Lorsque les Zélandais tuent un homme dans le combat, ils s'élancent sur lui et lui déchirent la gorge avec les dents, afin de boire un peu de son sang avant qu'il soit tout à fait mort. Les anciens sauvages du Brésil préparaient très-grossièrement les morceaux de chair qu'ils voulaient dévorer; de là l'explication toute naturelle des difficultés qu'ils éprouvaient à les digérer, et qui ne peut tenir à la nature même de la chair humaine. Ellis (*Recherches sur la Polynésie*) dit avoir vu un guerrier, poussé par un sentiment de vengeance, manger trois ou quatre bouchées de la chair d'un ennemi vaincu.

Les habitants des îles Viti et les Zélandais coupent ordinairement les parties du corps en plusieurs morceaux, dont ils séparent les os, et les font cuire au feu après les avoir entourés de feuilles, et disposés sur une espèce de gril en bois, désigné sous le nom de boucan. D'autres fois on creuse une fosse, on la garnit de larges feuilles sur lesquelles on place des morceaux de chair ; puis on les recouvre d'autres feuilles et de terre, et le feu qu'on allume au-dessus leur donne un degré de cuisson remarquable.

Ce procédé est, du reste, celui qu'ils emploient pour la préparation de toutes les chairs animales.

Maintenant, l'anthropophagie est-elle le résultat d'un instinct physique et naturel, ou bien de certains préjugés, de certaines dépravations des facultés intellectuelles et morales. Nous remarquerons d'abord que cette coutume, bien qu'elle ait existé, suivant Hérodote et Strabon, chez les Massagètes et les Derbices, peuples à peu près septentrionaux, n'a guère été observée dans le nord, et que rien n'annonce qu'elle ait appartenu en aucun temps à la race qu'on est convenu d'appeler Caucasique. Toutefois, nous savons que les Scandinaves, enfants d'Odin, buvaient la cervoise et l'hydromel dans le crâne de leurs ennemis morts. Les sacrifices humains, si fréquents chez tous les peuples anthropophages, et qui sont suivis presque partout de l'anthropophagie, se sont longtemps conservés parmi les nations les plus avancées en civilisation, tels que les Égyptiens, les Indiens, les Carthaginois, les Grecs et les Romains, du temps même de l'empereur Claude. On les retrouvait dans la Gaule et la Germanie. Qui n'a entendu parler des Ogres, si célèbres dans nos vieux romanciers !

Il est donc permis de croire, par une sorte d'induction assez légitime, que l'anthropophagie a pu exister aussi originairement chez ces divers peuples, et que si l'histoire n'en fait aucune mention, c'est qu'elle ne remonte point jusqu'aux époques primitives de leur existence. Il est vrai de dire, néanmoins, qu'un certain nombre de tribus américaines et indiennes, arrêtées encore à ce même état d'enfance que nous avons remarqué chez les sauvages océaniens, ne laissent voir aucun exemple ni aucune trace de cette horrible coutume. Comment donc concilier ces trois grands faits, en apparence contradictoires : l'existence de l'anthropophagie dans la plupart des contrées étrangères à la civilisation, son absence dans quelques autres, et cette horreur qu'inspire partout à l'homme civilisé la seule idée d'une telle nourriture, horreur si profonde, si invincible, qu'elle semble tenir à une sorte de sentiment originel inhérent à notre nature ?

Il faut le reconnaître, l'homme à l'état sauvage n'est qu'un homme incomplet et inachevé. La persistance de certains appétits, et leur association aux idées grossières et aux passions féroces qui les entretiennent, attestent seulement que la partie intellectuelle et morale de cet homme est encore arrêtée dans son développement; de telle sorte que ce n'est point véritablement à l'homme lui-même qu'il faut attribuer ces actes barbares, puisque l'homme porte en lui les instincts sociaux et les facultés morales qui doivent inévitablement l'en détourner plus tard. Dire que l'anthropophagie est un des caractères distinctifs de l'espèce humaine, comme l'ont osé affirmer certains auteurs, n'est-ce pas mutiler sa nature, et lui retrancher ce qui en est l'attribut essentiel ? Si un peuple civilisé restait anthropophage, il serait dans l'ordre de la société ce que sont les monstres dans l'ordre physique.

M. de Humboldt, dont l'autorité est si grande, dit en propres termes, en parlant des sauvages américains : « L'anthropophagie n'est parmi ces peuples que l'effet d'un système de vengeance; ils ne mangent que des ennemis faits prisonniers dans un combat; les exemples où, par un raffinement de cruauté, l'Indien mange ses parents les plus proches, sa femme, une maîtresse devenue infidèle, sont extrêmement rares. » Ellis prétend que les seules causes de l'anthropophagie, quelque part qu'on l'observe, sont la superstition et la vengeance. Telle est aussi l'opinion du prince Maximilien de Neuwied, cet excellent observateur, de M. d'Urville, de M. Gaimard et de la plupart des navigateurs. Il est incontestable que l'amour de la vengeance, si violent chez ces hommes barbares, est le principal motif de l'anthropophagie. Cependant, cette coutume est presque toujours liée à quelque superstition religieuse. Les uns dévorent leurs chefs pour donner à leur corps une noble sépulture; d'autres mangent l'œil seulement, s'imaginant qu'ils s'incorporent ainsi la faculté de guérir les maladies; d'autres croient que chaque homme a son *atoua*, ou son dieu, et que s'ils mangent leur ennemi, surtout s'ils boivent une partie de son sang avant qu'il soit tout à fait mort, ils s'assimileront son *atoua* et accroîtront ainsi leur puissance. Plusieurs supposant que l'œil gauche, après la mort, monte au ciel et devient une étoile, mangent l'œil gauche de leur ennemi, et pensent ajouter ainsi à leur gloire et à l'éclat qu'aura leur œil gauche lorsqu'ils seront morts.

Nulle part la faim ou le défaut de subsistance n'ont donné lieu à l'anthropophagie; nulle part la chair humaine n'a été considérée simplement comme un aliment semblable ou analogue aux autres; nulle part cette coutume n'a été détruite que par la destruction des idées ou des passions qui lui avaient donné naissance. D'où il suit évidemment que l'anthropophagie est un fait qui tient à une dépravation morale plutôt qu'à un instinct physique.

Pour compléter ces observations sur cette matière, disons aussi quelques mots de ces cas extraordinaires d'anthropophagie qui s'observent de loin en loin dans nos pays civilisés, et dont les récits jettent l'épouvante et l'horreur dans la société.

Certains hommes sont saisis tout à coup d'une affreuse manie : ils tuent et dévorent leurs semblables. Plusieurs faits de ce genre ont été recueillis par le professeur Chr. Grüner, d'Iéna. Des femmes enceintes éprouvent le même désir. Enfin, cette passion semble quelquefois se perpétuer dans une famille, et se transmettre héréditairement, comme une disposition physique ou morale, des pères à leurs enfants.

Accroissement du corps.

Nous avons vu dans le deuxième volume les lois de l'assimilation des matériaux nutritifs ; nous avons maintenant à examiner le fait de l'accroissement du corps de l'homme par le mouvement de composition et de décomposition des fonctions nutritives.

La lenteur de notre croissance paraît due au grand développement que prend d'abord notre système nerveux, (tous les animaux devenant d'autant plus tôt adultes qu'ils ont un plus petit cerveau).....

L'expérience a fait connaître que l'homme, plus encore que les mammifères, pouvait vivre six à sept fois le temps qu'il mettait à s'accroître jusqu'à la puberté. Comme il devient pubère vers l'âge de quatorze ans environ, sa vie peut s'étendre jusqu'à cent ans et bien au delà...

Sur neuf cents millions d'hommes que peut nourrir notre globe il en est à peine quelques milliers de riches et d'heureux, tandis que tout le reste croupit dans l'infortune et se nourrit du pain de l'affliction...

Paracelse promet l'âge de *Mathusalem* à quiconque

prend de ses arcanes (*Aurora Medicinæ*, liv. IV, cap. IV), et il succomba sous la crapule, dans un cabaret, à quarante-sept ans.

L'unique source de toute longévité ne saurait donc être que la modération et l'égalité du moral comme celle du physique, dans le régime, etc... *Medium tenuere beati, medio tutissimus ibis : quidquid excedit modum pendet instabili loco*...... Il y a des familles de centenaires, tandis que plusieurs autres ont la vie fort courte, comme les Turgot, qui ne passaient pas la cinquantaine. Dans la famille de Thomas Parr, au contraire, on avait observé quatre générations d'hommes de cent douze à cent vingt-quatre ans ; on en cite de semblables en Pologne, en Angleterre, en Suisse. Joseph Surrington, mort en 1797, en Norwége, à l'âge de cent soixante ans, laissa un fils âgé de cent trois ans.

Les personnes naturellement fort grasses ne jouissent pas d'une longue vie. (Hipp. *Aph.* 44, sect. 11.)

Une voix grave ou mâle, une tête forte, sans être trop volumineuse ni sur un cou trop court, un corps velu, caractère d'une virilité vigoureuse, annoncent encore la longue vie, pourvu qu'on n'en abuse pas.

Il y a telle infirmité, telle maladie, qui conservent et la santé et la longévité, en délivrant de toute autre affection.

Stahl et d'autres médecins allemands (Alberti, *Dissertat. de Hæmorr. longevitatæ causa*) regardent le flux hémorroïdal comme le régulateur de la santé et le prolongateur des jours. Boërhaave avait la même confiance dans la fièvre quarte.

Aucun homme eunuque, dont on ait connaissance, n'a passé l'âge de cinquante à soixante ans. Toute énervation, toute complexion trop lymphatique alourdit la marche de l'organisme et entraîne sa destruction.

D'après les âges historiques qui ont succédé aux temps fabuleux, la vie humaine ordinaire semble avoir toujours été évaluée de soixante-dix à quatre-vingts ans, en général, par toute la terre. Sans rappeler les immenses calculs faits en diverses contrées, nous nous bornerons aux résultats les mieux constatés et les plus récents. Sussmilch calcule qu'en Angleterre, en France et dans d'autres régions circonvoisines de l'Allemagne, il meurt 1 personne sur 24 par an. Il trouvait que sur 1,000 personnes une seule arrivait à quatre-vingt-dix-sept ans, et qu'il en fallait 1,400 pour y rencontrer un centenaire. A Londres, sur 21,000 morts environ chaque année pendant les vingt-cinq dernières années, on trouvait de 2 à 6 ou même davantage de centenaires.

A Paris, sur 21,382 décès, en 1834, il se trouvait 9 personnes de quatre-vingt-quinze à cent ans; il n'en parut que 2 sur 19,800 en 1835, et 6 sur 21,549 en 1836 : ce n'est pas un centenaire sur 3,000. Il est très-remarquable que parmi ces grands âges les femmes y soient presque toujours deux à trois fois plus fréquentes que les hommes; c'est qu'elles ont une existence sans doute plus ménagée. Il y a moins de centenaires dans les pays de hautes montagnes, comme en Suisse, où se trouvent pourtant beaucoup de vieillards, moins avancés en âge; mais l'air trop vif y fait succomber les plus âgés par des maladies de poitrine.

Sur 100 personnes 6 seulement passent l'âge de soixante ans. D'Après la comparaison de plusieurs tables de mortalité de *Dupré de Saint-Maur*, dans des villages de la Bourgogne, on voit que le quart des enfants d'un an périt avant l'âge de cinq années révolues, le tiers de la population avant dix ans révolus, la moitié avant trente-cinq ans révolus, les deux tiers avant cinquante-deux ans révolus, et les trois quarts avant soixante et un ans révolus.

A Paris, où il naît à peu près chaque année vingt mille enfants, la moitié de ce nombre seulement parvient à vingt ans, et un tiers à peine, ou six mille huit cents, atteignent l'âge de quarante-cinq ans. Il périt près du quart des enfants pendant la première année, en comptant l'effet de la petite vérole et les enfants trouvés qui succombent dans les hôpitaux; il n'en parvient pas un tiers à l'âge de deux ans : toutefois, cette mortalité effrayante diminue aujourd'hui, tant par les bienfaits de la vaccine que par les soins donnés actuellement par les administrateurs des établissements de charité.

Dans les campagnes et les petites villes, où l'existence court moins de risques, la vie moyenne d'un enfant d'un an est de trente-trois ans, car il peut raisonnablement espérer atteindre cet âge. A vingt ans le jeune homme peut, avec probabilité, compter sur la même durée de trente-trois ans. A soixante-six ans un homme a tout autant de chances de vie et de mort que l'enfant qui vient de naître : de même, dit Buffon, un homme âgé de cinquante et un ans, ayant encore seize années d'espérance, il y a deux à parier contre un que son fils qui vient de naître ne lui survivra pas : il y a trois contre un pour un homme de trente-six ans, et quatre contre un pour un homme de vingt-deux ans; un père de cet âge pouvant espérer avec autant de fondement trente-deux ans de vie pour lui que huit pour son fils nouveau-né.

Certains âges compromettent plus l'existence que d'autres : ainsi les révolutions qu'éprouve le corps dans son accroissement ou ses périodes le mettent souvent en danger de périr : par exemple, l'âge de la première dentition, fatal à tous les mammifères, l'est aussi à l'enfance de l'homme vers deux ans; la seconde dentition à sept ans, la puberté entre douze et quinze pour les filles et les garçons, l'éruption de la barbe et la formation complète du corps vers vingt et un ans ; l'âge de la force, de vingt-huit à trente-cinq ans, est, comme la période précédente, un temps sujet aux affections aiguës, soit de poumon, soit d'autres organes; enfin le commencement de la décroissance vers quarante-deux ans, le temps critique chez les femmes de quarante-cinq à cinquante ans; la perte de la faculté générative dans la plupart des hommes de soixante à soixante-cinq ans.

L'âge de dix ans, également éloigné de deux époques septénaires de révolution est le plus sain de l'adolescence : il n'y meurt guère qu'un individu sur 130; mais à quarante ans il périt un individu sur 53 ; les proportions sont bien plus fortes encore à mesure qu'on avance en âge.

Après le temps critique la femme a plus d'espérance de vie que l'homme; et l'on voit un plus grand nombre de vieilles femmes que de vieux hommes. Toutefois, dans les âges extraordinairement avancés, après cent ans, on rencontre plus d'hommes que de femmes.

On observe encore que les femmes célibataires ou les religieuses sont plus exposées à la mort que les hommes célibataires. En général, dans nos climats, on compte un mort sur 32 à 35 vivants : ainsi en multipliant le nombre des morts d'un pays quelconque de l'Europe par 32 ou 35, on a le total de la population à peu près exactement; en observant que la mortalité est plus considérable à Paris et dans toutes les grandes villes que dans les villages et les bourgs.

Prenez mille enfants à leur naissance ; à peine ont-ils vu la lumière, qu'il en périt vingt-trois ; la dentition en emporte plus de cinquante, et les convulsions, les vers, les coliques du premier âge en enlèvent plus du quart ou deux cent soixante-dix-sept ; la petite vérole en fait mourir au moins quatre-vingts, la rougeole sept ; ajoutons que les accouchements difficiles coûtent la vie à environ huit femmes.

La phthisie et l'asthme moissonnent en Angleterre près du cinquième de la population, ou 191 sur 1,000 personnes. Les affections inflammatoires frappent de mort plus du septième, ou 150 sur 1,000. *Graünt* pense que des fièvres aiguës détruisent deux neuvièmes de la population, et les maladies chroniques $\frac{70}{229}$.

Les Allemands, les Polonais, les Hollandais ne sont si souvent malades que par leurs abus de régime et les ingurgitations perpétuelles de chair et de boisson, qui surchargent leur estomac :

Pone gulæ metas, et erit tibi longior ætas.

Les lieux montagneux du nord de l'Europe et de l'Asie semblent être la patrie de la longévité. On remarque que presque tous les Islandais arrivent à une extrême vieillesse, de même que les *Finlandais*. Les gazettes de 1833, de 1835 et de 1837, ont cité de nombreux exemples de vieillards de cent vingt-cinq, de cent trente, de cent trente-cinq, de cent quarante-cinq, et même un de cent cinquante ans, observé en Russie.

Les journaux espagnols viennent de nous faire connaître deux exemples très-remarquables de longévité.

L'un est relatif à une négresse libre de la Havane, qui est morte à l'âge de cent vingt-cinq ans, et qui laisse une fille de quatre-vingt-dix-neuf ans. Jusqu'à la fin elle avait conservé l'usage de ses facultés, lisant, écrivant et enfilant son aiguille sans lunettes. L'autre a trait à une femme de Cruz de Pontévedra, morte âgée de cent neuf ans.

Si des statures très-élevées et fluettes sont défavorables à la longévité, des statures trop ramassées et rabougries ne lui sont pas moins contraires. Cependant un corps plutôt court que trop haut, plutôt sec que trop gras, plutôt musculeux et solide que mou, une poitrine large, sont plus convenables au prolongement de l'existence que d'autres complexions.

Fontenelle disait que pour vivre sain et longuement il fallait avoir *bon estomac et mauvais cœur* ; on comprend que nous n'aurions pas rappelé cet étrange axiome, s'il n'était devenu célèbre par le nom de son auteur.

D'après des recensements faits avec le plus grand soin de l'âge auquel sont morts un grand nombre d'individus, et la comparaison du nombre des décès avec celui des naissances, on est parvenu à constater que le quart environ des enfants meurt dans les premiers onze mois de la vie; le tiers avant vingt-trois mois; la moitié à peu près avant d'avoir atteint l'âge de huit ans. Les deux tiers du genre humain périssent avant la trente-neuvième année; les trois quarts avant la cinquante-unième; en sorte que, comme l'observe Buffon, de neuf enfants qui naissent un seul arrive à soixante-dix ans; de vingt-trois un seul à quatre-vingts ans; tandis que sur 29 un seul se traîne jusqu'à quatre-vingt-dix.

TABLE DES PROBABILITÉS DE LA DURÉE DE LA VIE.

AGE.	DURÉE de la vie.		AGE.	DURÉE de la vie.		AGE.	DURÉE de la vie.	
ans.	ann.	mois.	ans.	ann.	mois.	ans.	ann.	mois.
0	8	0	29	28	6	58	12	3
1	33	0	30	28	0	59	11	8
2	38	0	31	27	6	60	11	1
3	40	0	32	26	11	61	10	6
4	41	0	33	26	3	62	10	0
5	41	6	34	25	7	63	9	6
6	42	0	35	25	0	64	9	0
7	42	3	36	24	5	65	8	6
8	41	6	37	23	10	66	8	0
9	40	10	38	23	3	67	7	6
10	40	2	39	22	8	68	7	0
11	39	6	40	22	1	69	6	7
12	38	9	41	21	6	70	6	2
13	38	1	42	20	11	71	5	8
14	37	5	43	20	4	72	5	4
15	36	9	44	19	9	73	5	0
16	36	0	45	19	3	74	4	9
17	35	4	46	18	9	75	4	6
18	34	8	47	18	2	76	4	3
19	34	0	48	17	8	77	4	1
20	33	5	49	17	2	78	3	11
21	32	11	50	16	7	79	3	9
22	32	4	51	16	0	80	3	7
23	31	10	52	15	6	81	3	5
24	31	3	53	15	0	82	3	3
25	30	9	54	14	6	83	3	2
26	30	2	55	14	0	84	3	1
27	29	7	56	13	5	85	3	0
28	29	0	57	12	10			

Il résulte de ce calcul, qui repose sur des éléments recueillis avec le plus grand soin, qu'on peut espérer raisonnablement, c'est-à-dire parier un contre un, qu'un enfant qui vient de naître, ou qui a zéro d'âge, vivra huit ans; qu'un enfant qui a déjà vécu un an, ou qui a un an d'âge, vivra encore trente-trois ans; qu'un enfant de deux ans révolus vivra encore trente-huit ans; qu'un homme de vingt ans révolus vivra encore trente-trois ans cinq mois; qu'un homme de trente ans vivra encore vingt-huit ans; et ainsi de tous les autres âges.

Buffon fait encore remarquer 1° que l'âge auquel on peut espérer une plus longue durée de vie est l'âge de sept ans, puisqu'on peut parier un contre un qu'un enfant de cet âge vivra encore quarante-deux ans trois mois; 2° qu'à l'âge de douze ans on a vécu le quart de sa vie, puisqu'on ne peut légitimement espérer que trente-huit ou trente-neuf ans de plus; de même qu'à l'âge de vingt-huit ou vingt-neuf ans on a vécu la moitié de sa vie, puisqu'on n'a plus que vingt-huit ans à vivre; et enfin qu'avant cinquante ans on a vécu les trois quarts de sa vie, puisqu'on n'a plus que seize ou dix-sept ans à espérer. Mais ces vérités physiques, si mortifiantes en elles-mêmes, peuvent se compenser par des considérations morales; un homme doit regarder comme nulles les quinze premières années de sa vie; tout ce qui lui est arrivé, tout ce qui s'est passé dans ce long intervalle de temps, est effacé de sa mémoire, ou du moins a si peu de rapport avec les objets et les choses qui l'ont occupé depuis, qu'il ne s'y intéresse en aucune façon; ce n'est pas la même succession d'idées, ni, pour ainsi dire, la même vie. Nous ne commençons à vivre moralement que quand nous commençons à ordonner nos pensées, à les tourner vers un certain avenir, et à prendre une espèce de consistance, un état relatif à ce que nous devons être dans la suite. En considérant la durée de la vie sous ce point de vue, qui est le plus réel, on trouve dans la table ci-contre qu'à l'âge de vingt-cinq ans on n'a vécu que le quart de sa vie, qu'à l'âge de trente-huit ans on n'a vécu que la moitié, et que ce n'est qu'à l'âge de cinquante-six ans qu'on a vécu les trois quarts de sa vie.

Le terme moyen de la vie est de huit ans dans un enfant qui vient de naître ; à mesure qu'il avance en âge son existence devient plus assurée, et lorsqu'il a passé sa première année il peut raisonnablement espérer de vivre jusqu'à la trente-troisième année. La vie s'affermit de plus en plus jusqu'à sept ans, âge auquel l'enfant qui a résisté aux orages de sa première dentition peut compter sur quarante-deux ans et trois mois de vie. Après cette époque la somme des probabilités, jusqu'alors graduellement accrue, éprouve une diminution progressivement décroissante, en sorte que l'enfant qui a atteint sa quatorzième année ne doit plus espérer que trente-sept années et cinq mois, l'homme de trente ans, vingt-huit ans encore, et enfin celui de quatre-vingt-quatre ans trois années. De la quatre-vingt-cinquième à la quatre-vingt-dixième la probabilité reste stationnaire ; mais passé ce temps l'existence est on ne peut plus précaire, et se traîne péniblement jusqu'à sa fin.

Dans les recherches qui ont eu pour objet la connaissance exacte de tous les éléments de la population, on a presque toujours considéré celle-ci dans l'état constant où elle est maintenue par la seule compensation des naissances et des décès. Fourier s'est proposé d'appliquer les théories mathématiques à la détermination de tous les éléments de la population d'un pays où elle est en partie formée d'un grand nombre d'hommes qui n'y ont pas pris naissance. Il a trouvé, par des observations faites en France pendant trente années, que la durée moyenne de la vie, ou la somme des âges au jour du décès divisée par le nombre de ces décès, est de vingt-huit ans et demi. La vie probable, à partir des divers âges, augmente d'abord très-rapidement avec l'âge du nouveau-né : elle diminue ensuite continuellement. Il en est de même de la durée moyenne.

L'âge moyen, ou la somme des âges de tous les habitants divisée par leur nombre, est d'environ vingt-neuf ans.

L'âge probable, ou celui qui est tel qu'une moitié des vivants a un âge supérieur et l'autre un âge inférieur, a pour valeur approchée vingt-cinq ans et demi.

La durée moyenne des générations est plus difficile à estimer. Elle dépend en grande partie de l'âge moyen des mariages. En Grèce les hommes ne pouvaient se marier qu'à trente ans : cette durée était évaluée à trente-trois ans et un tiers ; elle ne peut s'appliquer à d'autres pays. Dans nos climats elle paraît différer peu de trente et un ans.

Pour mesurer l'effet de la mortalité aux divers âges on compare le nombre total des personnes qui ont un âge donné au nombre des personnes qui meurent à cet âge. Le rapport varie pour les différents âges ; mais il n'est point indiqué. Un résultat important du travail de M. Fourier, c'est que la valeur de la durée moyenne de la vie ne dépend point, comme plusieurs auteurs politiques l'ont pensé, des nombres respectifs des naissances et des décès.

Stature humaine.

Quelques naturalistes ont étudié les lois que suivent les variations de la taille humaine, d'après les différentes races, l'état de civilisation, le climat et l'époque.

M. Quételet s'est livré à des recherches très-curieuses à ce sujet ; nous allons les exposer dans leurs principaux résultats.

La taille de l'enfant qui vient de naître varie de 433 à 500 mm. D'après les tableaux qui représentent la hauteur successive du corps aux différents âges, on voit que la croissance la plus rapide a lieu immédiatement après la naissance, et elle est pendant la première année de 2 décimètres, environ d'un sixième de sa croissance totale. Sa taille est alors un peu moins des deux tiers de sa taille totale. La croissance est de $0^{m}1$ pendant la deuxième année. A deux ans neuf mois environ il a déjà la moitié de sa taille à l'âge d'adulte. Pendant cette troisième année la croissance n'est guère qu'un tiers de ce qu'elle était pendant la première, et jusqu'à l'âge de quatre ou cinq ans la rapidité de la croissance diminue toujours de plus en plus ; mais à partir de cette époque jusqu'à l'âge de puberté elle se fait à peu près d'une manière uniforme. Cet accroissement n'est plus alors que de 56^{mm}. par an, ou un vingtième de l'accroissement total. Après l'âge de la puberté la taille continue encore à croître, mais assez faiblement. Ainsi à seize ou dix-sept ans, elle n'augmente plus que d'environ $0^{m}4$, et dans les deux années suivantes elle ne croît que de 2 centimètres ½ seulement. Enfin, à vingt-cinq ans, la croissance totale de l'homme ne paraît pas être entièrement achevée, mais elle est si insensible que l'on pense qu'elle est arrivée à son terme.

Si l'on représente l'accroissement de l'homme dès la vie totale par une courbe dans laquelle l'âge du fœtus soit l'abscisse, et la taille l'ordonnée, on trouve que pendant les premiers mois après la conception la courbe se rapproche considérablement de la verticale, ce qui indique que son accroissement est extrêmement rapide ; en effet avant le quatrième mois il a déjà plus de la moitié de sa grandeur au moment de la naissance, et pendant les derniers mois qui la précèdent il croît plus que pendant une année à l'âge de six ou sept ans.

Chez les femmes les lois de la croissance ne sont pas tout à fait les mêmes. Elles sont ordinairement plus petites que chez l'homme : 1° parce qu'elles naissent plus petites de 5 centimètres; 2° leur développement est plus lent; 3° il s'arrête plus tôt.

Les filles en naissant ont 49 centimètres et les garçons 54. Cette différence se retrouve dans les âges suivants et même en croissant, car de cinq à quinze ans la croissance annuelle est de 56mm. pour les garçons et 52 pour les filles; mais quoique la croissance réelle des filles soit moins grande que celle des garçons, cependant leur accroissement relatif est plus rapide, puisqu'à deux ans et quelques semaines elles ont déjà la moitié de la taille qu'elles devaient avoir, et qu'à seize ans leur accroissement est presque aussi avancé que celui des garçons l'est à dix-huit.

Voici le tableau que M. Quételet a dressé de la taille aux différents âges :

Ages.	Hommes.	Femmes.	Ages.	Hommes.	Femmes.
Naissance.	0,500	0,490	11	1,330	1,299
1 an.	0,698	0,690	12	1,385	1,353
2	0,691	0,681	13	1,439	1,405
3	0,764	0,752	14	1,493	1,453
4	0,828	0,915	15	1,546	1,499
5	0,998	0,974	16	1,594	1,535
6	1,047	1,030	17	1,634	1,555
7	1,105	1,036	18	1,658	1,564
8	1,162	1,141	19	1,669	1,569
9	1,219	1,195	25	1,680	1,572
10	1,275	1,248	30	1,684	1,579

Enfin il résulte des mêmes recherches qu'à l'âge adulte la taille de la femme est moyennement d'un sixième moins élevée que celle de l'homme.

Du reste, la loi de croissance de l'homme est loin de nous être connue d'une manière assez générale ; il est une foule de circonstances qui viennent influer plus ou moins sur ce phénomène, et jusqu'à ce que la statistique nous ait fourni les documents nécessaires pour connaître et mesurer ces causes de perturbations, nous ne pouvons avoir à ce sujet aucune idée juste et positive.

Les principales causes sont l'influence des différents climats, de l'éducation physique et la différence de fortune, qui donne le bien-être.

Il paraît que la taille s'arrête plus tôt dans les pays très-froids et dans les pays très-chauds que dans ceux où la température est modérée.

Les observations pleines d'intérêt de M. Villermé montrent que dans les villes le terme de l'accroissement de l'homme arrive plus tôt que dans les campagnes, et de même dans les plaines basses plutôt que sur les hautes montagnes. Enfin la misère et la fatigue tendent aussi d'une manière puissante à retarder le développement complet des corps.

Quant à la taille de l'homme adulte, elle varie suivant les races et les conditions dans lesquelles il est placé. La richesse et la pauvreté paraissent exercer une influence également très-grande sur la hauteur définitive de l'homme.

On peut établir en principe que la taille de l'homme devient d'autant plus élevée et que la croissance s'achève d'autant plus vite que, toutes choses égales d'ailleurs, le pays où il vit est plus riche, et que les peines et les privations qu'il éprouve pendant son enfance sont moins grandes. Il en est de même pour les vices de conformation, les maladies et la mortalité. En voici des exemples :

Dans les trois premiers arrondissements de la ville de Paris, qui sont les plus riches, où il y a, 40 locations sur 100 imposées à la contribution personnelle, la taille des conscrits est de 1^{m}, 689^{mm}, tandis que dans le douzième arrondissement, qui est un des plus pauvres, puisque l'on n'y compte que 19 locations sur 100 imposées à la contribution personnelle, elle n'est que de 1,679.

Dans les arrondissements riches dont nous venons de parler le nombre des réformés a été comparativement à celui des conscrits jugés bons pour le service :: 9 : 11.

Dans le quartier nécessiteux que nous leur avons comparé les réformés ont été presque aussi nombreux que les appels définitifs.

La connaissance de ces faits est d'un grand intérêt pour l'économie politique aussi bien que pour la physiologie; et, comme nous le verrons par la suite, elle peut donner lieu à des considérations très-importantes sur les règles qui devront nous guider dans les tentatives à faire pour l'amélioration des races de bestiaux.

En France la taille de l'homme est peu élevée. D'après les recherches publiées il y a une quinzaine d'années sur le recrutement de l'armée, on voit que la taille moyenne des conscrits de vingt ans était alors de 1398 millimètres, et sur 100 de ces jeunes gens on en comptait 28 environ qui étaient réformés pour défaut de taille, c'est-à-dire qui avaient moins de 1299 millimètres.

(Voyez la planche ci-jointe, où la distribution des tailles est représentée par des colonnes dont la hauteur correspond au nombre de conscrits ayant : 1° moins de

1570 millim.; 2° de 1570 à 1651 millim.; 3° de 1651 à 1732 millim.; et 4° plus de 1732 millim.)

Depuis cette époque la taille est un peu plus élevée en France, et cela s'explique facilement, car depuis le retour de la paix le bien-être général s'est augmenté.

Il serait difficile au juste d'apprécier cette augmentation et déterminer quelle est aujourd'hui la taille moyenne en France; car l'administration de la guerre ne tient plus compte que de la taille des hommes du contingent, c est-à-dire ayant la taille requise par la loi; mais parmi ceux-ci nous savons par des relevés exacts que sur 100 il y en a

52 qui ont moins de 1651 millim.;
16 qui ont de 1651 à 1678 millim.;
15 qui ont de 1678 à 1705 millim.;
3 qui ont de 1732 à 1759 millim.;
7 qui ont de 1732 à 1787 millim.;
et 1 seulement de 1787 millim.

A Paris la taille des jeunes gens trouvés bons pour le service militaire est de 1692 millim.; mais il faut toujours se rappeler que ce contingent ne constitue guère qu'environ la moitié des conscrits, et que sur le nombre des réformés il en est 25 pour 100 qui ont pour motif le défaut de taille.

Du reste, la taille des hommes varie beaucoup dans les différentes parties de la France, ainsi qu'on le peut voir par les cartes figuratives, dont l'intensité des teintes sur les divers départements indiquent à peu près le rang qu'ils tiennent chacun dans l'échelle totale. Dans la Bretagne les hommes sont les plus petits de la France. Au midi leur taille est un peu plus grande; au nord-est elle est à son maximum. Il existe toujours, comme nous l'avons dit plus haut, un rapport entre la taille et la richesse ; mais ce rapport est moins constant qu'à Paris. Cela tient à ce que d'autres causes de perturbation viennent se joindre aux premières ; ce sont par exemple les différences des races.

La taille est toujours plus élevée dans les pays tempérés; ainsi les Patagons paraissent les hommes les plus grands, tandis que les Lapons sont les plus petits. En Europe la taille est peu variée. On a écrit que la transplantation des races tend toujours à augmenter la taille de l'homme ; cette assertion a besoin de preuves.

Les voyageurs modernes, les navigateurs surtout, ont pris avec soin la taille moyenne des divers peuples qu'ils ont visités. Pour mieux fixer les idées à ce sujet, nous allons donner quelques-unes de ces mesures, en ne citant que les extrêmes :

Peuples de petite taille.

	Millimètres.
Boschimans montagnards.	1299
Esquimaux.	1299
Papous métis d'Offack	1489
Kamtschadales.	1570
Tartares Mongols.	1570

Peuples de grande taille.

	Millimètres.
Nouveaux-Zélandais.	1814
Caraïbes de l'Amérique méridionale. . . .	1868
Habitants des îles des navigateurs.	1895
Patagons, les plus grands.	1949

Ainsi, la taille moyenne des peuples nains est de 1299 millim., et celle des peuples géants est de 1949 millim.; la moyenne entre ces deux extrêmes est de 1624 millim. Mais pour obtenir la vraie moyenne de la taille du genre humain il faudrait mesurer dans chaque peuplade la même fraction du nombre des hommes qui la composent, et prendre la moyenne de tous les résultats. Ce genre de recherches se ferait aisément pour une nation en particulier, habitant une portion de la surface terrestre, séparée de toutes les autres par des barrières naturelles.

En suivant cette marche, qui a déjà fixé l'attention de quelques savants, on apprendrait enfin si la taille des hommes éprouve ou non quelque variation générale. Aujourd'hui que les circonstances atmosphériques sont arrivées à un état stationnaire, il semble qu'il en soit de même pour tous les êtres organisés; en sorte que le genre humain possède un principe de vie capable d'entretenir à perpétuité certaines dimensions moyennes du corps, au milieu de toutes leurs variations accidentelles. Mais on peut croire aussi que ce principe se fortifie, ou bien qu'il s'affaiblit d'une manière continue, ou enfin qu'il doit avoir une marche ascendante et descendante, analogue à celle de chaque individu en particulier.

Tout le monde sait que l'on n'a point encore trouvé de corps humains à l'état fossile; il serait donc difficile d'assigner la taille de l'homme à son apparition sur la terre, alors que la chaleur propre du globe pouvait avoir sur l'espèce humaine le même genre d'influence que sur les plantes et les animaux contemporains. Ces animaux et ces plantes, qui ont vécu dans les premiers âges du monde, et que l'on retrouve aujourd'hui dans les couches de la terre, ont en effet des dimensions beaucoup plus fortes que les espèces analogues vivantes. Ce genre de preuves n'est encore point venu justifier les traditions que les peuples anciens nous ont conservées sur l'existence primitive d'une race de géants.

Quoi qu'il en soit de ces époques géologiques, il est à peu près certain que la taille de l'homme n'a point varié depuis les temps historiques les plus reculés. C'est ce que prouvent les momies égyptiennes, et ce que prouverait au besoin la connaissance des mesures de l'antiquité. En admettant, ce qui est infiniment probable, que ces mesures ont été prises sur la nature humaine, on trouve que la taille des Égyptiens était de 1701 millim.; celle des Grecs, de 1746 millim.; celle des Romains, 1669 millim.; et celle des Arabes, 1814 millim.

Enfin, il serait bon de connaître les valeurs extrêmes de la taille humaine dans son état actuel, c'est-à-dire la taille des plus petits nains et celle des plus grands géants. Rarement les premiers ont eu moins de 650 millim.; mais on ne connaît pas aussi bien la limite des tailles gigantesques, et c'est pour la fixer avec précision que nous allons énumérer ici, d'après Buffon et d'autres naturalistes, les exemples de géants de 2274 millim. et au-dessus.

Géants.

Au rapport de Manéthon, Sésostris, ce puissant roi d'Égypte, qui porta ses armes jusque chez les Scythes et les Thraces, et qui, de retour dans sa patrie, fit creuser une foule de canaux et élever des monuments gigantesques par les peuples vaincus, avait lui-même la taille d'un héros. Il portait quatre coudées trois palmes et deux doigts, qui font 2062 millim.

Rudsbeke, dans son ouvrage intitulé *Atlantis*, dit avoir vu lui-même un paysan suédois dont la taille était de huit pieds de Suède, c'est-à-dire 2370 millim.

L'empereur Maximin était originaire de la Thrace. Entré comme simple soldat dans les armées romaines, ce jeune barbare franchit rapidement tous les grades, et a la mort de Septime Sévère il fut proclamé par les troupes, émerveillées de sa taille et de la vigueur de son bras. En effet Maximin avait huit pieds quatre pouces romains, ou 2336 millim. On raconte de lui des choses extraordinaires : il pouvait briser avec la main des pierres très-dures, arracher de jeunes arbres, traîner des chars pesamment chargés. Il buvait par jour une amphore de vin (vingt-six litres), et mangeait trente ou quarante livres de viande (15 à 20 kilogrammes).

Dans la guerre qu'il entreprit contre la Grèce, Xerxès, roi de Perse, fit couper la presqu'île du mont Athos, pour livrer passage à sa flotte. Cet ouvrage prodigieux s'exécutait sous la direction de deux seigneurs Persans, Bubarès et Artachée. Ce dernier y mourut de maladie : c'était un homme d'une taille remarquable, et il ne s'en fallait que de quatre doigts qu'il atteignît cinq coudées royales. Artachée avait donc 2549 millim. Sa mort affligea Xerxès, et l'armée persane lui éleva un monument, après lui avoir fait de magnifiques funérailles.

Ryckius parle d'un Hollandais qui n'avait pas moins de huit pieds et demi du Rhin. Cette taille est représentée par 2666 millim.

Le géant qu'on a vu à Paris en 1735, et qui avait 2179 millim., était né en Finlande, sur les confins de la Laponie méridionale, dans un village peu éloigné de Tornéo.

Le géant de Thoresby, en Angleterre, était haut de 2406 millim.

Le géant portier du duc de Wirtemberg, en Allemagne, était haut de sept pieds et demi du Rhin, 2341 millim.

Trois autres géants vus en Angleterre étaient hauts, l'un, de 2433 millim.; l'autre, de 2454 millim.; et le troisième, de 2498 millim.

Le géant Cajanus, en Finlande, était haut de sept pieds huit pouces du Rhin, ou 2598 millim.

Un paysan suédois avait la même grandeur de 2598 millim.

Un garde du duc de Brunswick-Hanovre était haut de 2761 millim.

Le géant Gilli, de Trente dans le Tyrol, était haut de 2652 millim.

Un Suédois, garde du roi de Prusse, était haut de 2761 millim.

Tous ces géants sont cités, avec d'autres moins grands, par M. Schreber, *Hist. des Quadrup.*; Erlang, 1775, tom. I.

« Goliath, de Geth, altitudinis sex cubitorum et palmi. » (I. *Reg.*, ch. 17, v. 4.) En donnant à la coudée dix-huit pouces de hauteur, le géant Goliath avait 3032 millim. de grandeur.

« Solus quippe Og rex Bazan restiterat de stirpe gigan-
« tum : monstratur lectus ejus ferreus qui est in Rabath....
« novem cubitos habens longitudinis et quatuor latitu-
« dinis ad mensuram cubiti virilis manus. » (*Deuteron.*, cap. 3, v. 11.)

Le Cat, dans un mémoire lu à l'Académie de Rouen, fait mention des géants cités dans l'Écriture sainte et par les auteurs profanes. Il dit avoir vu lui-même plusieurs géants de 2406 millim., et quelques-uns de 2598 ; entre autres, le géant qui se faisait voir à Rouen en 1735, qui avait 2761 millim. Il cite la fille géante vue par Goropius, qui avait 3248 millim. de hauteur; le corps d'Oreste, qui, selon les Grecs, avait onze pieds et demi (Pline dit sept coudées, c'est-à-dire, 3410 millim.).

Le géant Gabara, presque contemporain de Pline, qui avait plus de 3248 millim., aussi bien que le squelette de Secondilla et de Pusio, conservés dans les jardins de Salluste. Le Cat cite aussi l'Écossais Funnam, qui avait 3735 millim. Il fait ensuite mention des tombeaux où l'on a trouvé des os de géants de 4872, 5847, 6496, 7344 et 7994 millim. de hauteur; mais il paraît certain que ces grands ossements ne sont pas des os humains, et qu'ils appartiennent à de grands animaux, tels que l'éléphant, la girafe, le cheval : car il y a eu des temps où l'on enterrait les guerriers avec leur cheval, peut-être avec leur éléphant de guerre.

Nains.

Quant aux nains, on doit entendre par ce mot un être chez lequel toutes les parties du corps ont subi une diminution générale, et dont la taille se trouve ainsi de beaucoup inférieure à la taille moyenne de son espèce ou de sa race. Cette définition, due à M. Geoffroy Saint-Hilaire, s'applique parfaitement à Mathias Gullias, ce nain de vingt-deux ans qui fut montré il y a quelques années à l'Académie des Sciences. Né de parents bien conformés, il a cessé de croître à l'âge de cinq ans. Sa tête est volumineuse, sa figure expressive et régulière, sans apparence de barbe; la poitrine est large et bien développée; la calonne vertébrale droite; les bras et les jambes proportionnés à sa taille d'un mètre.

Les auteurs les plus anciens ont parlé des nains; ils en admettaient des peuplades entières dans les régions les plus arides et les plus desséchées de l'Afrique. Mais cette hypothèse est sans fondement, et l'existence des Troglodytes dans l'Abyssinie n'est pas plus digne de foi que celle des Pygmées, petits hommes que les Grecs supposaient toujours en guerre contre les grues. Abstraction faite de ces nations imaginaires et de quelques histoires particulières, telles que celle d'un poëte nommé Philétas, si petit et si léger qu'on était obligé de lui mettre des semelles de plomb pour l'empêcher d'être renversé par le vent, il est au moins incontestable que des nains ont été observés dans l'antiquité. Marc-Antoine en avait un dont la taille était de moins de 650 millim., et auquel il donnait par dérision le nom de Sisyphe. Domitien en fit rassembler un assez grand nombre pour pouvoir en composer une troupe de gladiateurs. Dans les temps modernes on en a vu plusieurs sur le nouveau continent.

Lors de la conquête du Mexique, les Espagnols trouvèrent dans le palais de Montezuma plusieurs nains, conservés pour l'amusement de ce prince. En Europe, la mode des fous de cour étant tombée vers la fin du seizième siècle, ce fut aux nains qu'on accorda le triste privilége de les remplacer. Catherine de Médicis en avait réuni un certain nombre des deux sexes, entre lesquels elle se plaisait à former des mariages, qui presque toujours demeuraient stériles. On cite une électrice de Brandebourg, qui ne réussit pas mieux à léguer une race de ces petits êtres aux plaisirs de la postérité. Cependant cette règle a ses exceptions. Les journaux anglais annonçaient il y a quelques années la naissance à Londres d'un nain de 365 millim. et pesant 590 grammes. Malgré sa naissance à terme et sa conformation extérieure parfaite, il ne vécut pas plus d'une heure. Ce qui rendait surtout ce fait remarquable, c'était la taille des parents. Loin d'être d'une stature ordinaire, comme on l'observe chez tous ceux qui engendrent des nains, don Santiago de los Santos et sa femme Anna Hopkins étaient nains eux-mêmes. Don Santiago, né à Manille, abandonné à dessein dans une forêt, fut sauvé par le vice-roi, qui le vit à la chasse et en eut pitié. Son père avait 2111 millim., et sa mère était d'une taille moyenne; mais lui n'avait pas plus de 677 millim. de haut, et il était âgé de quarante ans. C'est à Birmingham qu'il avait fait connaissance de sa femme, âgée de trente et un ans et plus grande que lui de 352 millim. Tous deux s'aimèrent dès le premier instant, et leur union fut célébrée dans cette ville le 14 juillet 1832. Don Santiago était doué d'une bonne constitution; il parlait plusieurs langues, et aimait la musique et les objets d'orfévrerie. L'eau chaude était sa boisson habituelle; les jours de fête il se permettait seulement un peu de vin de France. Sa femme était remarquable par sa gentillesse : en un mot, c'était un ménage parfait.

Le nanisme peut n'exister que temporairement. Virey rapporte l'histoire d'un enfant nain qui, vers l'âge de quinze ans, se développa rapidement et ne tarda pas à atteindre 1624 millim. D'autres fois des sujets nés avec les dimensions normales s'arrêtent bientôt dans leur accroissement général, et restent toute leur vie au-dessous de la taille de l'adulte : c'est le cas de Mathias Gullias; enfin des enfants, remarquables par leur extrême petitesse en venant au monde, sont nains à toutes les époques de leur existence. Ces trois genres de cas comprennent toutes les anomalies par diminution de la taille.

Les nains sont en général irascibles et turbulents. Chez eux la circulation et les autres fonctions s'opèrent avec plus de rapidité; ils deviennent aussi plus tôt pubères, et l'on a dit que, le cercle de leur vie étant plus promptement parcouru, ils sont vieux et cassés de bonne heure. Quelques-uns meurent caducs et infirmes avant vingt-cinq ans; d'autres poursuivent une longue carrière, et conservent leur bonne santé dans un âge très-avancé; les uns, comme le célèbre Bébé, sont presque idiots; d'autres, comme Borvilaski, gentilhomme polonais, montrent au contraire une intelligence peu commune. Jeffery Hudson, favori de la reine d'Angleterre, fit preuve de courage; on sait qu'à la suite d'une querelle avec un nommé Croft, il ne craignit pas de l'appeler en duel. On se battit à cheval, au pistolet; Croft fut blessé à mort au premier coup.

Les causes du nanisme ne sont pas entièrement connues; cependant le rachitisme produit le plus ordinairement ces arrêts dans le développement général que l'on voit survenir après la naissance, et, par analogie, on est porté à lui attribuer de même ceux qui surviennent pendant le cours de la vie fœtale. Cette opinion est d'ailleurs pleinement confirmée par ce fait, que presque tous les nains ont dès leur première enfance, les caractères que l'on nomme la constitution rachitique. Le squelette de Bébé présentait des courbures évidentes dans l'épine dorsale et les os des jambes. Mathias Gullias était mieux conformé. On ne remarquait chez lui aucune trace de rachitisme; son esprit était cultivé. Il parlait cinq langues, le croate, l'illyrien, l'allemand, le français et l'italien. Il montait à cheval, tirait un fusil avec adresse, et causait agréablement. La puberté chez lui se déclara à l'âge des autres hommes, et il songea à se marier avec une personne de sa taille, qu'il avait rencontrée en Italie.

On sait que le nain nommé *Bébé du roi de Pologne* (Stanislas) avait 893 millimètres. A sa naissance il pesait un peu plus de 325 grammes; sa longueur ne dépassait pas 244 millim., et un sabot à moitié rempli de laine lui servait de berceau. Comme il avait la bouche extrêmement petite, sa mère l'éleva avec beaucoup de peine : elle fut obligée de le faire allaiter par une chèvre. Bébé ne marcha pas avant deux ans; à cet âge la longueur de ses souliers ne dépassait pas 41 millim.; de deux à six ans, il eut plusieurs maladies graves; à cinq ans il avait 677 millim., pesait 5 kilogram., et paraissait entièrement formé; jusqu'à douze ans son accroissement fut proportionné à sa petitesse primitive : alors la nature parut faire un effort, mais l'accroissement se répartit inégalement, et à l'âge de quinze ou seize ans sa taille commença à devenir contrefaite. Il mourut l'an 1764, à l'âge de vingt-trois ans.

La science a enregistré d'autres exemples de nains : l'un, qu'on a vu à Paris en 1760 : c'était un gentilhomme polonais, qui à l'âge de vingt-deux ans n'avait que la hauteur de 758 millim., mais le corps bien fait et l'esprit vif; il possédait même plusieurs langues. Il avait un frère aîné, qui n'avait que 920 millim. de hauteur.

Un autre, à Bristol, qui en 1751, à l'âge de quinze ans, n'avait que 839 millim.; il était accablé de tous les accidents de la vieillesse; et de 10 kilogram., qu'il avait pesé dans sa septième année, il n'en pesait plus que 7 1/2

Un paysan de Frise, qui en 1751 se fit voir pour de l'argent, à Amsterdam : il n'avait à l'âge de vingt-six ans que la hauteur de 785 millim.

Un nain de Norfolk, qui se fit voir dans la même année à Londres, avait à l'âge de vingt-deux ans 1029 millim., et pesait 14 kilogr. (*Transactions philosophiques.*)

On a des exemples de nains qui n'avaient que 650, 568, 487 millim., et même d'un qui à l'âge de trente-sept ans n'avait que 433 millim.

Dans les *Transactions philosophiques*, nº 467, art. X, il est parlé d'un nain âgé de vingt-deux ans qui ne pesait que 17 kilogram. étant tout habillé, et qui n'avait que 1029 millim. de hauteur avec ses souliers et sa perruque.

Pline fait mention, en ces termes, de deux nains qui existaient à Rome sous Auguste : « Manium Maximum et « Marcum Tullium, equites romanos, binum cubitorum « fuisse auctor est M. Varro, et ipsi vidimus in loculis « adservatos. » (Varron écrit que Manius Maximus et M. Tullius, chevaliers romains, avaient deux coudées. J'ai vu moi-même leurs squelettes, conservés dans des armoires. Lib. VII, cap. 16.)

L'histoire des nains nous conduit naturellement à l'étude de dégradations encore plus marquées de l'espèce humaine : nous voulons dire le crétinisme, l'albinisme et le mélanisme.

Crétins.

On donne le nom de *Crétins* à des individus idiots ou imbéciles, généralement paresseux, apathiques, gourmands et lascifs. Leur aspect a quelque chose de repoussant; ils vivent dans la saleté; il y en a d'aveugles, de sourds-muets; ils portent presque tous des goîtres volumineux; leurs chairs sont molles et flasques, leur peau flétrie et ridée, jaune, pâle, couverte de crasse, d'une couche terreuse, de gale, de dartres; leurs paupières sont gonflées, leur yeux rouges et chassieux, saillants et écartés. Leur bouche béante laisse découler la salive; leur langue est épaisse et pendante, leur figure aplatie, violacée, bouffie, leur mâchoire inférieure allongée, leur front assez souvent déjeté en arrière. Leur taille s'élève rarement au delà de 1299 millim.; leur existence ne s'étend jamais guère à plus de trente années.

Il a été jusqu'à présent assez difficile d'indiquer la véritable cause du crétinisme; on l'a attribuée tantôt à l'usage des eaux de sources crues et plâtreuses (ce qui expliquerait l'étymologie du mot *crétin : creta, craie*); tantôt à l'air épais, stagnant, corrompu qu'on respire habituellement dans certaines vallées; tantôt, enfin, à la misère, à la débauche et à la mauvaise qualité des aliments.

Un jeune et savant médecin, M. le docteur Marchant, né dans les Pyrénées, ce pays qui présente à l'observateur les dissemblances les plus frappantes dans la conformation physique, les habitudes morales et les facultés intellectuelles de ses habitants, a voulu mettre à profit son séjour au milieu des populations pyrénéennes pour étudier ces types si divers et si étranges montrant la nature humaine, tantôt dans toute sa richesse, sa vigueur, sa beauté, son intelligence; tantôt dégradée, abrutie, traînant misérablement une existence en proie aux infirmités les plus dégoûtantes.

L'étude des causes du crétinisme et du goître a été l'objet principal de M. Marchant, et, d'après ses recherches, il a cru pouvoir établir une série de propositions.

Après avoir suivi la population pyrénéenne dans toute la longueur de la chaîne, il a posé comme résultat que la conformation physique de ses habitants varie selon la position géographique des villages; elle est plus avantageuse sur les hauteurs et dans le voisinage de la plaine, qu'elle ne l'est dans les vallées profondes et entourées de hautes montagnes. Ainsi le type physique des habitants du centre de la chaîne est moins régulier, moins beau que le type physique des Pyrénéens qui occupent l'extrémité orientale, et surtout l'extrémité occidentale de cette chaîne de montagnes; entre ces deux extrémités et le centre, la taille de l'homme et sa constitution se trouvent dans certains rapports déterminés avec l'élévation des montagnes et la profondeur des vallées qu'elles circonscrivent.

Entre la conformation physique des Pyrénéens et leur aptitude intellectuelle existe un rapport direct, constant, et qui ne se trouve en défaut que pour des localités placées dans des conditions exceptionnelles, telles que les eaux thermales. Deux grandes catégories peuvent être établies dans cette population : l'une habite les hauteurs et le voisinage des plaines; l'autre les vallées basses et profondes.

Les montagnards de la première catégorie sont généralement bien constitués. Ils se distinguent moins par leur stature élevée que par les proportions parfaites qu'ils présentent dans les formes du corps et des membres. Chez eux le crâne est volumineux et se courbe avec harmonie dans toutes ses lignes, tandis que le front, très-large, se prolonge vers un sommet élevé; leur visage est très-allongé, et il se termine par un menton en pointe; leur nez est prononcé, aminci et en général aquilin; ils ont des yeux noirs, bien fendus, très-grands, et des sourcils arqués, épais, et qui le plus souvent se réunissent à la racine du nez. Ils ont la peau généralement fine et douce, des cheveux noirs ou brun foncé, une barbe épaisse; ils deviennent chauves de très-bonne heure, mais plus particulièrement au sommet du front. Ces Pyrénéens sont forts, très-agiles et très-capables de lutter avantageusement contre les causes des maladies. Ils sont doués d'un ardent amour de la liberté; c'est à peine si de nos jours ils se soumettent aux obligations des lois du royaume sur les points qui régissent d'une manière directe les intérêts de leurs localités.

La nature n'a pas traité moins favorablement les femmes que les hommes de ces contrées pyrénéennes. La beauté de celles du Béarn, des pays basques, du Bigorre et du Roussillon est devenue proverbiale. La générosité, la bienfaisance et la fidélité sont pour les Pyrénéens des vertus particulières. Jamais leur liberté ou leur courage ne furent échangés contre de l'argent. L'esprit poétique de ce peuple, son imagination exaltée et romanesque, sa douceur et sa sociabilité l'ont rendu très-religieux. Comme ombre à ce tableau, M. Marchant a fait ressortir quelques défauts propres à ces habitants. Ils sont ardents et impétueux pour les plaisirs, auxquels ils sacrifient trop souvent les lois du devoir et de la justice. Très-légers, mobiles dans leurs projets, incapables d'attention soutenue, emportés et vaniteux, ils se distinguent des autres habitants du midi de la France par une habitude d'expressions figurées, par des phrases longues, rapides et sans intervalles. Tant d'exagération, un idiome mâle et expressif, ne suffisent par cependant à ce peuple; il s'efforce en outre de parler par les mains, la figure, les yeux, et par des intonations très-variées de la voix.

Comparons maintenant à ce tableau celui que présentent les Pyrénéens de la seconde catégorie, c'est-à-dire ceux qui habitent les vallées basses et profondes. Tout annonce ici une race d'hommes dégénérée : leur taille est généralement au-dessous de la moyenne, et les membres, disproportionnés, donnent à leur personne une apparence commune et trapue. Les jambes de ces montagnards sont courtes et grosses, tandis que leurs extrémités thoraciques semblent avoir une longueur démesurée. Leurs pieds sont plats, larges et très-gros; ils sont fortement débordés en arrière par le calcanéum, qui, à en juger par la largeur du talon, serait en même temps plus étendu transversalement chez ces individus que chez ceux de la première catégorie. Leur visage est large, court, très-plat, remarquable par la saillie des os malaires et la longueur des arcades zygomatiques; leur bouche, entourée de lèvres épaisses et pendantes, désagréablement ouvertes entre un nez épaté et un menton court, arrondi, fuyant de bas en arrière; leur crâne, moins volumineux que chez les premiers, manque toujours de symétrie et présente des gradations saillantes.

C'est dans cette partie de la population, dont le tempérament est généralement lymphatique et scrofuleux, que les goutteux et les crétins se trouvent presque exclusivement. On peut même ajouter que les individus qui sont épargnés par la première de ces affections ont tous, en général, le cou très-gros et très-court. Les caractères intellectuels et moraux de ces populations sont dans un rapport exact avec leur conformation physique. Rien ne rappelle ici cette activité incessante, cette fierté des habitants de la première catégorie. Tout, au contraire, chez ces malheureux respire l'indolence et l'apathie la plus absolue; c'est à peine s'ils pensent à s'abriter contre les intempéries des saisons, et à se garantir des nombreuses influences locales capables d'altérer gravement leur santé. Leurs facultés intellectuelles sont très-bornées; mais en revanche ces montagnards sont rusés, rampants, très-enclins au vol et à la débauche.

De ce coup d'œil d'ensemble sur les populations pyrénéennes M. Marchant croit pouvoir établir qu'une conformation irrégulière, qu'un défaut d'harmonie entre les membres et le tronc, ne seraient que les premières empreintes du crétinisme. Cette affection n'est pour lui qu'une exagération, un degré plus avancé des traits physiques et intellectuels qui distinguent les Pyrénéens de la seconde catégorie.

Mais cette étude étiologique est rendue très-difficile par le nombre et la diversité des conditions hygiéniques défavorables qui entourent les habitants chez lesquels s'observent le goître et le crétinisme. N'y a-t-il qu'une seule cause, ou bien faut-il tenir compte de l'ensemble de ces conditions? M. Marchant adopte la dernière opinion, après avoir renversé toutes les causes uniques admises par les divers auteurs, telles que l'influence des races, de certaines eaux, etc. Un fait très-curieux, que l'auteur a developpé avec soin, est celui-ci : Dans les Pyrénées, partout où la végétation est très-riche et très-puissante, la constitution physique de l'homme se dégrade. N'y a-t-il qu'un simple rapport de coïncidence, ou bien une végétation trop vigoureuse peut-elle exercer une influence fâcheuse sur les populations qui vivent au milieu d'elle? M. Marchant hésite à se prononcer.

L'exposition des localités et des habitations ne lui semble pas exercer une grande influence comme cause de goître et du crétinisme; cette exposition est souvent la même dans des villages et des maisons dont les uns abondent en goîtreux et en crétins, tandis que les autres sont épargnés par ces deux affreuses maladies ; cette exposition est quelquefois, au contraire, différente dans plusieurs localités habitées par des populations qui présentent entre elles les plus grandes analogies physiques, intellectuelles et morales.

Mais l'humidité du sol, celle de l'atmosphère lui semblent jouer un très-grand rôle dans la production du goître et du crétinisme; il assure que cette condition hygiénique peut être considérée comme une de celles qui coïncident le plus fréquemment dans les Pyrénées avec la présence du goître et du crétinisme, quoiqu'elle manque cependant dans quelques villages dont les habitants sont décimés par ces affections. La malpropreté, la misère, une alimentation de mauvaise nature ou insuffisante, étant des conditions hygiéniques communes à toutes les localités des Pyrénées, l'auteur ne peut pas les regarder comme des causes déterminantes du goître. Les influences incontestables sur la santé de l'homme doivent faire ranger ces conditions hygiéniques parmi les causes prédisposantes.

Enfin une des causes auxquelles il attribue la plus grande importance dans la production du goître et du crétinisme, c'est la funeste habitude où sont les habitants de chaque village de ne s'allier que fort rarement à ceux d'un village voisin ; de là doit nécessairement résulter, à la longue, la dégradation de la population ; et cette cause a été assez puissante pour qu'il ne soit pas très-rare de rencontrer des crétins parmi les descendants de quelque famille noble et riche présentant les conditions hygiéniques favorables pour résister aux causes de cette maladie.

Albinisme.

On donne le nom d'Albinisme à une décoloration complète de la peau et du système pileux. L'usage impose un grand nombre de dénominations particulières aux produits des mélanges des principales races humaines ; c'est ainsi qu'on appelle mulâtre le produit d'un Blanc européen avec une Négresse ; métis-mestice ou mest-indien le produit d'un Blanc avec une Indienne ; Zambi, Labos, Caribocos ou Cafusos, le produit d'un Nègre avec une Américaine, etc., etc. ; et l'on voit les générations qui succèdent à ces mélanges former des variétés permanentes, et recevoir aussi des dénominations spéciales. Il n'en est point ainsi des albinos de l'Afrique, des cagots des Pyrénées et des crétins du Valais : ce ne sont pas des races, mais de simples variétés accidentelles, qui doivent être considérées comme des affections maladives.

Les premiers auteurs qui ont écrit sur les Albinos les regardaient comme une race à part, comme une nation distincte. Voltaire s'est fait l'organe de cette opinion dans l'Introduction de son *Essai sur les Mœurs :* « Il n'est permis, dit-il, qu'à un aveugle de douter que les Blancs, les Nègres, les Albinos, les Hottentots, les Lapons, les Chinois, les Américains, soient des races entièrement différentes. » Et quelques lignes plus loin : « Les Albinos sont, à la vérité, une nation très-petite et très-rare; ils habitent au milieu de l'Afrique : leur faiblesse ne leur permet guère de s'écarter des cavernes où il demeurent; cependant les Nègres en attrapent quelquefois, et nous les achetons d'eux par curiosité. J'en ai vu deux... Un Albinos ne ressemble pas plus à un Nègre de Guinée qu'à un Anglais ou à un Espagnol. »

Buffon lui-même, en parlant des Albinos de Ceylan, dans son grand ouvrage, les décrivit comme une race constante et distincte, probablement descendue d'Européens naufragés ou abandonnés sur les côtes de l'île. Ce n'est que quarante ans plus tard (dans le quatrième volume de ses *Suppléments*) qu'il exprima, sous forme de conjecture, que l'albinisme pourrait n'être qu'une variété accidentelle. Grâce aux progrès de l'histoire naturelle, cette conjecture de Buffon est aujourd'hui devenue une certitude. Les albinos, pas plus que les géants ou les nains, ne constituent une race particulière, un type constant, et pour ainsi dire spécifique : la décoloration qui les caractérise n'est, comme la petitesse ou la hauteur démesurée de la stature, qu'une modification accidentelle de l'organisation, une anomalie individuelle plus ou moins fréquemment observée chez toutes les races humaines, et dans presque tous les climats.

La singularité des albinos consiste en ce que ces individus, nés de parents de couleur cuivrée ou noire, au lieu d'avoir la peau fortement colorée, ne présentent sur toute la surface de leurs corps qu'une teinte pâle, d'un blanc mat et fade, comparable au lait, au papier, au linge ou à la cire blanchie. Leurs cheveux, leurs sourcils, leurs cils et les poils peu abondants qui composent leur barbe, offrent aussi une teinte blanchâtre, soit qu'ils les aient soyeux et fins, soit que, suivant leur race, ils les aient plats et crépus. Leurs yeux, larmoyants et très-sensibles à la lumière, ont l'iris ordinairement rose ou rouge; leur prunelle est d'un rouge de feu, ce qui fait ressembler les yeux de ces individus à ceux des perdrix ou des lapins blancs.

Les albinos ne peuvent supporter une lumière constante; l'iris a une transparence trop grande; le pigmentum noirâtre, matière qui enduit une des membranes de l'œil, lui manque; cette membrane laisse passer les rayons lumineux les plus excentriques; ceux-ci, après avoir frappé la rétine, se réfléchissent sur les parois internes du globe oculaire, dont la choroïde est rosée, et réfléchis à leur tour sous mille angles variés, ils jettent une confusion inextricable dans la peinture des images au fond de l'œil. Aussi voit-on les albinos préférer l'obscurité au grand jour, et ne s'écarter que rarement des cavernes où ils demeurent; circonstance qui leur a valu le nom d'hommes nocturnes.

Quoique les albinos se rencontrent sous tous les climats et dans toutes les races humaines, il est vrai de dire qu'ils sont d'autant plus communs sous un climat et dans une race, que ce climat est plus voisin de l'équateur, et que la couleur normale de la race est plus foncée. Les albinos de la race nègre sont même si nombreux, que, pour échapper au mépris et aux mauvais traitements des autres nègres, ils se réunissent en peuplades dans les bois et dans les déserts; et de là est née l'erreur que nous avons rappelée, et qui s'est très-répandue. Après les albinos de la race nègre, les moins rares sont ceux de l'isthme de Panama : ils diffèrent des premiers, non-seulement par les formes particulières de la race américaine, mais encore par une moindre détérioration de la constitution générale, et par le duvet blanc qui couvre toute la surface de leur corps. Ce sont des albinos de ce genre que, lors de la prise de Mexico, les Espagnols trouvèrent dans les jardins de l'empereur Montézuma, avec les nains et les oiseaux rares. On a aussi observé un assez grand nombre d'albinos chez les peuples dont la peau est brunâtre ou jaune, tandis que la race caucasique en a offert à peine quelques-uns; ainsi on en a rencontré aux îles Moluques, aux bouches du Gange, à l'isthme Darien, au Brésil, à Sumatra, à Bali, à Amboine, à Manille, à la Nouvelle-Guinée, dans l'île des Amis et dans celle de la Société.

Les hommes de notre époque ont pu en voir à Paris; il en existe un parmi les idiots de Bicêtre, et Béclard en présenta deux en 1820 à la Faculté de Médecine.

L'albinisme est plus fréquent chez les femmes que chez les hommes, du moins dans la race nègre, la seule qui ait fourni un assez grand nombre de cas particuliers pour permettre à cet égard une induction générale.

La stature des albinos est peu élevée; leur constitution est ordinairement grêle; ils vivent dans un état de misère et de malpropreté déplorables, et sont l'objet d'une répugnance et même d'une animosité générales. Leur caractère moral et leurs facultés intellectuelles sont extrêmement faibles; ceux qui habitent parmi les Nègres sont en butte à leurs mauvais traitements; et, attrapés par eux, il sont vendus comme objet de curiosité. On a vu pourtant des albinos doués d'une assez grande intelligence; tel était l'Allemand Sachs, qui publia un essai d'histoire naturelle sur sa propre personne et sur sa sœur, qui était dans le même état que lui.

Les albinos ont constamment le tempérament très-lymphatique, ce qui pouvait être prévu à l'avance, puisque nous savons que ce tempérament coïncide toujours avec la couleur la moins foncée. On conçoit que les modifications que subit l'œil de l'albinos exercent sur son genre de vie une influence immense : par suite de la transparence de l'iris, un plus grand nombre de rayons lumineux entrant dans la cavité oculaire, et venant frapper la rétine, il ne peut supporter une lumière très-vive, et peut alors être assimilé aux animaux nocturnes, qui ont l'iris percé dans l'axe de la rétine : ils ne voient que difficilement au grand jour; leurs yeux sont presque entièrement fermés ; ils clignotent sans cesse, de manière à faire croire que le muscle de la paupière supérieure est sans aucune puissance; ce n'est que la nuit ou au crépuscule qu'ils peuvent voir sans être gênés par leur organisation ; alors, et comme les animaux nocturnes, la plus grande quantité de lumière qu'ils reçoivent compense la moindre intensité.

Ils se font aussi remarquer par le peu de développement de leurs facultés intellectuelles et par leur impuissance; cela a lieu au moins pour les hommes. Toutes ces particularités ont depuis longtemps déjà attiré l'attention sur ces êtres malheureux ; mais, selon les pays dans lesquels ils se sont trouvés, les traitements qu'ils ont éprouvés ont été bien différents : ainsi, certaines peuplades d'Afrique les repoussent inhumainement, les maltraitent même; dans d'autres tribus la superstition a produit un effet tout contraire : là, considérés comme des dieux, ils sont respectés, vénérés de tous, et vivent dans la splendeur. La constance avec laquelle dans certaines régions ils sont repoussés par les Nègres fait aisément comprendre que ces êtres malheureux se recherchent les uns les autres, pour suppléer par leur réunion à leur faiblesse individuelle.

Les femmes albines sont moins fécondes que les autres, mais elles ne sont pas impuissantes; leurs enfants sont tantôt normaux, tantôt affectés d'albinisme. On pensait d'abord que le croisement d'une femme albine et d'un Nègre devait donner pour produit un individu varié de noir et de blanc; mais il n'en est pas ainsi, et l'observation constate ce principe établi par M. Isidore Geoffroy Saint-Hilaire, sur des faits nombreux et concluants, à savoir : que le produit du croisement de deux êtres différents et normaux, d'un Nègre et d'un Blanc, par exemple, est un produit constant et intermédiaire entre les deux sujets, un mulâtre dans l'exemple choisi ; que le produit de l'accouplement de deux êtres presque entièrement semblables est au contraire variable; que tantôt il reproduit les formes du père, tantôt celles de la mère. Cette loi est aussi applicable aux albinos, et surtout aux animaux domestiques.

L'albinisme n'est pas exclusivement propre à l'espèce humaine. Qui ne connaît les lapins blancs et les souris blanches ? Qui n'a entendu citer le merle blanc comme chose rare, mais réelle ? Beaucoup d'autres espèces de mammifères et d'oiseaux, tant sauvages que domestiques, ont fourni à la science maints exemples d'une pareille anomalie ; il y en a même où la couleur blanche remplace presque constamment le pelage primitif ; tels sont les chameaux, les furets, les chats, les souris, les mouettes, les lièvres, les lapins, les écureuils, les singes, les cochons d'Inde, les taupes, les rhinocéros, les buffles, les corbeaux, les merles, les perdrix, les poules, les paons, les canards, les alouettes, les ortolans; tel est aussi le cas de ces éléphants blancs, si renommés dans l'Inde, et reconnus aujourd'hui pour une simple variété de l'éléphant ordinaire d'Asie. Dans toutes ces espèces d'animaux l'albinisme est devenu, par la succession des produits, une seconde nature, et cette déviation organique, qui tient à la non-sécrétion du pigmentum de la peau, de l'iris et de la choroïde, est transmissible par voie d'hérédité, comme tous les autres états organiques, et ne peut être modifiée ou détruite par le croisement successif des races, ainsi que l'ont démontré les belles expériences de Bacwel. Les albinos sont donc congénitalement affectés d'une maladie incurable. Maintenant, peu importe que cette maladie soit ou la lèpre blanche dont a parlé Moïse, *leprosus quasi nix*, ou une cachexie, suivant Blumenbach; les malheureux qui sont atteints de l'albinisme n'ont rien à attendre des ressources de l'art de guérir, et le médecin doit se borner à exprimer le vœu qu'une philanthropie plus éclairée s'occupe de les affranchir d'une oppression qui les rend l'objet de toutes les dérisions et de toutes les mortifications possibles de la part des hommes qui vivent avec eux.

Outre l'albinisme complet, dont nous nous sommes jusqu'ici occupés, on peut aussi rencontrer, chez l'homme et les animaux, un *albinisme partiel* et un *albinisme imparfait*.

Dans l'*albinisme partiel* le défaut de coloration n'existe que dans une portion plus ou moins étendue de la peau et du pelage : tantôt la couleur normale domine, et se trouve interrompue çà et là par des taches blanchâtres; tantôt le contraire a lieu. C'est à ce genre d'anomalie que se rapportent ces nègres-pies, qui peuvent, quoi qu'on en ait dit, naître, comme les albinos purs, de père et mère nègres. Les taches albines sont généralement irrégulières, et dépourvues de symétrie. Nous voyons des individus marqués de taches d'un blanc blafard parfaitement pur, plus ou moins étendues; de sorte que selon les dimensions de ces taches ils paraissent d'un fond noir semé de blanc, ou d'un fond blanc semé de noir.

Si la tache albine a peu d'étendue, l'Indien qui en est affecté n'en est que peu modifié dans ses conditions d'existence ; si au contraire elle a beaucoup d'étendue, il rentre dans la règle que nous venons de poser.

On entend par *albinisme imparfait* le cas où la couleur d'un individu n'est que légèrement modifiée ; ainsi, celui où un nègre est jaune ou rougeâtre, etc.

Au reste, quel que soit le degré d'albinisme dont un individu soit affecté, celui qui présente ce genre d'anomalie garde constamment les caractères de forme de sa race.

M. Moreau de Jonnès a adressé, il y a quelques années, à l'Académie des Sciences, une note sur l'*albinisme partiel*, de laquelle il résulte qu'il y a aux Antilles parmi les Nègres des individus des deux sexes dont la peau est pour ainsi dire zébrée de blanc. Ces macules blanches sont grandes, irrégulières, semées comme au hasard sur toutes les parties de la peau. Leur nuance est plutôt grise ou blanc sale que blanche.

Le nombre des Nègres qui offrent cette singulière apparence est très-limité. M. Moreau de Jonnès n'en a pas vu plus de cinq ou six dans tous les lieux des Antilles qu'il a parcourus pendant dix ans. Une opinion commune attribuait ce phénomène à une altération de la peau qui avait, disait-on, des rapports éloignés avec la lèpre ;

M. Moreau de Jonnès considère cette opinion comme dénuée de fondement.

M. Flourens émit à cette occasion quelques remarques qui vinrent à l'appui de la manière de voir de M. Moreau de Jonnès. L'altération particulière de la peau dont il s'agissait dans cette note n'était à ses yeux qu'un albinisme partiel. Or, d'après les recherches auxquelles M. Flourens s'est livré sur l'organisation de la peau, soit à l'état sain, soit à l'état malade, les diverses membranes de la peau des sujets affectés d'albinisme se présentent dans un état parfaitement naturel, sauf la membrane *pigmentale* ou plutôt le *pigmentum* lui-même, dont une certaine altération spéciale constitue à elle seule l'albinisme. La lèpre est donc, suivant ce célèbre physiologiste, une affection tout à fait étrangère à l'albinisme, et à plus forte raison à l'albinisme partiel dont il s'agissait dans la note de M. Moreau de Jonnès.

Les anomalies par augmentation de couleur constituent le *mélanisme*. Ce genre d'anomalies se rencontre plus rarement chez l'homme que le précédent : on ne l'a jamais, en effet, observé d'une manière bien positive dans la race humaine; parmi les animaux, au contraire, on en a des cas très-fréquents.

On doit se méfier des assertions des auteurs à l'égard du mélanisme humain, aussi bien que pour ce qui concerne l'albinisme; cette anomalie a en effet donné lieu à un grand nombre de récits mensongers. C'est ainsi qu'un anatomiste du dix-septième siècle raconte que le feu ayant pris dans une maison, une femme qui en fut tirée à moitié brûlée donna, peu d'instants après, naissance à un enfant complétement noir.

Hippocrate raconte qu'une femme de haut parage accoucha d'un enfant mulâtre. Consulté sur la cause d'un fait qui parut à tout le monde si extraordinaire, il déclara qu'il pensait que cela devait être attribué à l'impression que pouvait avoir produite sur cette dame, pendant sa grossesse, un tableau qu'elle avait dans sa chambre et qui représentait des Nègres. N'est-il pas plus probable que ce fut pour sauver l'honneur de la dame qu'Hippocrate fit une telle assertion ?...

Le *mélanisme partiel* est au contraire très-commun, mais il a été fort peu étudié. C'est cette anomalie qui constitue ce qu'on a appelé une *envie* (*nævus maternus*). On en distingue deux genres importants : 1° les *taches sanguines* résultant non d'un dépôt de matière colorante, ce qui constitue le mélanisme, mais de l'hypertrophie du système vasculaire dans certaines régions de la peau ; 2° les *taches mélaniennes*, qui ne sont autre chose qu'un dépôt de la matière colorante. Ces taches varient de couleur; elles sont noires, jaunes, quelquefois rouge cuivré.

Selon qu'une tache est sanguine ou mélanienne, on conçoit que l'office du médecin doit être différent : dans le premier cas la guérison est possible, quelquefois même elle a lieu spontanément; les taches mélaniennes sont, au contraire, pour ainsi dire, indélébiles ; aussi sont-elles considérées en médecine légale comme un très-bon caractère pour constater l'indentité des personnes.

On reconnaît les taches mélaniennes à différents caractères : à leur couleur, à ce qu'elles ne font pas saillie à la surface de la peau, à moins qu'elles ne soient modifiées dans leur structure; à leur invariabilité de ton, tandis que les taches sanguines, au contraire, varient suivant l'affluence de sang produite par les différentes émotions de l'âme.

Il se peut que dans certains cas des individus présentent des taches mélano-sanguines.

On a pendant bien longtemps attribué les taches mélaniennes ou sanguines à l'imagination des mères.

On conçoit bien, en effet, que selon les différentes saisons les taches qui proviennent de l'hypertrophie des vaisseaux sanguins doivent se développer plus ou moins. Dans le printemps, où toute la nature revient pour ainsi dire à la vie, la circulation aussi devient plus active; d'où il suit que pendant cette saison les taches sanguines pourront être plus fréquentes que pendant toute autre; et si pendant sa grossesse la mère, n'ayant pu satisfaire une envie, se persuade, confiante dans le préjugé, que son enfant devra avoir sur quelque partie du corps une représentation de l'objet qui a excité ses désirs, on conçoit parfaitement alors que dans le cas où, pour une cause bien naturelle d'ailleurs, cet enfant sera en effet affecté d'une tache sanguine, ou quelquefois mélanienne, l'imagination frappée de la mère y trouvera facilement la confirmation d'une idée préconçue.

L'Académie des Sciences a entendu, dans une de ses dernières séances, la lecture d'un travail plein d'intérêt, dans lequel M. F. S. Cordier a établi la possibilité de faire disparaître, par le moyen du tatouage, les taches, ou *nœvi materni*, de la peau. L'auteur s'est demandé s'il ne serait pas possible d'effacer ou du moins d'affaiblir notablement ces taches à l'aide du tatouage, c'est-à-dire en déposant dans l'épaisseur même de la tache une matière colorante blanche, ou d'une nuance qui se rapprocherait de la couleur générale de la peau. Partant de cette idée, il a eu recours au procédé ordinaire du tatouage à l'aide du blanc de plomb. Le premier effet du tatouage a été de déterminer, là où l'opération a été pratiquée, de la démangeaison, puis une légère inflammation accompagnée bientôt de phlyctènes, auxquelles succédèrent de petites escarres; celles-ci tombées, la matière colorante se voit distinctement dans le tissu de la peau; elle y est déposée d'une manière indélébile, si toutefois elle est de nature à s'y fixer.

M. Cordier a essayé cette méthode contre les taches brunes ou fauves qui doivent toute leur coloration au pigment déposé en excès, et contre les taches lie-de-vin, qui semblent dues à la dilatation variqueuse des vaisseaux capillaires; mais dans ce dernier cas ses tentatives ont été sans succès.

En résumé, des expériences auxquelles s'est livré l'auteur, il croit pouvoir considérer comme acquis qu'en faisant pénétrer certaines substances dans le tissu de la peau, à l'aide du tatouage, c'est-à-dire de l'acupuncture, on peut dans certains cas faire disparaître entièrement, dans d'autres affaiblir très-sensiblement la couleur des signes, ou *nœvi materni*, qui sont dus à la coloration exagérée du pigment.

Considérations zoologiques sur l'homme.

Avant de passer à l'étude des variétés de l'espèce humaine, il convient d'étudier l'homme comme on étudierait tout autre animal, et de montrer les différences les plus remarquables qui distinguent son organisation.

Parmi toutes les races d'animaux, l'homme seul s'avance avec noblesse, le front levé, dans l'attitude du commandement,

« ...... ad sidera tollere vultus,

a dit le poëte. Ses extrémités inférieures suffisent pour

porter le poids de son corps; tandis que ses bras, détachés du tronc et libres, peuvent exercer des mouvements étendus et sont terminés par une main, organe admirable de toucher et de préhension. « Qu'on suppute, dit Buffon, la superficie de la main et des cinq doigts, on la trouvera plus grande, à proportion, que celle de toute autre partie du corps, parce qu'il n'y en a aucune qui soit autant divisée : ainsi, elle a d'abord l'avantage de pouvoir présenter aux corps étrangers plus de superficie, ensuite ses doigts peuvent s'étendre, se raccourir, se plier, se séparer, se joindre et s'ajuster à toutes sortes de surfaces, autre avantage qui suffirait pour rendre cette partie l'organe de ce sentiment exact et précis qui est nécessaire pour nous donner une idée de la forme des corps. »

M. Guitton a étudié, dans un travail récent, l'anatomie et la physiologie comparées de la main, et il a conclu de la disposition symétrique des muscles de cet organe, et des ramifications ganglionnaires qui s'y distribuent, qu'il y a un rapport direct entre le perfectionnement organique de la main et de développement de l'intelligence.

Comparant les articulations carpo-métacarpiennes du pouce et du petit doigt, M. Guitton les démontre consistant toutes deux dans un double emboîtement réciproque, avec des mouvements plus étendus pour le pouce. D'autre part, l'articulation métacarpo-phalangienne de ces deux doigts est exactement la même, condylienne, ne différant que par l'étendue des mouvements, bien plus considérables dans le petit doigt que dans le pouce; de telle sorte que la flexion du pouce sur la paume de la main ne forme qu'un angle obtus, tandis que celle du petit doigt détermine la production d'un angle aigu. Combinant ensemble ces deux propriétés, à savoir : mouvements plus étendus dans l'articulation carpo-métacarpienne et moins étendus dans l'articulation métacarpo-phalangienne du pouce, et les mouvements inverses du petit doigt, M. Guitton arrive à démontrer que les mouvements se passent de telle sorte que les deux doigts, en s'opposant l'un à l'autre, font chacun, par un mécanisme inverse, la moitié du chemin pour se réunir sur la ligne médiane.

De la disposition des articulations résulte encore ceci, que le petit doigt, au lieu de tomber sur l'éminence hypothénar, comme il devrait le faire d'après les descriptions qu'en ont données les anatomistes, tombe au contraire sur l'éminence thénar, dans le prolongement d'une ligne qui descendrait du doigt médius, en le divisant en deux portions symétriques, et cette disposition, qui n'a encore été signalée par aucun auteur, paraît à M. Guitton des plus importantes dans l'examen d'une main bien construite et bien proportionnée. C'est surtout dans les os que la loi de symétrie de la main se révèle de la manière la plus évidente. Le doigt médius est divisible en deux moitiés parfaitement semblables, et chacun des doigts, en dehors ou en dedans, est divisible en deux portions tellement disposées, que la moitié interne est la plus faible et la moitié externe la plus forte. Cette disposition, bien connue de ceux qui s'occupent d'anatomie comparée, est tellement évidente qu'elle suffit à l'anatomiste exercé pour distinguer au premier coup d'œil les phalanges de tel ou tel doigt, non-seulement dans la main humaine, mais encore dans la patte des animaux.

La station bipède distingue tout d'abord l'homme du reste des mammifères; elle lui est particulière, et elle n'est propre qu'à lui. En vain a-t-on cherché à prouver que l'orang-outang, celui des singes dont les formes extérieures rappellent le plus les formes humaines, jouit aussi de ce privilége : un parallèle rapide entre l'organisation de l'un et de l'autre suffira pour démontrer combien cette assertion est dénuée de fondement.

Le pied de l'homme est un instrument destiné uniquement à la station et à la progression, par sa forme voûtée, par la saillie inférieure de l'os du talon, par la brièveté de ses doigts, le volume et la disposition du pouce, qui, placé sur la même ligne que les autres orteils, concourt avec eux, à augmenter l'étendue de cette base de sustentation, et enfin, par son mode d'articulation avec la jambe, qui lui permet de recevoir directement et de transmettre au sol tout le poids du corps.

Quelles différences le même organe ne nous offre-t-il pas chez le singe : sa forme aplatie, son étroitesse, la longueur de ses doigts, leur mobilité, la brièveté relative du pouce, et surtout sa disposition qui lui donne la faculté de former la pince avec chacun des autres doigts ; enfin, l'articulation oblique de ce pied avec les os de la jambe, circonstance qui explique la marche embarrassée de cet animal, parce qu'alors le bord externe du pied seulement, et non plus toute l'étendue de sa surface, appuie sur le sol : tous ces arrangements ne font-ils pas de l'extrémité inférieure de l'orang une main véritable et non pas un pied, un instrument parfait de préhension et non un organe de station ?

Chez l'homme tout concourt à favoriser la station bipède, le mode d'articulation de l'os de la cuisse avec le bassin, la largeur et l'inclinaison de cette ceinture osseuse, le volume et la force des muscles destinés à étendre et à maintenir étendues les différentes brisures des extrémités inférieures, puis les inflexions de la colonne vertébrale, et enfin le mode d'articulation de la tête, qui se tient, d'elle-même pour ainsi dire, en équilibre au sommet de cet axe osseux, sans nécessiter de grands efforts musculaires : toutes ces dispositions, si bien prises pour élargir autant que possible la base de sustentation, donnent aux parties inférieures la solidité nécessaire, et témoignent de l'harmonieux ensemble que présentent les divers compartiments de cette machine vivante, si merveilleusement disposés pour un seul et même but.

L'homme, si favorisé du côté de l'adresse, ne l'est point du côté de la force; sa vitesse à la course est moindre que celles des animaux de sa taille, et il est dépourvu d'armes offensives et défensives; sa peau, presque nue, ne le protège pas même contre les vicissitudes atmosphériques; mais, suppléant par son intelligence à ce qui lui manquait sous tous ces rapports, il a trouvé moyen de diriger à son gré les forces naturelles; il a écarté les animaux qui pouvaient lui nuire, et réduit en esclavage ceux qui pouvaient lui être utiles.

Ses deux yeux sont rapprochés et dirigés directement en avant, son ouïe est moins étendue que celle de beaucoup d'animaux, et néanmoins il est le plus sensible de tous à la mélodie et à l'harmonie des sons; son odorat, qui n'est pas très-subtil, est plus délicat que celui des animaux, car il est incomparablement plus affecté qu'aucun d'eux par la suavité ou la fétidité des odeurs; la finesse de son goût se manifeste assez par les soins qu'il prend pour le satisfaire. Sa langue et ses lèvres sont mobiles. Il a trente-deux dents, seize à chaque mâchoire, savoir : quatre incisives, tranchantes au milieu, deux canines pointues aux coins, et dix molaires à couronnes tuberculeuses, cinq de chaque côté, dont les deux premières, présentant seulement deux tubercules, sont appelées fausses molaires, et les trois suivantes, à quatre ou cinq tubercules, sont les vraies molaires. Vers la septième année les incisives, les canines et les fausses molaires tombent, et sont remplacées. La structure de ces dents jointe à celle du canal intestinal fait de l'homme un animal frugivore (c'est-à-dire qui se nourrit de végétaux, de légumes); aussi quand il cherche dans la chair une nourriture plus substantielle, ne la mange-t-il qu'après lui avoir fait subir, au moyen du feu, des préparations que lui suggère son intelligence.

La femme diffère de l'homme par le plus grand développement des cheveux, l'absence de la barbe, la largeur plus grande de son bassin, nécessaire pour livrer passage à l'enfant naissant, et aussi par son crâne, en général un peu moins développé en avant, un peu plus prolongé en arrière. La durée de la gestation est de neuf mois, son produit ordinairement d'un seul enfant, qui en naissant a cinquante centimètres de long, et croît à peu près jusqu'à dix-huit ans.

Poursuivons cette revue rapide de son organisation : ses dents en série continue, ses molaires à tubercules mousses, peu propres à couper la fibre animale, à moins qu'elle n'ait été ramollie par l'action du feu, et la composition de son appareil digestif tout entier, annoncent un régime mélangé : c'est que l'homme, appelé à vivre sur tous les points du globe, devait pouvoir se nourrir de substances végétales aussi bien que de substances animales, afin de varier ses aliments suivant l'exigence des climats.

Les organes des sens sont moins développés dans l'homme que dans la plupart des autres mammifères; il est dépourvu d'armes naturelles pour l'attaque ou pour la défense; son corps, privé de téguments protecteurs, est exposé à toutes les intempéries des saisons; il naît dans un état de dénûment complet; et pendant plusieurs années il a besoin des soins et de la vigilance de sa mère pour soutenir sa frêle existence.

Mais combien la supériorité de son intelligence ne compense-t-elle pas ces imperfections apparentes. L'homme devait être dirigé, éclairé par les sensations, mais non dominé par elles; de là l'infériorité relative de ses sens externes et le développement remarquable de l'organe du sens interne, d'où partent les ordres de la volonté.

L'étude comparative du cerveau de l'homme et de la boîte osseuse qui le renferme nous a déjà fourni un caractère organique plus important encore que tous ceux qui nous occupent ici en ce moment, puisque c'est là que nous trouvons la cause matérielle de la prééminence de l'homme sur la brute.

M. le docteur Bourgery, à qui l'anatomie humaine doit de si nombreux, de si beaux travaux, et qui semble s'être proposé la tâche élevée de poursuivre l'étude de l'organisation de l'homme jusqu'aux dernières limites que puisse atteindre l'observation, M. Bourgery a recherché les rapports en pesanteur des organes nerveux de l'homme et des mammifères, dans le but de connaître les rapports du système nerveux avec les manifestations qui en dépendent.

Partant de ce principe, que le système nerveux, agent de toutes les fonctions, les représente toutes matériellement, il s'est proposé de déterminer les rapports du système nerveux avec lui-même, par la comparaison des divers appareils dont il se compose, de déterminer les rapports en pesanteur absolue des organes nerveux de l'homme et de quelques animaux mammifères, et de déduire les conséquences qui ressortent naturellement des faits. Procédant ainsi, M. Bourgery a trouvé que la moyenne de l'encéphale, c'est-à-dire de toute la masse nerveuse centrale, étant 1,321 grammes, les hémisphères cérébraux y figurent pour 1,095 gr., le cervelet pour 141, le prolongement céphalique de l'axe cérébro-spinal pour 85, dont les couches optiques et les corps striés représentent 57, et le bulbe rachidien avec la protubérance, 28, la moelle épinière 46.

Il résulte de là que dans l'homme les hémisphères cérébraux, les organes propres des manifestations psychologiques renferment une masse nerveuse qui est, par rapport aux autres appareils,

Quatre fois celle de tout le reste de la masse encéphalo-rachidienne;

Neuf fois celle du cervelet, organe présumé de la coordination des mouvements;

Près de *treize fois* celle de la tige céphalique de la moelle épinière, réunissant les organes des sens, moins l'olfactif, ceux de transmission de la sensibilité générale et ceux de la respiration;

Vingt-quatre fois celle de la moelle épinière, cordon de conductibilité et d'incitation de la sensibilité et des mouvements de tout le corps, les viscères compris.

Le tableau suivant montre les rapports de pesanteur dans lesquels sont entre eux les différents organes d'un même encéphale, et la proportion relative qu'ils affectent les uns à l'égard des autres dans la comparaison des divers organismes.

TABLEAU DE LA FRACTION COMPARATIVE QUE REPRÉSENTE CHAQUE ORGANE NERVEUX DANS L'HOMME ET LES ANIMAUX, LE POIDS DE L'ENCÉPHALE ENTIER DE CHACUN D'EUX ÉTANT EXPRIMÉ PAR 1000.

	Homme	Chien moyen.	Petit Chien.	Cheval.	Chat.	Veau.	Mouton
Moelle épinière. . . .	19.68						
Bulbe rachidien et isthme de l'encéphale. . .	21.20	80.81	84.11	86.29	93.78	86.15	112.56
Couches optiques et corps striés.	43.15	90.91	93.46	108.29	109.37	104 62	112.56
Cervelet.	106.73	101.01	130.84	121.85	140.63	160.00	154.83
Hémisphères cérébraux.	828.92	727.27	691.59	683.59	656.25	649.23	640 43
	1000.00	1000.00	1000.00	1000.00	1000.00	1000.00	1000.00
Dont { Hémisphères cérébraux et cervelet. .	935.65	828.28	822.43	805.42	796.88	809.23	775.28
Dont { Tige céphalique. . .	64.35	171.72	177.57	194.58	203.12	190.77	224.72
	1000.00	1000.00	1000.00	1000.00	1000.00	1000.00	1000.00

En résumé, la prédominance des hémisphères cérébraux, si considérable chez l'homme, subit une juste réduction quand on passe de l'homme aux animaux qui s'en rapprochent le plus, et elle diminue graduellement dans ceux-ci, du chien au cheval, puis au chat, au veau, au mouton, c'est-à-dire à peu près dans le rapport de l'intelligence elle-même.

Voici les conclusions que l'auteur déduit de ses recherches :

1° De même que dans l'homme, comme il ressort de tous les travaux de la science moderne, l'étendue et la variabilité de l'intelligence sont généralement en proportion de la quantité anatomique de la substance cérébrale, et que cette détermination devient rigoureuse lorsqu'à la quantité se joint la condition physiologique de la qualité ; de même aussi chez les animaux la précision et la lucidité des instincts paraissent en rapport avec la quantité de la matière cérébrale dans chacun d'eux, sauf également la question de qualité entre les individus d'une même espèce.

2° La somme des instincts chez les animaux comparés entre eux est d'autant plus grande, que le poids proportionnel des hémisphères cérébraux, et peut-être aussi du cervelet, est plus considérable par rapport à celui des centres nerveux de l'axe cérébro-spinal.

3° La vie n'étant que l'harmonie dans l'accord et l'antagonisme, c'est-à-dire une lutte perpétuelle des organismes contre le milieu physique, le système nerveux, l'agent matériel de la vie, exerce trois sortes de fonctions : les premières, spontanées ou propres à l'être vivant, et qui ne peuvent ressortir uniquement de l'action des lois générales de la nature; les secondes, physiques; les troisièmes, chimiques, qui se nuancent d'un groupe à l'autre par des fonctions mixtes intermédiaires. Les fonctions spontanées indiquent la destination de l'être vivant; les autres établissent pour l'entretien du corps matériel ses rapports avec les lois de la chimie et de la physique générales.

Ces conditions posées,

En dehors de toute question de la qualité relative de la substance :

1° Une masse nerveuse cérébrale, qui est quatre fois celle de tout le reste des organes encéphalo-rachidiens, est exigée par les manifestations psychologiques de l'homme.

2° Les instincts de l'animal ne requièrent que cinq ou six fois moins de la substance nerveuse qui leur est propre. Au-dessous, la quantité de substance nécessaire aux organes pour leurs fonctions diminue graduellement dans l'ordre suivant :

A. Les sens et les nerfs de la sensibilité générale, organes de physique vivante.

B. La fonction physique du mouvement.

C. La fonction physico-chimique de la respiration.

Puis parmi les fonctions chimiques :

D. La digestion.

E. Les élaborations organiques.

F. L'assimilation.

Tels sont les résultats qui ressortent de la détermination en poids de la substance nerveuse. Mais pour si curieux et si féconds qu'ils puissent être, pour conclure à la qualité anatomique, il faudra pouvoir ajouter la qualité physiologique, condition plus essentielle, à laquelle semblent se rattacher l'aptitude spéciale, l'activité, l'harmonie fonctionnelle, et quelque chose encore de plus pénétrant, de plus exquis, et par cela même d'indéfinissable, qui imprime un si grand caractère aux manifestations psychologiques de l'homme. C'est que de même que pour tous les tissus, qui diffèrent entre eux dans les animaux, il y a aussi une substance nerveuse propre à chacun d'eux et avant tout à l'homme. Gardons-nous donc d'assimiler entre eux des organes dont les manifestations physiologiques, loin d'être généralement analogues, sont partout si profondément différentes. Et comme aucune comparaison ne peut être admise à cet égard de l'animal à l'homme, tout en constatant l'énorme différence matérielle qu'elle accuse, avouons que la quantité qui ne montre que le côté physique d'une question qui ne l'est plus, ne suffit pas à mesurer l'immense intervalle qui sépare l'instinct organique irresponsable de l'animal, du sens moral et de l'intelligence responsable de l'homme.

Pour compléter les observations qui précèdent nous

donnons ici un tableau comparatif des mesures des divers organes des appareils de la vie de nutrition et de la vie de relation, dans l'homme. Ces observations résultent de recherches anatomiques faites sur six hommes A, B, C, D, E, F, et sur deux femmes G, H.

TABLEAU DES MESURES DES ORGANES DANS L'ESPÈCE HUMAINE.

DÉSIGNATIONS.	HOMMES.						FEMMES.	
	A	B	C	D	E	F	G	H
Age, ans. . .	21	56	Fœtus.	25	51	46	55	27
Poids, kilog. .	42	58	1083	50	52	60	50	52
Taille, centim.	161	170	39	180	150	180	158	153
Encéphale. Grammes.	1459	»	160	1637	1440	1504	1050	1444
Cerveau.	1287	»	»	1445	1243	1336	908	1285
Cervelet.	143	»	»	182	172	143	118	136
Mésencéphale.	29	»	»	30	35	25	24	25
Moelle épinière.	25	»	»	24	»	»	20,5	»
Cœur.	186	387	7	222	345	271	225	226
Poumons.	779	1509	28	795	1255	948	648	721
Foie.	1036	1052	51	1697	1485	1186	1159	1475
Pancréas.	45	99	»	86	63	»	97	44
Rate.	154	208	2,5	157	105	211	97	218
Corps thyroïde.	»	»	0,8	18	19	21	24	25
Thymus.	0	0	4	0	0	0	0	0
Capsules surrénales.	8,5	10	2	9	8	10	9	8,5
Reins.	188	355	13	203	332	254	226	252
Testicules.	38	49	0,9	30	»	43	»	»
Ovaire.	»	»	»	»	»	»	»	»
Système musculaire.	»	»	»	»	»	»	»	»
Syst. osseux humide.	»	»	»	»	»	»	»	»
Syst. osseux sec.	»	»	»	»	»	»	»	»
Tube digestif. Longueur en centimèt. .	1080	1085	375	1010	»	1000	965	1000

Époque de l'apparition de l'homme sur la terre.

Pendant que les recherches des géologues accumulent les preuves de l'antiquité de notre planète, et constatent la longue série de révolutions qui ont modifié sa surface ; pendant que le silencieux langage de leurs débris nous apprend que des races d'êtres organiques ont habité le globe avant l'existence de nos continents et de nos îles, à une époque où sa surface était dans un état sur lequel nous ne pouvons que former des conjectures, mais dont ces débris sont les témoins irréfragables ; pendant que ces observations nous apprennent que des cataclysmes se sont succédé les uns aux autres, et que les fragments recouverts de cet immense Herculanum enseveli nous permettent de déchiffrer les hiéroglyphes qui annoncent les progrès de la création, elles nous prouvent, en même temps, que l'apparition de l'homme n'est que de date récente, et qu'il est le dernier des animaux appelé à la vie et à l'existence.

Il est maintenant établi qu'aucune couche ancienne, ni de celles que l'on nomme formations secondaires, ni aucune des formations tertiaires, ni aucune des couches régulières du globe ne présentent des fossiles de l'homme. Dans les couches qui contiennent les restes des races antiques, les types des formes effacées de la création, même dans les dépôts contenant les os des éléphants et des rhinocéros qui ont maintenant leurs *représentants* vivants, on cherche en vain les fossiles de notre espèce.

Un jour pourtant les énormes os des animaux qui n'existent plus furent regardés comme appartenant à l'espèce humaine, et les philosophes se hâtèrent de conclure qu'il avait existé une race d'une plus haute stature, d'une force plus grande que l'*Anaheni* de la Bible, dont ceux-ci furent regardés comme les restes. C'est une erreur dans laquelle nous ne pouvons plus tomber. Les hommes qui travaillent aux fossilles, dans des carrières de gypse, aux environs de Paris, croient, dit Cuvier, que les os qu'ils rencontrent si souvent proviennent en grande partie de l'espèce humaine; pour moi, j'ai vu des milliers de ces os, et je puis affirmer en toute sécurité que pas un d'eux n'a jamais appartenu à notre espèce. J'ai examiné à Pavie les os apportés de l'île de Cérigo par Spallanzani; et, malgré l'assertion de ce célèbre observateur, j'affirme qu'il n'y en a pas un seul qui appartienne à l'espèce humaine.

On ne peut pourtant pas tirer de là cette conséquence absolue, qu'il est impossible de trouver des fossiles d'homme, car l'existence en est assurée; mais ils ne se présentent pas sous les formes et dans les conditions qui indiquent qu'ils aient été les contemporains du paléothérium, de l'anoplothérium ou du *dinothérium*, des *mammouths* et des *mastodontes*; et leur situation est telle, qu'elle justifie l'opinion que l'homme est un être nouveau et, *géologiquement* parlant, un habitant récent de notre planète.

Les plus remarquables échantillons des fossiles de notre espèce sont ceux qu'a présentés à la Guadeloupe un terrain tufacé, dépôt de date moderne et qui augmente tous les jours. On a trouvé là, en effet, deux squelettes presque entiers, couchés dans une masse calcaire. Le crâne manque dans tous les deux; ces squelettes fossiles de la Guadeloupe, comme l'observe Cuvier, sont tous plus ou moins mutilés, et furent trouvés près du port de Moule, au nord-ouest de l'île de la Guadeloupe, dans une espèce de pente sur les bords escarpés de l'île. Cette pente est en grande partie couverte par les eaux de la mer, à la marée montante. On remarque que ces points de la côte sont formés et augmentés journellement par des petits débris de coquillages et de coraux, que les vagues enlèvent continuellement aux rochers, et dont la masse accumulée prend à la fin un grand degré de cohésion, dans les endroits qui sont ordinairement secs. On trouve, en les examinant avec un microscope, que plusieurs de ces fragments ont la même teinte rouge qu'une partie des coraux contenus dans les récifs de l'île. Des formations de cette espèce sont communs dans tout l'archipel des Antilles, et y sont désignées par le mot de *maçonnerie du bon Dieu.* Leur augmentation est proportionnée à la violence de la houle, et elles ont contribué beaucoup à étendre la plaine des Cayes à Saint-Domingue; l'on y trouve quelquefois les restes de vases de terre, et d'autres objets dont la fabrication appartient aux hommes; ces objets sont enfouis à peu près à une profondeur de vingt pieds.

On a fait diverses conjectures et imaginé même des faits pour pouvoir se rendre compte de l'existence de ces squelettes à la Guadeloupe; mais M. Janne, correspondant de l'Académie des Sciences, qui a visité ces contrées et à qui Cuvier est redevable de nombreux détails, pense que ce sont les corps de personnes qui ont péri dans les naufrages. Ils ont été découverts en 1805. Dans le rocher qui renferme ces os, M. Kœnig découvrit des fragments de *Millépores* et de plusieurs *Madrépores*, ainsi que des fragments de coquillages qu'il rapporta aux genres *Hélix acuta* et *Turbo pica*; et Cuvier dit que dans l'échantillon envoyé à Paris par le général Donzelot se trouvent enfoncés des coquillages de terre que l'on trouve encore vivants dans l'île : c'est le *Bulime* de la Guadeloupe de Ferrussac. Sir Humphrey Davy soumit de petites parcelles du squelette du musée de Londres à une analyse chimique, et il trouva que les os contenaient une partie de matière animale et du phosphate de chaux.

Un de ces squelettes est conservé dans le musée britannique et a été décrit par M. Kœnig. Suivant le général Ernouf, la roche dans laquelle on rencontre à la

Guadeloupe des ossements humains est composée de sable consolidé, et renferme en même temps des coquilles d'espèces qui habitent encore aujourd'hui les mers et les terres environnantes, des fragments de poteries, des flèches et des haches de pierre. Les ossements sont le plus souvent dispersés. Un squelette que l'on a trouvé en entier était dans la position où l'on place ordinairement ceux que l'on enterre; et un autre, enfermé dans un grès plus mou, paraissait avoir été enseveli dans la position assise, ainsi que cela se pratiquait chez les Caraïbes. Ces deux corps ainsi inhumés suivant des rits divers paraissent avoir appartenu à des tribus différentes. Le général Ernouf explique la rencontre de ces ossements dispersés par une tradition, qui rapporte que vers l'an 1710 une tribu de Gallibis fut vaincue et massacrée sur ce point-là même par les Caraïbes; leurs restes disséminés auront probablement été recouverts par les eaux d'une couche de sable, qui se sera bientôt solidifiée en une roche compacte.

Indépendamment de l'existence de fossiles d'hommes à la Guadeloupe, des os humains que l'on peut à peine nommer fossiles ont été trouvés à d'autres endroits. On en trouve très-souvent dans des cavernes et dans les fentes des rochers mêlés avec des objets de fabrication humaine; quelquefois on les trouve dans des endroits où ils sont comme ensevelis dans une boue fine au-dessous d'une couche de stalagmite, et quelquefois incrustés dans ce dernier corps.

Dans les cavernes et les fissures des rochers, où les sauvages errants dans un pays inhabité auraient pu se réfugier par hasard, ou dans lesquelles ils auraient pénétré accidentellement, on a trouvé les restes de plusieurs mammifères qui n'y existent plus, tels que des variétés d'ours, d'hyènes, de lions ou de grands animaux du genre des chats, des daims, des éléphants et des hyppopotames, aussi bien que d'animaux qu'on y rencontre aujourd'hui : de chevaux, de bœufs, de moutons, de chiens, de loups et de renards. Rosenmuller trouva dans la caverne de Gaylenreuth des os d'hommes, de chevaux, de moutons, de daims, de mulets, de blaireaux, de chiens et de renards, outre les os d'ours, d'hyènes et tigres; mais ses recherches sur les dispositions de la caverne même et l'état de conservation des animaux cités les premiers prouvent qu'ils y furent déposés à des époques beaucoup plus récentes que les derniers. Dans la caverne de Klaustein M. Rosenmuller trouva deux squelettes placés à la surface et incrustés de stalactites, preuve évidente de leur existence moderne.

La célèbre caverne de Kirkdale, dans le Yorkshire, a fourni en grande abondance des os d'éléphants, d'hippopotames, de tigres, de loups, dont plusieurs portaient encore la trace des dents des animaux dont ils avaient été mordus; on n'a pu découvrir aucun os humain. Mais dans les cavernes de Glamorgens, à l'entrée du canal de Saint-Georges, le ministre et le médecin du village de Portinam trouvèrent le squelette d'une femme ainsi que des os d'éléphant, de rhinocéros, de rat et d'oiseaux ; plusieurs de ces os remontaient à une date peu éloignée, et les fouilles faites à des époques différentes les avaient mêlés non-seulement à des os de date récente, mais aussi à des coquillages que la mer avait déposés.

Il est bien regrettable que les personnes qui désirent examiner des ossements appartenant à une caverne commencent par creuser et mêler tous les matériaux ensemble; il devient ensuite impossible de vérifier l'ordre respectif de leur position dans les rochers. Le chevalier de Lawengrief découvrit, en 1816, dans la célèbre caverne d'Adelsberg, en Carniole, un trou dans un des murs; il avait quatorze pieds de hauteur; ce trou le conduisit à d'autres cavernes, d'une vaste étendue et d'une beauté incomparable, à cause des reflets brillants et variés de leurs stalactites. On a pu établir qu'une partie de ces cavernes furent autrefois connues, et qu'elles sont encore, ou qu'elles ont été accessibles par une autre entrée, car on y a trouvé des inscriptions avec des dates de l'an 1393, l'an 1676, ainsi que des os humains et des carcasses entières qui y ont été ensevelies. M. Wolpi, directeur de l'école du commerce et de navigation à Trieste, a raconté qu'il s'avança pendant plus de trois lieues et presque en ligne droite, et qu'il ne fut arrêté que par un lac, qui l'empêcha de continuer. Ce fut à peu près à deux lieues de l'entrée qu'il découvrit des os d'animaux, décrits sous le nom de *paleotherium*, mais qui appartiennent à des espèces d'ours qui n'existent plus et dont on trouve des restes dans des cavernes d'ours en Allemagne.

Ainsi les restes d'hommes trouvés dans les cavernes qui contiennent les os des animaux appartenant à des espèces qui n'existent plus ne prouvent pas que leur existence soit contemporaine de la race humaine, pas plus que des médailles de notre siècle trouvées avec celles qui dateraient des rois saxons ou de l'ancienne Rome ne prouveraient leur commune origine. Une chose cependant est claire, c'est qu'à l'époque où notre continent a pris sa forme générale il fut habité par des espèces de mammifères qui n'existent plus ou dont la race ne vit que dans des régions plus chaudes du globe.

Occupons-nous maintenant des fossiles humains trouvés près de Kosritz, et qu'on dit avoir été incrustés dans un rocher de pierre à chaux avec des restes de rhinocéros, de lions, d'hyènes, etc. M. de Sclotheim, qui découvrit ces restes organiques, pense que les ossements humains y ont été placés à une époque plus reculée que les ossements d'animaux dont nous avons parlé; il est soutenu dans son opinion par M. Buckland, qui remarque que le cas de Kosritz ne dément pas l'observation générale que les os humains n'ont été découverts dans aucun des dépôts diluviens examinés auparavant. La découverte d'ossements humains dans les fondrières de tourbes, et d'une antiquité qui ne peut être appréciée, ne s'applique en aucune façon au sujet qui nous occupe en ce moment. Ainsi l'opinion des géologues les plus savants et les meilleurs observateurs est que l'homme est une création nouvelle; qu'il fut appelé à la vie quand la surface de la terre, après avoir subi une foule de modifications, et pris en grande partie l'aspect qu'elle a aujourd'hui, fut disposée pour le recevoir. Dans ces derniers temps quelques philosophes ont opposé à cette opinion les annales chronologiques des Chinois et des Brahmines et les zodiaques des anciens habitants de l'Égypte. Quant à la fabuleuse chronologie des Chinois et des Brahmines, il est inutile d'en parler, l'évidence la repousse. Maintenant, quant aux zodiaques des Égyptiens, il est établi que le grand temple de Denderah, d'où vient le célèbre zodiaque, n'est pas antérieur au règne d'Auguste; le petit temple d'Esné, dont l'origine connue est indiquée par le zodiaque, ne date pas de plus de trois mille ans avant l'ère chrétienne. Il a une colonne sculptée et peinte pendant la sixième année du règne d'Antonin, cent quarante-sept ans après J. C. Elle est peinte et sculptée dans le même style que le zodiaque auquel elle est jointe.

Ces planisphères ont fourni les preuves que tant de philosophes ont invoquées en faveur de l'antiquité de notre race. Dapius reporte la construction du zodiaque de Denderah à trois mille ans avant notre ère, et d'autres, non moins savants, sont tombés dans des conclusions aussi extravagantes. Après tout, il paraît que ces zodiaques n'ont pas trait à la précession des équinoxes ou au déplacement du solstice ; ce ne sont pas de véritables zodiaques. Cuvier a fait remarquer qu'une boîte de momie apportée de Thèbes par M. Caillaud, contenant, comme l'indique l'inscription grecque du dessus, le corps d'un jeune homme qui mourut la neuvième année de Trajan, 116 après J. C, présentait un zodiaque divisé aux mêmes points que celui de Denderah, et que tout indiquait que ces divisions concernaient quelque fait astrologique relatif à l'individu. Conclusion que l'on peut appliquer à la division des zodiaques trouvés dans les temples.

Variétés de l'espèce humaine.

Nous avons actuellement à exposer les caractères par lesquels les hommes sont naturellement partagés en plusieurs grandes familles, répandues sur la surface de la terre ; caractères tellement apparents, non-seulement dans les formes du corps, mais encore dans la structure et la direction des os qui lui servent de base, que plusieurs écrivains ont pensé que des êtres si divers, quoique appartenant au même genre, ne pouvaient appartenir à la même espèce, et, pour expliquer le phénomène, ont admis plusieurs espèces primitives, distinctes les unes des autres, et dont les traits resteraient toujours fixes et indélébiles.

C'est à ces variétés, communes aux deux sexes qui

divisent l'espèce en deux moitiés, que les naturalistes et les physiologistes ont donné le nom de races.

Ces races, qui présentent des différences d'organisation permanentes, héréditaires et indépendantes du climat et des autres circonstances accessoires, qui sont de véritables souches fondamentales et originelles, qui ne paraissent plus aussi distinctes qu'elles ont dû l'être dans l'origine des sociétés, qui se sont insensiblement mélangées entre elles par l'effet du commerce, de la guerre, des expéditions des conquérants, des émigrations forcées ou volontaires des peuplades entières, diffèrent les unes des autres, non-seulement par l'extérieur du corps, mais encore par la charpente même qui lui sert de soutien. En les rapprochant par leurs affinités, on arrive à classer méthodiquement les hommes, non plus comme l'histoire politique sépare exactement les nations, d'après leurs dénominations et les limites de leur territoire, mais comme l'histoire naturelle divise tous les corps organisés, en prenant pour point de départ les particularités de leur organisation.

« Nous ne connaissons, dit M. de Humboldt, cet illustre auteur du *Cosmos*, nous ne connaissons ni historiquement, ni par aucune tradition certaine, un moment où l'espèce humaine n'ait pas été séparée en groupes de peuples. Des légendes isolées, se retrouvant sur des points très-divers du globe sans communication apparente, font descendre le genre humain tout entier d'un couple unique. Cette tradition est si répandue qu'on l'a quelquefois regardée comme un antique souvenir des hommes; mais cette circonstance même prouverait plutôt qu'il n'y a là aucune transmission réelle d'un fait, aucun fondement vraiment historique, et que c'est tout simplement l'identité de la conception humaine, qui partout a conduit les hommes à une explication semblable d'un phénomène identique..... Ce qui montre encore dans les traditions dont il s'agit le caractère manifeste de la fiction, c'est qu'elle prétend expliquer d'une manière conforme à l'expérience de nos jours un phénomène en dehors de toute expérience, celui de la première origine de l'espèce humaine. »

Sans prétendre analyser ici les systèmes imaginés à ce sujet, depuis le dix-septième siècle, par quelques esprits méthodiques, nous rappellerons seulement qu'on a abandonné totalement la classification géographique suivie par Linné, quand il a partagé les hommes en Européens, en Africains, en Asiatiques et en Américains; celle de Hunter, qui, prenant pour base les diverses teintes de la peau, divisait les individus de notre espèce en blancs, en basanés, en cuivrés, en rouges, en bruns et en noirs; celle enfin, beaucoup plus récente, de C. Meiners, qui, dans un ouvrage allemand publié d'abord en 1793, n'admet que deux races, la belle et la moins belle, et a mérité d'être taxé de partialité, en rangeant les blancs dans la première.

Le tableau suivant résume les neuf classifications tentées, jusqu'à ce jour, par les naturalistes; il suffit de les exposer synoptiquement pour se faire excuser le parti auquel on s'arrête, en présence de ce chaos désespérant pour qui veut se faire une idée du genre humain.

Cuvier.	Linné.	Blumenbach.	Duméril.	Desmoulins.	Bory de Saint-Vincent.	Virey.	Gerdy.	Maltebrun.
Race blanche ou caucasique.	Blanche.	Caucasienne.	Caucasique.	Celto-Scytho-Arabe.	Japétique.	Blanche.	Blanche.	Polaire.
Jaune ou mongolique.	Jaune.	Mongolique.	Hyperboréenne	Mongole.	Arabique.	Basanée.	Jaune.	Finoise.
Nègre ou éthiopique.	Nègre.	Éthiopique.	Mongole.	Éthiopienne.	Hindoue.	Noire.	Nègre.	Sclavone.
	Brune.	Américaine.	Éthiopienne.	Euro-Africaine.	Scythique.	Cuivreuse.	Rouge.	Gothico-germanique.
	Monstrueuse.	Malaise.	Américaine.	Austro-africaine.	Sinique.	Brune.		Occidentale - Européenne.
			Malaie.	Malaise ou Océanique.	Hyperboréenne	Noirâtre.		Grecque et Pélagique.
				Lapone.	Neptunienne.			Arabe.
				NègreOcéanienne.	Australasienne.			Indienne.
				Australasienne.	Colombique.			Maure.
				Colombienne.	Américaine.			Tartare et Mongole.
				Américaine.	Patagonne.			Noire.
					Éthiopienne.			Basanée du grand Océan.
					Caffre.			Américaine.
					Mélanienne.			Malaise.
					Hotentote.			Noire de l'océan Pacifique.
								Noire de l'Afrique orientale.

Si les naturalistes varient sur la classification des races humaines, ils ne sont pas davantage d'accord sur l'origine même de l'espèce :

Les uns la font sortir d'une seule souche, et regardent ses différences si frappantes comme de simples modifications, comme des produits accidentels des divers climats. Les autres, au contraire, distinguent originairement le genre humain en plusieurs espèces, aussi différentes par leur aspect physique que par leur état moral, et qu'ils appellent *races*. Une troisième classe de naturalistes, dans le but de confirmer l'idée préconçue d'une chaîne liant ensemble toutes les espèces d'animaux, et se rattachant de là aux végétaux et même aux minéraux, n'hésitent pas à prétendre que l'homme n'est autre chose qu'une manière de singe perfectionné. Grâce à leurs suppositions, tous les objets de la nature se lient en effet; mais cette liaison n'exprime rien de plus en réalité que les rapports factices introduits entre des classes d'êtres dont l'assimilation hypothétique ne heurte pas moins l'observation impartiale que les saines inductions de la philosophie. Les partisans de ce système ont disparu avec les dernières traces de la philosophie matérialiste dont nos pères ont subi le règne dégradant, et aujourd'hui les naturalistes se partagent tous entre ceux qui professent l'unité primitive de l'espèce humaine, et ceux qui adoptent l'opinion de la multiplicité des races.

Il faut cependant en convenir, ni les uns ni les autres n'apportent à l'appui de leurs principes des preuves capables de résoudre la difficulté. Les partisans de l'unité de l'espèce, qui imputent aux climats les différences organiques des variétés de cette espèce, se trouvent arrêtés par la masse des faits d'où il résulte que les climats froids, contrairement à leurs données premières, entretiennent également des hommes à peau brune, à cheveux noirs et à petite taille, tels que les Lapons et les Groënlandais, et des hommes à taille haute, à peau très-blanche et à cheveux blonds, tels que les Finnois et les Islandais; que les climats brûlants de l'Afrique produisent aussi, à l'inverse de l'opinion des mêmes naturalistes, des peuples de race blanche à côté de la race nègre; ce qui s'observe encore en Amérique, où vivent et se reproduisent pêle-mêle et les peaux rouges, et les peaux noires, et les peaux blanches. Cependant ne poussons pas les faits au delà de leur signification positive, et reconnaissons que, suivant leur témoignage, les trois races ou variétés humaines, noire, rouge et blanche, offrent chacune une empreinte organique propre, et sans doute encore un caractère moral spécial.

Des difficultés non moins sérieuses viennent embarrasser le système des naturalistes pour lesquels l'espèce humaine doit être distinguée en plusieurs races. Et d'abord, ces savants ne s'accordent pas sur le nombre des races : ainsi, la race blanche, pour ne citer qu'un exemple, ne comprend pas moins de trois ou quatre branches, plus différentes souvent que les races primitives entre elles. Qui pourrait confondre notamment l'Arabe du désert, à peau basanée, à cheveux noirs et à petite taille, avec le Finnois et le Bothnien, à haute stature, à peau blanche et à cheveux blonds? Nous ne disons rien de leurs différences morales; cependant on n'ignore pas combien elles sont peu semblables et souvent même contraires. En outre, s'il est vrai que les trois races peuvent se distinguer à un grand nombre de traits particuliers, il n'en faut pas moins admettre que, tant sous le rapport physique que sous le rapport moral, elles ne laissent pas de conserver un plus grand nombre d'attributs semblables; on peut même affirmer que leurs différences ne portent guère que sur des accidents, des formes, des variétés, et qu'au fond elles ne sont pas moins toutes marquées au cachet ineffaçable de l'humanité; en un mot, qu'elles ne sont pas moins hommes.

On ne saurait alléguer contre cette assertion que les noirs, par exemple, occupent primitivement et essentiellement, dans l'échelle des êtres humains, un degré inférieur aux blancs, car on ignore au juste jusqu'où peut s'étendre à leur égard la puissance de la civilisation; et si l'on veut mettre en regard ce qu'on nous raconte des Gaulois, il y a quelque deux mille ans, avec les habitudes et les mœurs des Haïtiens actuels, on ne balancera pas à avouer que les Gaulois de ces anciens temps, malgré la noblesse de leur race, étaient certainement bien plus sauvages que les noirs habitants d'Haïti. Il paraît d'ailleurs, d'après un document très-curieux, découvert en Égypte par le célèbre Champollion, que dans une antique classification des nations, exécutée, selon toute apparence, dans le voisinage de l'Éthiopie, la race nègre occupe le premier rang, tandis que la race blanche se trouve reléguée au plus bas degré; ce qui prouve, si l'on doit ajouter foi à un semblable titre, que les idées relatives à l'infériorité des races humaines ne reposent pas sur la nature, et qu'elles peuvent singulièrement changer avec le temps. Quoi qu'il en soit, il résulte des considérations dans lesquelles nous venons d'entrer que la distinction des races n'est pas établie jusqu'ici sur un fondement plus solide que l'opinion de l'unité de l'espèce.

Comme nous n'avons pas à prendre de parti entre ces

différents systèmes, nous nous contenterons de faire remarquer que tous les membres de la grande famille humaine paraissent avoir ensemble une foule de points de contact essentiels, mais qu'entre tous ces membres il existe des différences importantes, qui obligent à les classer séparément.

En faisant servir à une classification de *l'espèce humaine* tous les traits du corps à la fois, on reconnaît cinq races assez tranchées, qui se partagent en rameaux, que l'on subdivise, à leur tour, en familles ou en groupes.

Ces cinq races sont : la *Race blanche* ou *caucasique ;* la *Race jaune* ou *mongolique ;* la *Race rouge* ou *américaine ;* la *Race brune* ou *malaise ;* la *Race noire* ou *éthiopique*.

RACE BLANCHE OU CAUCASIQUE.

456,000,000 d'individus.

Cette race, à laquelle nous appartenons, et qui comprend aussi les descendants des anciens Hébreux, les Arabes, les Druses, les Maures, les Marocains, les Abyssins, les Hindous en deçà du Gange, les habitants du Bengale, de la côte de Coromandel, du Grand-Mogol, les Malabares, les Persans, les Arméniens, les Géorgiens, les Grecs, les Espagnols, les Anglais, les Allemands, les Italiens, les Russes, les Suédois, les Danois, les Hollandais, les Turcs, etc., se fait remarquer par la beauté de la forme et des proportions de la tête, dans laquelle le crâne l'emporte de beaucoup sur la face, ce dont on peut se convaincre par la plus simple inspection comme par l'application des méthodes céphalométriques. Tous les individus qui la composent ont, d'ailleurs, la peau plus ou moins blanche, les joues rosées, le visage ovale ou presque ovale dans le sens vertical, le nez long, arqué et mince, le front non rejeté en arrière, bombé, saillant, les lèvres petites, le menton plein et arrondi, les dents droites et non inclinées. Ce n'est que chez eux aussi qu'on trouve des cheveux blonds ou châtains et des yeux bleus. Jamais leurs os ne sont nulle part très-proéminents, et les pommettes, en particulier, ne font jamais une saillie prononcée.

L'illustre auteur du *Règne animal* distingue dans la race blanche trois rameaux, qu'il énumère dans l'ordre suivant : le rameau araméen ; le rameau indien, germain et pélasgique ; le rameau scythe et tartare.

Quoique cette division se rattache à des considérations linguistiques et historiques plutôt qu'à des rapprochements zoologiques, M. d'Omalius d'Halloy a cru devoir la prendre pour base de son travail, parce qu'elle est la plus généralement adoptée. Mais en réunissant dans un même rameau tous les peuples parlant des langues considérées comme ayant des rapports avec le sanskrit, on groupe ensemble les hommes les plus blancs et les plus noirs de la race blanche, on range dans la même division les peuples qui se trouvent à la tête de la civilisation moderne et d'autres qui en sont fort éloignés, et on fait disparaître de la science le groupe *européen*, qui est généralement admis par ceux qui ne font pas de classifications systématiques.

Or, il a paru que l'on pouvait éviter ces inconvénients en envisageant comme des rameaux particuliers la partie européenne et la partie asiatique de cet immense rameau, ce qui donne les quatre divisions géographiques indiquées ci-après. D'un autre côté, en plaçant le rameau européen en tête de la série on rompt toutes les affinités zoologiques et sociales, puisque l'on met des peuples aussi bruns et aussi barbares que les nomades du grand désert d'Afrique avant les peuples les plus blancs et les plus civilisés de la terre. Cette disposition paraît avoir été suggérée par la circonstance que la civilisation se serait développée en premier lieu dans le rameau araméen; mais il semble que l'on doit avoir bien plus d'égards à l'ensemble du développement de la civilisation qu'à son époque, car cette époque peut tenir à des idées accidentelles, tandis que l'ensemble doit tenir à des considérations d'aptitude, c'est-à-dire à une propriété que l'on peut, jusqu'à un certain point, considérer comme résultant de l'organisation, ainsi que l'ont fait observer plusieurs physiologistes. Ce ne doit point être en effet par hasard que la civilisation n'a jamais pu s'étendre d'une manière bien fixe chez les peuples de la race noire. Or, lorsque l'on fait attention à l'état où sont maintenant retombés les Araméens et au point où se sont élevés les Européens, on doit admettre que ceux-ci ont plus d'aptitude que ceux-là pour la civilisation; de sorte qu'en plaçant le rameau le plus blanc à la tête de la race blanche, de même que l'on place celle-ci avant les races colorées, on obtient, pour les qualités intellectuelles comme pour celles dites physiques, une série décroissante aussi régulière que le permet la disposition des rapports qui existent entre les êtres.

La *Race blanche*, originaire du Caucase, d'où elle se sera répandue sur toutes les parties de la terre, a pour caractères spéciaux :

Visage ovale, nez long et saillant, peau blanche, composée d'un derme et de deux épidermes, pouvant se nuancer depuis le blanc rosé jusqu'au brun très-foncé, et rougir et pâlir accidentellement, sous l'influence des impressions morales. Cheveux longs, flexibles, unis, variant du blond au noir. Angle facial de 80 à 90 degrés. Sourcils arqués, paupières minces, front ouvert, dents incisives verticales, pommettes peu saillantes, lèvre supérieure un peu raccourcie, barbe touffue, yeux bien ouverts et horizontaux, taille s'élevant généralement au-dessus de cinq pieds, démarche assurée. Cette *Race* occupe un espace mesuré par un arc du méridien d'environ 50 à 60 degrés, depuis le cercle polaire arctique jusqu'au delà du tropique du Cancer. Elle a une incontestable prééminence physique et morale sur les autres races.

Elle se partage en quatre rameaux : l'*Européen*, le *Scythique*, l'*Indo-Persique* et l'*Araméen*.

Voici le tableau des subdivisions du premier rameau :

Rameau	Familles	Peuples
RAMEAU EUROPÉEN. 234,000,000. Développé originairement au nord-ouest du Caucase. Ces peuples ont généralement le teint blanc; les cheveux varient du blond au noir, les yeux du bleu au noir. Concentrés en Europe jusqu'au seizième siècle, ils ont étendu, depuis, leurs relations en Amérique, en Asie, en Océanie. Les langues parlées par les familles de ce rameau ont des rapports généraux avec le sanscrit. *Six Familles.*	FAMILLE TEUTONNE. 78,800,000. Yeux bleus, cheveux blonds très-fins, peau d'un blanc mat ou rosé, taille moyenne, corps replet, robuste.	Scandinaves. Germains. Anglais.
	FAMILLE CELTIQUE. 10,000,000. Haute stature, yeux bruns, peau pâle, cheveux épais.	Celtes.
	FAMILLE BASQUE. 400,000. Mêmes caractères que les Celtes; langue différente des autres langues connues; peuple actif et courageux.	Basques.
	FAMILLE LATINE. 85,800,000. Taille moyenne, cheveux et yeux noirs; teint qui peut être bruni par le soleil.	Français. Hispaniens. Italiens. Valaques.
	FAMILLE GRECQUE. 3,300,000. Originaire des Pélasges; elle a porté très-loin la civilisation, mais elle a rétrogradé depuis, et ne forme plus qu'une population peu nombreuse.	Grecs. Albanais.
	FAMILLE SLAVE. 76,000,000. Constitution robuste, cheveux châtains, yeux bruns, visage arrondi. Ces peuples, originaires des pays situés entre la mer Noire et la Baltique, s'étendent maintenant dans tout le sud-est de l'Europe.	Russes. Serbes. Carniens. Wendes. Tchèkhes. Polonais. Lithuaniens.

Rameau Européen.

Tous les hommes de ce rameau ont le teint blanc; mais la couleur de leurs cheveux varie du blond au noir, et celle de leurs yeux du noir au bleu cendré.

On les partage en six familles, exclusivement cantonnées en Europe pendant une longue suite de siècles, mais dont plusieurs, dans les temps modernes, ont fini par se répandre sur toute la terre.

Trois d'entre elles, les familles Teutonne, Latine et Slave dominent aujourd'hui sur le continent européen, soit par la supériorité du nombre, soit par l'étendue de leurs domaines.

La *Famille Teutonne,* qui reproduit plus fidèlement que toutes les autres les caractères de la race, se distingue par l'éclat de son teint, ses yeux bleus, ses cheveux blonds, une taille avantageuse, un tempérament flegmatique. Étendue au centre et au nord, elle se divise en trois tribus, séparées par leurs résidences, unies par l'analogie de leur langage : la tribu Scandinave, que forment les Suédois, riches de leurs mines; les Norwégiens, célèbres par leur longévité, due à l'air pur de leurs montagnes; les Danois, parcourant des plaines à peine émergées et couvertes de pâturages; la tribu Germaine, formée des Allemands, paisibles et rêveurs; des Prussiens, studieux et guerriers, tous vivant sous un ciel chargé d'orages; des Néerlandais, qui disputent leurs polders aux flots de l'Océan; la tribu Anglaise, enfin tout insulaire et riche sur un sol ingrat que l'art a fécondé.

Les caractères physiques de la *Famille Latine*, établie dans l'ouest, au sud et dans le sud-ouest du continent européen, sont moins tranchés, parce qu'elle a plus souvent subi des influences étrangères; mais on la reconnaît à sa taille moyenne, à son teint que plombent et brunissent facilement les feux du soleil. Trois tribus aussi la composent, liées également par des rapports linguistiques; celle des Français, que la différence de leurs idiomes et de leur accent distingue en Français proprement dits, au centre, Wallons ou Welches, au nord, et Romans au midi de la patrie qui leur est commune; les Français, favorisés de toutes les températures, sur un territoire où la Providence leur a prodigué tous ses trésors; celle des Hispaniens, divisés en Espagnols et en Portugais, non moins bien traités par la nature que leurs voisins d'au delà les monts, mais que leur apathie rend indifférents à cet avantage; celle des Italiens, qui peuple presque exclusivement l'Italie, et jouit des plus beaux paysages, sous le plus beau ciel de l'Europe. A la famille latine on peut joindre les Valaques ou Roumouni (en Valachie et en Moldavie), dont la langue atteste la triple origine romaine, grecque et slave.

La *Famille Slave* s'étend a peu près depuis le Volga, au nord, jusqu'à la mer Noire, vers le midi, sur toute la partie orientale de l'Europe; éprouvant dans un aussi vaste espace les vicissitudes des climats extrêmes, au milieu de plaines immenses, couvertes de forêts et coupées d'innombrables canaux naturels. On donne pour caractère distinctif à ses nombreuses tribus une forte constitution, des cheveux châtains, des yeux bruns, un visage arrondi. Les principales sont les *Polonais*, sur la Vistule, jusqu'au Niémen; les *Lithuaniens*, plus au nord; les *Russes*, divisés eux-mêmes en *Russes proprement dits*, au centre de la Russie, et en *Rousniaques* ou *petits Russes*, aux yeux et aux cheveux plus foncés, au nez plus prononcé, à la taille plus élevée, et qui habitent les contrées marécageuses d'entre le Dniéper et le Dniester. Parmi les autres nous distinguerons les *Serbes,* au doux langage, habitant la Servie, la Bosnie, la Dalmatie, au sud du Danube; les *Carniens* ou *Wendes méridionaux*, aux dialectes plus durs et plus gutturaux, dans les montagnes qui touchent l'Adriatique, avec les *Tchetkes* en Bohême; les *Wendes septentrionaux*, en Lusace, etc.

Les trois autres *Familles* du *Rameau Européen, Celtique*, *Basque* et *Grecque,* sont aujourd'hui sans importance, et l'intérêt qu'elles inspirent est exclusivement de souvenir.

Nul doute qu'à une époque antérieure à l'histoire écrite les Celtes n'aient occupé presque toute l'Europe, où les divers groupes contemporains les ont remplacés. On les retrouve encore avec des yeux et des cheveux noirs, un corps très-velu, la taille moins élevée que les Teutons; mais seulement en Irlande, au pays de Galles, à l'ouest de l'Écosse et dans notre Basse-Bretagne; parlant deux dialectes qui n'ont d'analogue dans aucun des nôtres, le *gallique* ou *gaélique*, chez les Irlandais (*Gaels*) et chez les montagnards écossais (*Highlanders*); le *kimry* ou *kimraig*, chez les Gallois et les Bas-Bretons.

L'intérêt qui s'attache aux habitants primitifs de la Gaule, d'après M. Serres, ne concerne pas uniquement l'anthropologie. La direction donnée depuis quelques années aux études de l'histoire de France lui ajoute encore un intérêt nouveau, et en quelque sorte tout particulier à notre nation.

Les vicissitudes sans nombre que la race Gauloise a eu à subir ont frappé tous les historiens; et ce qui, par-dessus tout, a excité leur étonnement, c'est de voir qu'à toutes les époques cette race s'est montrée à la hauteur des événements contre lesquels elle avait à lutter.

Diverses causes ont été imaginées pour expliquer ce résultat, et jamais, à notre connaissance, on ne l'a cherchée là où elle réside, dans l'organisation physique de la race gauloise même.

Le peu d'intérêt qu'excitait l'anthropologie jusqu'à ces derniers temps est en partie cause de ce délaissement; les monuments celtiques qui se trouvent en France ont été décrits et figurés; les vases, les instruments qu'ils renferment ont puissamment excité l'attention des archéologues et des antiquaires. Tout a été dit à ce sujet; tout a été commenté.

Quant aux Gaulois primitifs, que couvraient ces pierres monumentales, c'est à peine si on y a pris garde. Ces restes précieux ont été jetés au vent; ou si par hasard un antiquaire a recueilli un crâne, ce n'est pas sur cet objet que son attention s'est dirigée.

L'impulsion présente des recherches historiques a fait cesser cette insouciance; on a compris que l'appréciation des événements dont une nation avait été le théâtre avait sa source principale dans la connaissance physique et morale des races humaines qui les avaient accomplis. L'appréciation des actes a fait naître le besoin de l'appréciation des hommes, et dès lors l'anthropologie a repris dans l'ensemble des connaissances humaines le rang élevé qui lui appartient.

Sous ce rapport le plus vif intérêt s'attache à la connaissance physique des Gaulois primitifs. Dans sa période nomade aucune des races de notre Occident n'a accompli une carrière plus agitée et plus brillante. Ses courses embrassent l'Europe, l'Asie et l'Afrique, et le nom de la race gauloise est inscrit avec terreur dans les annales de presque tous les peuples : « Car, ainsi que le dit M. Amédée Thierry, dans le cours de cette période, elle brûle Rome, elle enlève la Macédoine aux vieilles phalanges d'Alexandre, force les Thermopyles et pille Delphes; puis elle va planter ses tentes sur les ruines de l'ancienne Troie, dans les places publiques de Milet, aux bords du Sangarius et à ceux du Nil; elle assiège Carthage, menace Memphis, compte parmi ses tributaires les plus puissants monarques de l'Orient; à deux reprises elle fonde dans la haute Italie un grand empire, et elle élève au sein de la Phrygie cet autre empire des Galates qui domine longtemps toute l'Asie Mineure.

C'est à ces divers titres que l'on mit tant d'importance à la découverte qui fut faite, en 1845, d'un monument d'origine *celtique* à Meudon, près Paris, et des ossements humains qu'il recouvrait et dont il était environné. Ce fut un champ de recherches aussi nouveau que fécond pour déterminer la constitution physique des anciens Gaulois et la comparer à celle des habitants présents de la Gaule. Voici dans quels termes, à la suite d'un rapport de M. Robert, géologue de l'expédition scientifique du Nord, M. Serres résumait les observations qu'il publia sur ce sujet important :

« 1° J'ai reconnu que ces os ont appartenu aux deux types de la race gauloise, au type Gall et au type Kimry.

« 2° J'ai constaté sur la fouille du monument que ces deux types occupaient des rangs différents. Le type Gall était situé plus profondément, tandis que le type Kimry paraissait placé plus superficiellement. Cette remarque est générale; car on n'a apporté aucun ordre dans l'enlèvement des ossements.

« 3° Mais ce qui est indépendant de la main des hommes, c'est la coloration différente que les os présentent. Les uns sont d'un gris ardoisé, dû peut-être à la combinaison d'une partie de manganèse; les autres sont d'un jaune paille, tirant un peu sur la terre d'Égypte.

« 4° Les os gris ardoisé appartiennent plus spécialement au type Gall, qui est le plus nombreux. Les os colorés en jaune correspondent plus particulièrement au type Kimry. Jusqu'à ce moment je n'ai pas reconnu ce dernier type dans les os ardoisés.

« 5° Quelques fragments de crâne ont une épaisseur bien supérieure à l'épaisseur ordinaire. Je rapporte tous ceux qui m'ont offert cette particularité au type Gall ; jusqu'à présent le type Kimry ne me l'a point offerte.

« 6° J'ai rencontré des os d'âges divers ; les plus jeunes me paraissent avoir appartenu à des enfants de trois ou quatre ans. Plusieurs maxillaires plus âgés offrent les dents de la première et de la seconde dentition. Nous n'avons trouvé aucun os de fœtus à terme ou d'embryon, quoique nous en ayons fait une recherche spéciale.

« 7° Les os de femme sont nombreux ; je n'ai rencontré de sacrums entiers que ceux qui appartiennent à ce sexe.

« 8° Il y a à Meudon cinq crânes bien conservés. Parmi eux sont deux crânes de femme du type Gall, un d'homme ; les deux autres appartiennent au type Kimry : l'un a appartenu à un homme, l'autre à une femme.

« 9° J'ai dit, en commençant cette note, que j'avais l'espoir de pouvoir reconstruire en grande partie deux ou trois squelettes entiers. Voici où nous en sommes à ce sujet : 1° il y a un crâne de femme gall avec son bassin assez bien conservé, ainsi que les vertèbres lombaires. Il y a de plus le sternum, des côtes et le fémur droit. Un examen plus attentif nous fera retrouver peut-être ce qui manque, soit dans les ossements de Meudon, soit dans ceux que possèdent MM. Robert et Dupotet; 2° nous avons distingué du type Kimry un crâne d'homme à peu près complet, le plus grand nombre des vertèbres, la partie supérieure du sternum, les clavicules et une partie du scapulum, les os coxaux en fragments avec des cavités cotyloïdes d'une grandeur peu commune, un fémur ayant 47 centimètres de longueur, un tibia correspondant; nous avons réuni les os des pieds, moins les dernières phalanges, qui peut-être ont appartenu à ce type. Nous croyons avoir reconnu le sacrum dans les ossements que possède M. Robert; 3° nous avons retrouvé également un bassin de femme Kimry, dont l'étendue des diamètres surpasse de beaucoup l'étendue de ceux du bassin de la femme du type Gall. »

La *famille Basque* est moins nombreuse que la *Celtique;* confinée à la jonction des monts Cantabres et des Pyrénées, moitié en Espagne, moitié en France; actifs, courageux, parlant une langue dite *escuara*, qui ne ressemble à aucune de celles qu'on connaît, leurs traits extérieurs rappellent ceux des Celtes. Sont-ils les restes d'une race particulière, ou une division de la famille celtique?

Quant à la *famille Grecque* ou pélagique, en dépit même d'un reste de beauté, on n'y trouve que difficilement le type de ce peuple civilisateur dont les citoyens servaient de modèles à ses artistes pour créer l'image des dieux? Tout près des Grecs vivent les *Albanais*, *Skipetars* ou *Arnautes*, braves soldats, peuplant l'Albanie, portion de l'ancienne Grèce continentale. Les Grecs habitent l'ancienne Attique, aujourd'hui Livadie, et quelques autres petits cantons continentaux, avec les îles de l'Archipel voisin et la Morée, ancien Péloponnèse. Ils parlent encore la langue d'Homère, mais profondément modifiée.

Rameau Scythique.

La situation géographique rapproche ce rameau du rameau Européen ; mais il en diffère déjà beaucoup, dans un grand nombre de ses branches, par ses caractères physiques, quoique ceux-ci aient été fort altérés par l'effet de nombreux mélanges.

Les rameau Scythique se fractionne en trois familles, la *Finnoise*, la *Turque* et la *Circassienne ;* le tableau suivant en donne les subdivisions.

Rameau	Familles	Subdivisions
RAMEAU SCYTHIQUE. 21,000,000. Développé à l'est et au nord du Caucase. Conquis ou refoulés par des Mongols et des Européens, ils ont éprouvé des mélanges qui ont altéré leurs traits originels ; ils présentent des passages insensibles avec la race jaune. *Trois Familles.*	FAMILLE FINNOISE. 7,300,000. Cheveux blond roussâtre, barbe peu fournie, teint tacheté, yeux bleus, pommettes saillantes, joues enfoncées, occiput large.	Finnois (proprem. dits). Permiens. Tchouvaches. Magiars. Vogouls.
	FAMILLE TURQUE. 12,500,000. Taille élevée, corps robuste, charnu ; ovale régulier ; yeux noirs ; cheveux bouclés, noirs ; barbe longue. Peau jaunâtre, velue ; physionomie noble.	Iakoutes. Touraniens Bachkirs. Nogaïs, Dobruges. Koumikes, Basians. Kirghiz. Usbecks. Turcomans. Osmanlis.
	FAMILLE CIRCASSIENNE. 1,200,000. Régularité et noblesse des traits ; fraîcheur et éclat de la peau ; cheveux noirs et luisants. Taille élevée.	Tcherkesses. Tchetschiuzes. Lesghiens.

Ces trois familles ont été groupées, originairement, au sommet et dans les environs du Caucase, où toutes trois sembleraient avoir dû s'empreindre du type de beauté caractéristique de la race blanche, dont on ne trouve néanmoins les traits que dans les deux dernières, et encore dans un petit nombre de leurs embranchements.

On regarde la famille Finnoise comme née dans l'Oural, ce qui la fait aussi désigner par le nom d'*Ouralienne*. Les Russes l'appellent *Tchoude*. Elle s'étend depuis la Hongrie jusqu'à l'Oby, et présente pour caractères originaires un large occiput, les joues creuses et la pommette saillante, le teint tacheté de rousseurs, des yeux bleus, la barbe rare et des cheveux d'un blond roussâtre ou même roux. On y distingue plusieurs tribus. D'abord, au delà et en deçà de la Baltique, les *Finnois proprement dits* ou *Suomi*, ceux de tous qui semblent en avoir le mieux conservé le type primordial, et parmi lesquels se font remarquer les *Finlandais*, occupant des plaines coupées de lacs innombrables et qu'ombragent d'immenses forêts de bouleaux. Plus à l'est, les *Permiens* ou *Komi*, jadis commerçants, qui s'étendent jusqu'aux monts Ourals; au sud de ces derniers, sur les rives du Volga, les *Tchouvaches*, récemment devenus agriculteurs; puis, à l'est de l'Oural, les *Vogouls*, rapprochés de la race jaune; et, sur les rives de l'Oby, les *Ostiakes*, auxquels ce fleuve donne son nom. Notons, enfin, comme paraissant descendre de ces deux dernières tribus, les *Magiars*, devenus, dès le neuvième siècle, la population principale des contrées européennes que la géographie politique appelle Hongrie et Transylvanie; les Magiars, qui, avec leur chevelure noire, ne sont plus des Finnois, et que leur taille, relativement moins avantageuse, ne permet pas de regarder comme des Slaves.

La *famille Turque*, désignée souvent par le nom de *Tartares* ou *Tatars*, qu'il faut effacer aujourd'hui du vocabulaire scientifique, et sous lequel on a longtemps confondu les hommes des deux grandes races blanche et jaune, présente une singularité zoologique des plus remarquables. Il paraîtrait que dans l'origine elle reproduisait entièrement les traits des Finnois, leurs cheveux roussâtres et leurs yeux gris, tirant sur le vert; mais aujourd'hui ces caractères physiques la font partager en deux sections bien tranchées.

Dans la première nous plaçons les *Osmanlis*, *Turks proprement dits*, ou *Turks selgioukides*, établis au sud-ouest du Caucase, surtout dans l'Anatolie (ancienne Asie Mineure), et présentant, en général, les formes de la race blanche, avec des cheveux et des yeux noirs.

Nous remarquons dans la seconde les autres Turks habitants du nord-est du Caucase, au nord et à l'est de la mer Caspienne; participant, plus ou moins, aux caractères de la race mongolique; les uns nomades, les autres sédentaires; tous fractionnés en un grand nombre de tribus, parmi lesquelles nous devons distinguer : les *Turkomans* ou *Troukmènes*, errants dans les steppes du Turkestan, à l'orient de la mer Caspienne, de la Perse, de l'Anatolie : cultivateurs le long des rivières, et partout pillards; quelques-uns à la face aplatie, aux pommettes saillantes, à la barbe rare, signes infaillibles d'un mélange avec le sang des Mongols; les *Ousbecks*, moins grossiers, au sud du Turkestan; les *Kirghiz*, nomades, au nord-ouest de la même contrée, sur les rives septentrionales du lac Aral, et au sud-ouest de la Sibérie; les *Nogaïs*, au nord de la mer Noire : ceux-ci errants, ceux-là cultivateurs; les *Bachkirs*, au sud de l'Oural, livrés particulièrement à la culture des chevaux; les *Iakoutes* ou *Socholars*, dans le bassin de la Léna : chasseurs, et par leurs traits, plutôt mongols que scythes, s'étendant, fort loin dans l'est, au sud de la Sibérie orientale.

Les nations turques forment un groupe considérable;

la plus grande partie occupe l'Asie centrale, commence, à l'orient, au plateau du Gobi d'Hami, embrasse les contrées autour du lac Lop, et s'étend à l'ouest dans le Turkestan, où on les nomme Turks orientaux. A l'ouest, dans les plaines entourant le lac Aral, ils reçoivent le nom de Turkomans, et dans l'Asie Mineure et la Turquie d'Europe, on les nomme Turks ou Osmanlis. Ces nations peuvent être considérées comme le tronc de cette grande division dont les branches s'étendent au nord et au sud, où elles se mêlent à d'autres nations d'origine mongole ou persane.

Les traits de ces nations diffèrent quelquefois radicalement; mais de Pékin à Constantinople toutes parlent des dialectes dont les différences sont si légères qu'elles se comprennent parfaitement. Les Turkomans, nation pastorale divisée en innombrables tribus, forment la souche principale des habitants de la Perse septentrionale, du côté occidental de la mer Caspienne, de ceux de l'Asie Mineure, du Khiva et de la Boukharie, où une tribu de Turks orientaux, indigènes du centre du plateau de l'Asie orientale, s'est emparée, sous le nom d'Usbecks, du Turkestan et de la Boukharie. Les Kirghiz, autrefois voisins des Mongols, habitaient les monts Altaï et le cours supérieur de l'Iénisséi ; ils ont été obligés d'émigrer vers l'ouest, où ils occupent maintenant les steppes, sous les noms de grands, de moyens et de petits Kirghiz. Les Kirghiz sont un peuple pasteur; les Bachkirs se trouvent dans les branches sud de l'Oural.

Outre ces tribus, il y en a d'autres, appelées communément Turks, Tatars ou Tatars sibériens, qui parlent des dialectes turks, bien qu'ils se soient mêlés avec les Mongols. On peut citer parmi ces tribus celles des Nogaïs sur les rives du Kouban et de la Kouma, près du Caucase, qui occupent en partie la Crimée d'Europe; les Koumyks, qui habitent le même pays; les Karakalpaks, près du lac Aral; plusieurs tribus appelées ordinairement Tatars, habitant la Sibérie entre Tobolsk et Iénisséi; les Barabintzes, errants dans les steppes de Bavabra; les Kusnes, sur la rivière Tom; les Katshinses; les Beltires et les Biruses, dans les montagnes de Sayansk et sur les rives du haut Iénisséi; les Teléoutes, vers le lac de Teles-Koul; enfin les Iakoutes, qui sont le dernier anneau de la chaîne que forment les nations turques au nord-est, occupent les rives du milieu de la Léna, vers Yakoutsk, et s'étendent jusqu'à l'embouchure de cette rivière.

La *famille Circassienne*, dite aussi *Caucasienne*, parce qu'elle se concentre dans les montagnes du Caucase, placée ainsi au berceau de la race blanche, en représente les types les plus délicats, et se distingue de toutes les familles Scythiques par l'extrême beauté de ses formes. Elle se divise en trois branches, séparées par leur position géographique beaucoup plus que par leurs traits; les *Circassiens proprement dits*, ou *Tcherkesses*, au nord-ouest du Caucase; les *Tchetschinzes*, au centre du versant septentrional de ces monts; les *Lesghiens*, au sud-ouest. C'est dans cette famille que se pratiquait depuis des siècles l'inoculation de la petite vérole, destinée à prévenir ou à maîtriser les effets de cette terrible maladie. Importé en Europe par lady Montagu, ce procédé thérapeutique y a regné jusqu'à l'invention de la vaccine.

Rameau Hindo-Persique.

Développé originairement au sud-est du Caucase, ce rameau se rapproche du rameau Européen par ses langues, qui, ainsi que celles de l'Europe, semblent avoir une grande analogie avec le sanscrit ou langue sacrée des Hindous.

Ce rameau se divise en trois familles : la *Géorgienne*, la *Persane* et l'*Hindoue*.

Le tableau suivant en donne les subdivisions :

Rameau	Familles	Peuples
RAMEAU HINDO-PERSIQUE. 148,000,000. Développé au sud-est du Caucase. Ces peuples, très-anciennement civilisés, ont rétrogradé depuis, et ont été soumis, à diverses époques, par les Scythes, les Mongols et les Européens. Leurs langues ont plus ou moins de rapports avec le sanscrit. *Trois Familles.*	FAMILLE GÉORGIENNE. 800,000. Formes belles. Aptes à la civilisation, mais peu belliqueux.	Géorgiens. Mingréliens. Lazes.
	FAMILLE PERSANE. 24,000,000. Bien faits; barbe noire et très-fournie; gais, spirituels, actifs; langue remarquable par le style fleuri.	Arméniens. Ossètes. Malabars. Tadjiks. Afghans.
	FAMILLE HINDOUE. 124,000,000. Le plus anciennement civilisés; bien faits; mains et pieds petits; front élevé; yeux noirs; sourcils arqués; cheveux fins, très-noirs.	Hindous. Malabars.

Les deux premières familles ont beaucoup de rapports avec celles des familles Européennes qui portent des cheveux noirs; mais la famille Hindoue s'en distingue par une teinte brune très-intense, ce qui justifierait l'opinion des savants qui ont cru devoir détacher les Hindous de la race blanche.

La *famille Géorgienne* (*Grusiens* ou *Ibères*), concentrée sur le versant méridional du Caucase, ne le cède pour la beauté à aucune des tribus qui l'avoisinent; et parmi celles dont elle se compose on remarque surtout les *Géorgiens propres* et les *Mingréliens*.

Les Géorgiens forment un groupe séparé, habitant l'isthme du Causase entre le Caucase et la rivière Kur; et outre les véritables Géorgiens de l'Iméréthie, trois branches se rattachent à ce groupe : les Mingréliens, les Suanes et les Lazes; ces derniers occupent le rivage oriental de la mer Noire, et descendent des anciens habitants de la Colchide.

On compte quatre tribus dans la *famille Persane*.

Habitant, dans l'Iran ou Perse, les plaines, moitié sablonneuses et moitié fertiles, resserrées entre la mer Caspienne et le golfe Persique, les *Tadjiks* ou *Persans* constituent la principale tribu. Ils sont en général bien faits, et leur figure s'ombrage d'une barbe noire très-touffue. Gais, spirituels, actifs et entreprenants, mais légers, vaniteux et passionnés pour le luxe, il fut quelque temps à la mode de les appeler les *Français de l'Asie.* Quelques restes des anciens *Guèbres* ou *Parsis*, encore adorateurs du feu, sont répandus parmi les Persans. La seconde tribu se compose des *Afghans*, peu différents des Tadjiks. Sous le nom d'*Afghans proprement dits*, ceux-ci vivent sédentaires au nord-est de la Perse; et nomades sous le nom de *Béloutchis*, au sud-est de la même contrée et dans le Sindhi, sur les rives de l'Indus. Les *Arméniens* ou *Haïkans*, commerçants et agriculteurs, forment la troisième tribu, peuplant les montagnes de l'Arménie, entre l'Anatolie et la mer Caspienne. La quatrième, enfin, présente les *Kurdes*, errant au sein des steppes orientales et occidentales du Kurdistan, dans le sud de l'Arménie.

Les recherches sur la structure grammaticale de la langue des Arméniens n'ont pas été assez profondes pour qu'on puisse assurer si ce peuple appartient à ce groupe ou forme un groupe séparé. De leur plateau natal les nations Arméniennes se sont dispersées dans les contrées centrales et méridionales de l'Asie, jusqu'à la Chine. On trouve aussi des Arméniens en Europe, et cette famille semble avoir émigré aussi loin que les Arabes, quoique dans une autre direction.

La *famille Hindoue* se renferme entre les neiges de l'Hymalaya, au nord, les flots de l'océan Indien à l'est, au sud et à l'ouest; sous un soleil brûlant, sur un sol humide, alternativement plane et montueux, mais doté de toutes les richesses de la nature. Les Hindous sont bien faits, ont le front élevé, les yeux noirs, les sourcils en arc, la chevelure d'un noir foncé. La couleur de leur peau, plus ou moins brune, quelquefois presque noire, les distingue de tous leurs voisins. Leurs mains et leurs pieds sont plus petits que ceux des tribus Européennes.

Deux tribus principales dans cette famille; d'abord les *Hindous proprement dits*, qui présentent d'innombrables sections, entre autres les *Bengalis*, doux et commerçants; les Mahrattes, guerriers; les Seiks, aussi très-belliqueux, et que signale leur face oblongue; enfin ces fameux *Zingari*, *Gitanos*, *Gypsis* ou Bohémiens au teint basané, essentiellement cosmopolites, mis depuis des siècles au ban des nations; puis les Malabars, qui parlent une langue différente, et dont le teint est presque noir.

On s'est assuré récemment que les langues parlées par les aborigènes des contrées qui avoisinent le Gange, l'Indus, la péninsule en deçà du Gange et de la Perse, ont une grande ressemblance, dans leur système grammatical et dans beaucoup de leurs racines, avec les langues d'origine slave ou germaine. A ce groupe appartiennent les habitants de l'Inde qui parlent les nombreux dialectes dérivés du sanscrit: les nations de l'Iran, les Kourdes, les Béloutchis, les Bohémiens, les Boukhariens, etc., quoique beaucoup de ces peuples soient aujourd'hui mêlés à des nations d'origine turque, mongole ou arabe; on doit y joindre aussi les Ossètes (descendants des Alains), habitant le mont Caucase, et quelques nations d'origine slave, habitant l'Asie. On voit par ce qui précède qu'on peut y comprendre également une grande partie des peuples habitant l'Europe.

Rameau Araméen.

Le nom de ce *rameau* dérive d'*Aram*, nom oriental de la Syrie, l'une des deux résidences principales de l'une des deux familles dont il se compose.

Ce rameau se divise en deux familles : la *Sémitique* et l'*Atlantique*.

Le tableau suivant en donne les subdivisions :

RAMEAU ARAMÉEN.	FAMILLES	PEUPLES
33,000,000. Développé dans le sud-ouest de l'Asie et le nord de l'Afrique. Ces peuples ont subi une décadence ; ils sont portés à l'exagération et au style figuré. *Deux Familles.*	FAMILLE SÉMITIQUE. 24,500,000. Yeux et cheveux d'un noir foncé ; barbe bien fournie ; teint bruni par le soleil, taille moyenne ; corps bien fait, souple, maigre.	Arabes. Juifs. Syriens.
	FAMILLE ATLANTIQUE. 8,500,000. Peau variant du brun clair au bronzé foncé ; cheveux longs demi-laineux ; barbe rare, taille élevée.	Berbères. Barabras. Coptes. Abyssiniens.

Ces deux familles sont développées surtout dans le sud-ouest de l'Asie et dans le nord de l'Afrique.

La *famille Sémitique* est représentée par les Arabes, qui, sur le continent asiatique, peuplent non-seulement l'Arabie, mais encore une partie de la Perse, de l'Arménie, de l'Hindoustan ; en Afrique, l'Égypte, la Nubie, la Barbarie, de la mer Rouge à l'Atlantique, de l'est à l'ouest; du nord au sud, des rives de la Méditerranée jusqu'au Sénégal, et même jusqu'au Djoliba. Les uns, relativement en petit nombre, sédentaires et agriculteurs ou commerçants ; les autres, en immense majorité, nomades sous le nom de Bédouins, dominant, par la force, des rivages atlantiques aux bords de l'Indus ; tous se rapprochant beaucoup par leur extérieur des familles Persane, Grecque et Latine : taille moyenne et en général bien prise; corps faible et maigre; yeux et cheveux d'un noir foncé; teint que brunit facilement l'ardeur du soleil; barbe touffue.

Leurs tribus sont innombrables; mais nous devons mentionner la petite tribu des Juifs ou Israélites, si remarquable en ce que depuis plus de dix-huit siècles, arrachée à sa résidence première, au sud de la Syrie, elle a conservé tous les traits physiques qui rappellent en elle une origine commune avec les autres tribus sémitiques. Nous devons aussi noter comme leur appartenant en propre les Druses et les Maronites du Liban, que distingue l'originalité de leurs mœurs.

La *famille Atlantique* comprend d'abord les *Coptes*, restes des antiques Égyptiens, au teint jaune foncé, au nez court et droit, aux grosses lèvres, au visage bouffi, type qui tend à s'effacer chaque jour davantage du sol de l'Égypte. Puis les *Berbères*, au teint olivâtre, au nez droit, aux lèvres minces, au visage arrondi, qui occupent les régions montagneuses du nord et les parties centrales du Sahara, sous les dénominations diverses de Scheloubh, Bereber, Qobâyl, Touâryg, Sourgâ, etc.; ces peuples se donnent en général eux-mêmes les noms de Amazygh ou nobles et de Amazirgis ou libres. On trouve ensuite dans le Sahara, parmi ses sables brûlants ou dans ses riantes oasis, les Touariks au centre, les Tibbous à l'est, tous adonnés au pillage; les seconds très-minces et d'une agilité surprenante. D'autres, enfin, au moins en majorité, semblent appartenir aux Berbères, quoiqu'il s'y mêle souvent des Arabes : ce sont les Maures nomades du sud-ouest du désert, qui poussent souvent leurs excursions jusqu'au Soudan et dans la Sénégambie.

Nous devons aussi mentionner, comme se rattachant

plus ou moins directement à la *famille Atlantique*, les Barabras de la Nubie, qui ont le teint bronzé, les yeux vifs, le nez bien fait, les lèvres épaisses, le menton fuyant, le visage ovale, les cheveux crépus mais non laineux, la barbe rare; et enfin les Abyssiniens, qui ressemblent aux Barabras, et que nous ne plaçons pas ici sans hésitation.

Si des caractères tranchés, constants, ineffaçables, sont, en effet, les conditions véritables qui déterminent la diversité des espèces, on ne peut méconnaître que l'homme d'Afrique fournit les arguments les plus forts pour établir la pluralité des espèces; les naturalistes les plus rebelles à cette base de classification n'ont pu se dissimuler l'énorme différence qui sépare leur race nègre, aborigène d'Afrique, de leur race blanche, qu'ils regardent comme advène sur ce continent; ceux même qui ont été forcés d'admettre ces deux races comme des *espèces distinctes*, nous paraissent loin d'être arrivés au terme des concessions indispensables, puisque, dans leur système restreint, les Abyssins, qui sont noirs, appartiennent à l'espèce blanche. Bory de Saint-Vincent, plus large que tous ses devanciers, puisqu'il admet dans le genre humain quinze espèces différentes, dont il attribue quatre à l'Afrique, l'une d'elles subdivisée en outre en deux races distinctes, nous semble encore être resté au-dessous des nécessités ethnographiques; car le noir Abyssin, qu'il renferme avec les Arabes dans sa race Adamique, est un être physique tout à fait distinct, bien qu'il parle un même langage; le Peul rouge ou Fellâtah de l'Afrique centrale et de la Sénégambie ne peut non plus rester confondu avec le Nègre type de l'espèce éthiopienne; et dans celle-ci des subdivisions sont commandées par des différences frappantes entre les belles races du nord et celles qui, vers le sud, se rapprochent du Hottentot par les formes corporelles.

Comme nous ne nous sommes pas proposé d'essayer une classification nouvelle du genre humain, nous croyons devoir faire remarquer que les cadres jusqu'à présent adoptés ne peuvent pas contenir sans embarras tous les types différents que présente l'Afrique.

Quoi qu'il en soit, il serait fort difficile de déterminer quel a été le peuple primitif de l'Abyssinie, et quelles nations sont venues s'y mêler ; les caractères physiques aussi bien que les traditions nous semblent démontrer que la race Kouschyte a prédominé, et la langue tigréenne pourrait être considérée comme un attribut de la postérité qui en est issue. Cependant Bruce regarde les Agazians comme très-différents des Kouschytes. Salt pense, comme les auteurs des *Lettres édifiantes*, que les premiers Abyssins étaient aborigènes, qu'il s'y mêla d'abord des Égyptiens, puis des Syriens qui auraient apporté la langue Gez. — D'après les termes d'un chroniqueur arabe, Thabary, qu'un profond orientaliste, M. Dubeux, a fait connaître par une traduction très-estimée du monde savant, il paraît que l'élément nègre existait dans la population abyssine bien des siècles avant l'invasion des Gallas, qui sont des nouveau-venus : Thabary fait allusion sans doute aux Danâkyl de la côte. Les blancs de Samen et d'Enarya et les sauvages *Agaouys* offrent encore des traces d'une hétérogénéité tranchée.

Une Revue scientifique constatait, il y a quelques mois, que la race blanche s'implante sur le sol de l'Algérie, et que ces rameaux nouveaux des souches Européennes vont se rencontrer avec un vieux rameau qui remonte à Bélisaire. M. Guyon a profité de l'expédition faite récemment dans les Aurès (province de Constantine), sous les ordres du général Bedeau, pour recueillir de nouveaux renseignements sur une variété de l'espèce humaine signalée par les voyageurs Peyssonnel, Brüce et Shaw. Il est bien certain que l'on trouve dans les Aurès des hommes à la peau blanche, aux yeux bleus et aux cheveux blonds. Le fils du cheik de la belle et riche vallée de l'oued-Adji, jeune homme qui avait des relations fréquentes avec notre camp de Bathua, situé à une petite distance du pied de ces montagnes, en offre, d'après M. Guyon, un exemple remarquable.

Les blancs des Aurès ne se trouvent pas formant des tribus distinctes; seulement ils prédominent dans certaines tribus, tandis qu'ils sont très-rares dans d'autres. Ils sont très-nombreux dans la petite ville de Menna, située au sud de la vallée de Sidi-Nadji, près la ville de Khanga, et plus particulièrement encore dans la tribu des Mouchayas, qui parle une langue dans laquelle, comme on le sait, quelques personnes ont cru reconnaître des mots tudesques.

Les blancs des Aurès sont d'une taille moyenne; ils s'allient avec les Kabyles et les Arabes, mais rarement; ils passent pour d'assez tièdes observateurs du Koran. Les Kabyles disent qu'ils habitent le pays depuis très-longtemps, et qu'ils s'y sont maintenus à une époque où d'autres hommes, leurs compatriotes, qui occupaient des parties voisines de l'Afrique, en ont été chassés. Les blancs des Aurès sont toujours assez nombreux à Constantine; ils y exercent les professions de boulanger, de boucher, de chauffeur de bains, comme à Alger les Mozabites, habitants de l'Algérie du sud. Ces détails confirment ceux qu'avait mentionnés déjà M. Bory de Saint-Vincent; ce savant avait montré à l'Académie des Sciences des portraits qu'il fit faire, il y a quelques années, comme président de la commission scientifique en Algérie, et qui démontrent que l'Afrique française renferme encore des rejetons des hordes vandales et gothes, descendues du nord. L'un de ces portraits, que nous avons tenu entre les mains, paraît appartenir au type septentrional, aussi purement conservé qu'il l'est dans quelques parties de l'Europe, où l'on n'a pas le teint plus frais et les caractères germaniques mieux prononcés qu'aux environs de Constantine. Les autres portraits sont ceux de divers Chaouias, gens appartenant à une race mixte, évidemment provenue de l'Arabe nomade, au profil aquilin et de complexion sèche. Les Chaouias sont assez répandus dans nos possessions orientales de l'intérieur, et l'on reconnaît chez eux au premier coup d'œil les traits académiques, où les yeux bleus et le poil rouge dénotent un croisement évident avec des peuples du nord ; mais le profil et la maigreur y dénotent la persévérance des caractères de l'homme du désert.

L'Académie des Sciences a reçu, dans sa séance du 3 juillet 1848, une note que M. le docteur Guyon lui a adressée d'Alger, sur les *Chaouias*. D'après les recherches de ce savant médecin, les Chaouias occupent une assez grande étendue de pays. Ils habitent les monts Aurès, Auraniens des anciens, et les vastes plaines des environs ; c'est une fraction de la grande famille des Kabyles, ou Berbères, qui peuplent les montagnes du littoral, depuis la régence de Tripoli, à l'est, jusqu'à l'Océan, à l'ouest. C'est surtout chez les Chaouias que se rencontrent, ainsi que nous l'avons dit, ces hommes à la taille élevée, à la peau blanche, aux cheveux blonds, et qui, à raison de ces caractères, sont considérés comme des descendants des Vandales, lesquels, lors de l'expédition de Bélisaire, se réfugièrent dans les montagnes de l'intérieur et de la côte. — A ces caractères M. Guyon en ajoute un autre, qu'il a observé en traversant les Aurès. Ce caractère est l'absence du lobule de l'oreille, qu'on observe chez les *Chaouias* comme chez les *Cagots*.

L'absence du lobule de l'oreille chez les Chaouias est générale, mais plus multipliée chez ceux des montagnes que chez ceux des plaines. Ce caractère, comme ceux de la taille et de la coloration, se perd chez les Chaouias qui, s'avançant dans les plaines, se mélangent plus ou moins avec les Arabes leurs voisins. Ainsi un homme à oreille sans lobule qui s'allie à une femme pourvue d'une oreille normale pourra donner le jour à des enfants conformés comme leur mère.

Il existe dans les Aurès bon nombre d'anciennes familles où le sang septentrional paraît s'être conservé pur jusqu'à ce jour. Ces familles sont les plus considérées dans ce pays, et ce sont elles qui en fournissent les chefs. Les *Chaouias* s'entendent très-bien en agriculture et en travaux d'irrigation; ils n'en restent pas moins, sous le rapport intellectuel, dans le même état que leurs voisins les Arabes. Ils parlent le kabyle ou berbère. Les Chaouias sont hospitaliers; leurs mœurs sont très-relâchées.

Les Chaouias sont atteints de très-bonne heure par des maladies constitutionnelles, telles que les scrofules et la syphilis. La plus répandue est sans contredit la dernière, que beaucoup d'eux apportent en naissant. Cette maladie n'est pas moins commune dans le Zikan, où l'on ne peut faire un pas sans rencontrer des figures qui n'en soient plus ou moins maltraitées. La syphilis, du reste, est la grande plaie de toute l'Afrique du nord, jusqu'à une distance très-avancée de l'intérieur.

RACE JAUNE OU MONGOLIQUE.

218,000,000 d'individus.

Cette race, plus nombreuse en individus et probablement plus ancienne que les autres, comprend les peuples qui habitent entre les quarantième et soixantième parallèles : en Europe, les Hongrois ; en Asie, les Siamois, les Chinois, les Cochinchinois, les Péguans, les Tonquinois, les Coréens, les Japonais, les peuples du Napoul, les Thibétains, les Mongols, les Mantchoux, les Kalkas, les Kalmouks, les Bachkirs, Tyaches, les Tangutiques, les Eleuths, etc. Elle se reconnaît à la force du tronc, qui est court, carré et musculeux ; à la petitesse des membres et surtout des jambes, qui sont courtes et cambrées ; à la forme presque carrée de la tête, au peu de proéminence du crâne ; à l'aplatissement et à l'obliquité du front, à la dépression et à la largeur de la face, à la saillie des pommettes relevées et proéminentes ; à l'écartement des sourcils, que sépare un espace aplati ; à celui des yeux, qui sont du reste étroits et très-fendus ; à la dilatation considérable des narines ; au volume du nez, qui est court, gros et écrasé, surtout vers sa racine ; à l'enfoncement des tempes, à l'avancement du menton, qui est constamment pointu ; au peu de longueur et d'abondance de la barbe ; à la couleur noire des yeux et des cheveux, que distinguent d'ailleurs leur peu d'abondance, leur roideur et leur rudesse ; à la teinte basanée et jaune des téguments, qui, quel que soit le climat, se rapproche de celle de l'écorce d'orange desséchée ; à l'avancement des mâchoires et à l'obliquité des dents.

Cette race habite surtout l'Asie, les parties les plus septentrionales de l'ancien et du nouveau monde, la Chine et les îles de la mer des Indes; elle a pour caractères spéciaux :

Taille généralement médiocre; corps robuste; cheveux rares et durs; barbe bornée à la lèvre supérieure et quelquefois disséminée; teint jaune brun, suie ou olive; visage aplati, large aux pommettes, étroit au menton; dents incisives verticales; yeux noirs, écartés; paupières très-obliques, peu ouvertes et bridées. Nez aplati et écrasé; oreilles grandes et détachées; mains et pieds bien faits et petits.

Tête généralement sphérique, comprimée en losange; face élargie comme un disque.

S'étend depuis le cercle polaire arctique jusqu'au 10° degré en deçà de l'équateur. Immobilité intellectuelle.

Elle se partage en trois rameaux : le *Sinique*, le *Mongol* et l'*Hyperboréen*.

Rameau Sinique.

RAMEAU SINIQUE. 216,000,000. Ce rameau, dont le nom rappelle le mot *Sinæ*, donné par les Romains aux peuples qui sont aujourd'hui les Chinois ou les Siamois, ce rameau se rencontre dans la partie centrale et méridionale de l'Asie et dans les îles qui en avoisinent les côtes. Les peuples qui en font partie sont allés assez loin dans les arts mécaniques et chimiques. Ils ont un goût particulier pour l'étiquette, sont serviles et gouvernés despotiquement; leur antique civilisation reste stationnaire. *Cinq Familles.*	FAMILLE CHINOISE. 160,000,000. Teint clair; yeux fendus en amande et relevés obliquement.	Chinois.
	FAMILLE CORÉENNE. 8,000,000. Lèvres grosses et pâles; peau olivâtre.	Coréens.
	FAMILLE JAPONAISE. 25,000,000. Sourcil mince et arqué.	Japonais.
	FAMILLE INDO-CHINOISE. 21,000,000. Teint plus clair que les Indous, mais plus foncé que les Chinois. Taille petite. Civilisation moins avancée.	Birmans. Péguans. Siamois. Annamites.
	FAMILLE TIBÉTAINE. 2,000,000. Mêmes caractères que les autres familles. Limitée à l'Himalaya.	Tibétains.

La *famille Chinoise* est la plus nombreuse et la plus civilisée de l'Asie orientale; ses tribus forment la partie la plus considérable de la population de la Chine, occupée par différents peuples. Les Chinois sont aussi répandus dans les contrées sujettes de la cour de Pékin, et même au delà, dans des lieux où ils ont formé des établissements, dans les temps modernes. Ils en ont également fondé dans l'île Formose, dans les îles de la Sonde, dans le royaume de Siam, la presqu'île de Malacca et l'île de Ceylan.

Les Chinois, avec la taille des Hindous, avec des yeux bridés et fendus en amande, avec un teint clair et presque aussi blanc que les Européens eux-mêmes, semblent être le type du *Rameau Sinique*. Ils habitent surtout la Chine; mais se répandent facilement sur les parties du continent et dans les îles qui s'en trouvent le plus rapprochées, quoiqu'en général ils soient très-attachés à leur sol.

La *famille Coréenne*, qui habite la presqu'île de Corée, forme également une race distincte, qui il y a plusieurs siècles habitait la chaîne des montagnes formant les limites septentrionales de la péninsule. Ces peuples portaient alors le nom de Sian-Si; ils sont maintenant confinés dans la péninsule par leurs voisins les Mandchous, qui occupent la partie septentrionale, et se distinguent d'eux complétement.

La *famille Japonaise* parle une langue particulière, et la ressemblance de sa civilisation et de la civilisation chinoise ne semble pas provenir de l'influence chinoise, mais bien du caractère particulier des Japonais. Leur langue et leur civilisation sont confinées à leurs îles et aux îles de Lieou-Khieou, dont les habitants appartiennent certainement à la même souche.

La *famille Indo-Chinoise* comprend les nombreuses et différentes nations qui occupent la péninsule au delà du Gange, comme les Annamites, divisés en Tonquinois et en Cochinchinois; les habitants de Siam, de Pégou et d'Ava, et de l'empire Birman, ne sont qu'imparfaitement connus; ils occupaient peut-être autrefois la région montagneuse de la presqu'île de Malacca, mais on ne les trouve plus maintenant que dans les îles de la Sonde et à l'extrémité sud de la presqu'île de Malacca. Ils parlent une langue cultivée, bien distincte des autres dialectes, et répandue à l'ouest jusqu'à Madagascar, et à l'est dans les îles de la Sonde, les Philippines et même dans les groupes d'îles les plus orientaux de l'Océan Pacifique.

La *famille Tibétaine*, habitant le Tibet, constitue un groupe très-nombreux, dont les tribus sont dispersées sur les plateaux de l'Asie orientale, au nord des monts Himalaya. Ces tribus, qui se donnent le nom de Bhots, sont peu connues; elles semblent divisées en branches nombreuses, qui s'étendent à l'ouest, à l'est et au nord-est.

Rameau Mongol.

RAMEAU MONGOL.		
2,280,000. Probablement aborigène du mont Altaï, il s'est étendu des monts Bélur aux mers du Japon, en suivant le cours du fleuve Amour, et vers le Nord, en suivant le cours du Iénisséi et de l'Obi. *Deux Familles.*	FAMILLE MONGOLE. 1,620,000. Tête grosse, visage plat, poitrine large, cou court, membres forts et trapus.	Mongols. Bouriats. Kalmouks.
	FAMILLE TOUNGOUSE. 660,000. Visage moins plat, traits réguliers, taille médiocre.	Mandchous. Toungouses.

La *famille Mongole* forme trois grandes branches : les Mongols proprement dits, les Bouriats et les Kalmouks. Les Mongols habitent le sud du désert de Gobi, et sont organisés en tribus, chargées de défendre les frontières de l'empire Chinois, tandis que d'autres tribus occupent le nord du désert. Différentes tribus Mongoles, placées au sud-ouest vers Tangut et le Tibet, sont connues sous le nom de Sokkos, c'est-à-dire tribus pastorales, et dépendent presque toutes de la cour de Pékin ; elles sont distribuées sous différentes bannières. Un petit nombre est sous la domination des Russes, dans les contrées autour du lac Baïkal, qui sont habitées aussi par une autre branche de la famille Mongole, les Bouriats, qui semblent avoir reconquis leur terre natale. La troisième division de cette grande famille, les Kalmouks, qui sont dispersés dans toutes les contrées situées entre le lac de Khoukhou-Noor et les rives du Volga, est subdivisée en quatre branches connues en Europe sous le nom de Kalmouks, qui leur fut donné par les Russes. La plus considérable de ces branches était autrefois formée par les Zungaris, qui vers le milieu du dernier siècle (1757) furent en partie détruits et virent leur pays occupé par d'autres tribus de la même famille, qui jusque-là avaient habité sur les rives du Volga au nord d'Astrakan. Quelques-unes de ces tribus habitent encore les rives du Volga, tandis que d'autres sont dispersées dans l'Asie centrale jusqu'au lac de Khoukhou-Noor. La troisième branche de la famille Kalmouque, les Khoshods, est moins nombreuse, et habite également les contrées qui environnent le lac de Khoukhou-Noor, autrement le lac bleu. La quatrième branche de cette famille, les Turbets, est située encore plus à l'est, le long de l'Hoang-Ho.

La *famille Toungouse* est l'une des familles les plus considérables du nord-est de l'Asie. Ces peuples occupent tout le territoire qui se trouve à l'est des Samoyèdes septentrionaux de la mer Polaire, des Iénisséiens et des Ouriankais, habitant le cours supérieur de l'Iénisséi et les montagnes de Sayausk, au nord-est des tribus Mongoles.

Ils s'étendent du cours supérieur des deux Toungouskas jusqu'à la mer Polaire et à la rivière Oleuck; de là au Léna, et de l'extrémité orientale du lac de Baïkal à la rivière Vitine, jusqu'au rivage du golfe d'Okhotzk, où ils sont appelés Lamutes ou habitants du rivage. Ils occupent au sud-est les contrées situées depuis le milieu du cours de l'Amour jusqu'à la presqu'île de Corée; mais ni à l'embouchure de l'Amour, ni plus au sud, les Toungouses ne s'étendent jusqu'aux rivages de la mer, habités par les Aïnos, tribu qui n'appartient pas à la même famille. Les branches de la *famille Toungouse* sont très-nombreuses; mais dans les temps modernes aucune ne s'est rendue fameuse, si ce n'est la division qui occupe la partie sud du pays des Toungouses, et porte le nom de Mandchous. Cette branche conquit, vers le milieu du dix-septième siècle, la Chine, où elle règne encore. Les Mandchous-Toungouses sont dispersés dans toutes les provinces de l'empire Chinois, où ils constituent la noblesse militaire.

Rameau Hyperboréen.

Les tribus de ce rameau, que l'on a nommé *Hyperboréen* parce que dans chacun des deux hémisphères elles avoisinent géographiquement les régions hyperborées, ou les plus proches du pôle boréal, joignent aux traits distinctifs de la race jaune, tels que teint jaune-brunâtre, cheveux noirs et gros, visage plat, avec des yeux noirs, petits et obliques, un caractère qui leur est propre, celui d'une taille comparativement très-minime.

Généralement nomades, ces tribus vivent exclusivement de chasse et de pêche, sont très-voraces dans l'abondance, et capables, dans la disette, d'une abstinence longtemps prolongée.

Le tableau suivant en donne les divisions.

Rameau	Familles	Peuples
RAMEAU HYPERBORÉEN. 200,000. Ce rameau, répandu sur un espace immense, habite les régions voisines du cercle polaire boréal. Peuples en général nomades, vivant de leur chasse et de leur pêche. Caractère irritable; reculés en civilisation. Quoique soumis à des États chrétiens, ils sont en général idolâtres. *Huit Familles.*	FAMILLE LAPONE. 16,000. Originaire des Samoyèdes, elle s'est profondément modifiée.	Lapons.
	FAMILLE SAMOYÈDE. 30,000. Errante depuis le Mézin jusqu'à la Khatanya.	Samoïèdes. Soïotes.
	FAMILLE IÉNISSÉIENNE. 38,000. Nommée aussi Ostiake du Iénisséi.	Iénisséiens.
	FAMILLE KAMTCHADALE. 9,000. Habite le milieu de la péninsule de ce nom.	Kamtchadales.
	FAMILLE KORIAQUE. 8,000. Errante dans le nord du Kamtchatka.	Koriaques.
	FAMILLE JUKAGIRE. 3,000. Errante dans le nord-est de la Sibérie, vers l'Indigiska et la Kolyma.	Jukagires.
	FAMILLE ESKIMALE. 50,000. Taille petite; poitrine large, peau de couleur de cuivre; cheveux noirs et durs comme du crin.	Tchouktches. Tchoutgaches. Aléoutes. Eskimaux.
	FAMILLE KOURILIENNE. 50,000. Teint olivâtre foncé. Corps velu; physionomie agréable.	Aïnos.

La *famille Lapone* occupe la Laponie, au nord de la péninsule Scandinave. Ses tribus vivent de la chair et du lait de leurs rennes, dont la peau leur sert de vêtement et couvre leurs demeures.

« Le climat de la Laponie, dit avec raison Malte-Brun, a obtenu une célébrité fabuleuse, parce qu'il est le plus froid où parvenaient les voyageurs de l'Europe occidentale. Aucun pays cependant, à latitude égale, n'a une température moins rigoureuse. Comparez-le seulement au pays des Samoyèdes et à tous les rivages de la Sibérie, qui, plus méridionaux de deux ou trois degrés, ne sont jamais complétement dégagés de glaces avant la fin de juillet, tandis que les ports de la Laponie sont libres à la fin de mai. La mer ouverte, et toujours en mouvement, qui procure cet avantage aux côtes septentrionales de la Laponie, les enveloppe, il est vrai, dans des brouillards humides; et ce n'est que dans l'intérieur des golfes, à l'abri des vents maritimes, et jusqu'à sept ou huit cents pieds d'élévation, que réussit la culture des céréales, et qu'on éprouve toute la force de la chaleur accumulée pendant un jour perpétuel de six semaines. »

La *famille* d'origine *Samoyède* occupe deux contrées différentes, éloignées l'une de l'autre. La division méridionale habite les rives du haut Iénisséi et les montagnes de Sayausk, où se trouvent encore des traces des nombreuses tribus Samoyèdes aborigènes de ce pays. Ils sont divisés en quatre tribus: les Ouriangkhai, nommés Soïotes par les Chinois, les Molores, les Caïbales et les Karakases. La division septentrionale habite le long de la mer Polaire, au nord du bas Tongouska, et s'étend de l'embouchure de l'Iénisséi à celle de l'Obi, à l'ouest jusqu'à la partie septentrionale des monts Oural, et en Europe jusqu'à la mer Blanche, de manière que ces tribus d'origine Samoyède sont séparées des autres branches de leurs familles par des tribus turques et par les Iénisséiens habitant le pays qui se trouve entre eux.

La *famille Iénisséienne* forme une petite tribu isolée, habitant la vallée située vers le milieu du cours de la rivière Iénisséi, entre Abakansk et Toucouskanh. Comme leurs voisins les Samoyèdes, les Iénisséiens habitaient les montagnes de Sayausk et la chaîne de l'Altaï; mais, comme eux, ils furent obligés d'émigrer vers le Nord, lorsque des nations voisines fondirent sur eux avec des forces supérieures ; événement qui du reste semble avoir été très-commun dans les contrées nord et nord-ouest de l'Asie.

La *famille Kamtchadale* occupe le Kamtchatka, grande péninsule de l'Asie, à l'extrémité orientale de la Sibérie. Cette contrée a des hivers qui, quoique fort longs, ne sont pas à beaucoup près aussi rigoureux qu'on pourrait le croire. Il commence à geler dès le mois de juillet, et les gelées y durent quelquefois jusqu'en mai ; le thermomètre de Réaumur descend alors de 5 à 10 degrés ; le maximum du froid y va rarement jusqu'à 18°. Pendant l'été 4 à 10 degrés sont le terme moyen de la température, qui cependant s'élève quelquefois jusqu'à 21°.

Les productions végétales du Kamtchatka sont peu variées. Le mélèze et le peuplier blanc y servent à la construction des habitations et des vaisseaux ; le bouleau, qui forme des forêts assez étendues, est employé à faire des traîneaux ; son écorce, verte, coupée en tranches minces, et mêlée avec du caviar, procure un aliment, tandis que de sa séve on retire une boisson assez agréable. Les bois à brûler sont le saule et l'aune ; les habitants mangent aussi l'écorce du premier ; celle du second sert à teindre leurs cuirs. La racine du lis saranna remplace souvent le pain, et ils savent tirer d'une espèce d'ortie des fils qui suppléent le chanvre et le lin.

Les *familles Koriaque* et *Jukagire* habitent la partie nord est de l'Asie, située entre l'embouchure du Léna et la mer qui sépare l'Asie de l'Amérique ; elles parlent des langues différentes, quoique vivant dans un espace très-resserré. Les Jukagires habitent les deux rives de l'Indirgika ; les Koriaques habitent de la rivière Kouyma à celle d'Anadyr.

La *famille Eskimale*, qui habite les terres arctiques jusqu'au 80° lat. Nord, et les bords de la mer Polaire, depuis le Labrador jusqu'à la presqu'île d'Alaschka, appartient à la même race répandue sur les côtes boréales de l'Asie. Une taille qui ne dépasse guère cinq pieds, un teint blafard, qui se rembrunit et devient presque noir dans les latitudes les plus boréales, une tête énorme, supportée par un corps généralement maigre, un front bas, des yeux petits, avec les paupières gonflées, des pommettes saillantes, une bouche très-fendue, à lèvres assez épaisses, et garnie de dents superbes, une barbe rude peu fournie, un caractère assez gai, et une habitation constamment fixée sur le bord de la mer, tels sont les principaux caractères de cette race, dont le rameau le plus occidental, les Tchougatches, ne diffère en rien du rameau oriental, ou les Esquimaux proprement dits, malgré un espace de huit cents lieues qui les sépare.

Ces malheureux Esquimaux, d'abord dépossédés de leurs terres, décimés ensuite par des guerres cruelles, n'auront bientôt plus d'asile dans ces forêts, où les tristes débris de leur race espéraient n'être jamais atteints par la civilisation. Des voyageurs assurent qu'ils n'ont point généralement de barbe; d'autres que c'est l'effet de l'usage où ils sont de s'arracher tous les poils à l'exception des cheveux. Tous se vêtissent à peu près de la même manière; ils se servent de fourrures ou de peaux, dont l'une forme ceinture et descend jusqu'aux genoux, tandis qu'une autre, plus large, garantit les épaules. Leurs bas et leurs souliers sont en cuir de daim, d'élan ou de buffle, attachés près des chevilles avec de petites courroies, et surchargés d'ornements de cuivre ou d'étain.

Les tentes ou huttes sont composées de perches mises

l'une près de l'autre, et aboutissent au sommet en form de cône; elles sont couvertes quelquefois de peaux, d'é corces d'arbre ou de nattes de jonc; elles n'ont point d fenêtres et d'autre cheminée que leur extrémité supérieure qui laisse passage à l'air. Aussi dans les temps pluvieu les habitants sont-ils sans cesse exposés à être inondés o à être suffoqués par la fumée. Les mêmes peaux sur lesquelles ils s'asseoient leur servent de lit pour la nuit; elles sont étendues tout autour du feu, qui brûle au milieu de la hutte.

La *famille Kourilienne* habite l'extrémité méridionale du Kamtchatka, les îles Kouriles, l'extrémité septentrionale de l'île d'Yéso, celle de Saghalien et quelques points de la côte de Mandchourie. Ces tribus ont le teint olivâtre foncé, un front bas et plat, un nez bien fait, une physionomie agréable; les cheveux, la barbe, les sourcils, noirs et épais, une taille bien prise.... tous caractères étrangers à la race jaune.

RACE ROUGE OU AMÉRICAINE.

5,000,000 d'individus.

Les hommes qui habitent le double continent dont se forme l'hémisphère opposé au nôtre, et qui s'appellent eux-mêmes les Peaux-Rouges, sont plus connus en Europe sous le nom assez impropre d'Indiens d'Amérique; ils peuvent se comparer à la race jaune, en ce qu'ils ont des cheveux noirs, rudes et gros, avec une barbe rare et la peau variant du jaune au rouge cuivré; mais ils ressemblent à la race blanche par la saillie de leur nez et par leurs yeux grands et ouverts.

L'examen anatomique de leur peau a prouvé que la couleur qui la caractérise tient à la nature même de son tissu ; que leur crâne est postérieurement plus volumineux, et que les orbites de leurs yeux sont plus larges que dans aucune autre race.

Ils sont en général hospitaliers et généreux, mais vindicatifs et cruels, oublieux du passé, ne songeant qu'au présent et insouciants de l'avenir ; passionnés pour la guerre et pour les liqueurs fortes.

Tous vont errant dans les forêts ou dans les savanes, ne vivant que de chasse et de pêche.

Cette Race est formée par toutes les tribus qui occupent le terrain depuis Québec, le Mississipi et la Californie, jusqu'au détroit de Magellan, les Akansas, les Illinois, les Californiens, les Mexicains, les Péruviens, les Brésiliens, les insulaires des Antilles, les habitants de la Guyane, des rives de l'Orénoque, du Chili, de la Terre-de-Feu, sur lesquels Bougainville, Molina, Cook, Carteret, Forster, la Peyrouse, Blumenbach, nous ont transmis des détails curieux.

Les caractères anatomiques de cette Race sont assez peu tranchés, et elle paraît intermédiaire à la race caucasique et à la race nègre, ce que semblerait confirmer un fait dont la connaissance est due à M. Owen Williams, des environs de Baltimore, qui a retrouvé sur la Madwga une colonie des habitants du pays de Galles établie dans le nouveau monde à l'époque de la domination des Saxons, et bien antérieurement aux voyages d'Améric Vespuce et de Christophe Colomb.

Cette Race se distingue des autres par un front court et abaissé, par l'enfoncement des yeux, par l'écrasement du nez, par la dilatation des narines, par la largeur de la face, la proéminence des pommettes, la couleur des téguments, qui se rapproche de celle du cuivre rouge ou de la cannelle. Les cheveux sont noirs, peu fournis, roides et aplatis ; la barbe est rare ou nulle.

La stature des hommes de cette race est en général élevée ; les Chiliens et les Patagons en particulier ont passé pour avoir des proportions gigantesques ; mais les récits fidèles de quelques voyageurs modernes ont rétabli la vérité à ce sujet, en constatant que les Patagons ont, il est vrai, le tronc très-élevé, mais les membres inférieurs très-courts, ce qui explique comment les observateurs superficiels qui n'avaient vu ces hommes-là que dans la position assise leur avaient attribué une taille exceptionnelle, qu'ils n'ont pas quand on les voit debout.

C'est cette race Américaine qui a fourni des arguments à l'opinion qui conteste que les hommes descendent tous d'une origine commune. On a trouvé, en effet, dans quelques tombeaux de l'Amérique méridionale des crânes à front très-déprimé, et qui semblent, au premier aspect, appartenir à des hommes d'une nature tout à fait différente. On a pensé que ces hommes pourraient bien être les anciens habitants de l'Amérique, qui auraient été détruits par l'arrivée d'une colonie indienne dans leur pays. Mais il paraît préférable d'admettre, avec M. I. Geoffroy Saint-Hilaire, que ces crânes ont appartenu à des individus déformés, ou qu'ils en ont été des variétés maladives produites par la funeste habitude qu'ont certains peuples de se serrer fortement la tête. On voit d'ailleurs qu'il existe même parmi les Européens des individus à tête rétrécie et à front enfoncé, chez lesquels cette déformation n'a eu d'autre cause que les liens dont on a entouré leur crâne pendant leur jeune âge, et nous savons, de plus, que beaucoup de peuplades Américaines ont l'habitude de réduire par ce moyen leurs enfants à un état complet d'idiotisme, parce qu'alors ceux-ci sont considérés comme vénérables, et deviennent l'objet d'une attention toute particulière. On a même encore l'usage, dans certains endroits, de réunir tous ces idiots dans une même sépulture. M. I. Geoffroy pense que les crânes dont il s'agit sont simplement ceux d'idiots de cette sorte, et ne peuvent nullement appuyer l'hypothèse à l'explication de laquelle on voulait les faire servir.

L'Amérique elle-même paraît avoir été peuplée aux dépens de l'ancien monde. Ce fait n'est plus révoqué en doute pour les Indiens primitifs de l'Amérique du Nord, qui ont conservé tous les caractères physiques de la race jaune. Quant aux nations des autres parties de ce nouveau continent, bornons-nous à rappeler la découverte de ces momies Mexicaines si semblables aux momies Égyptiennes et celle de plusieurs ruines qui prouvent que les Mexicains ont habité les bords du Nil; leur civilisation aura sans doute été écrasée par les Tartares Asiatiques descendus du détroit de Behring et des montagnes Rocheuses.

Les distinctions zoologiques sont fort peu tranchées entre les diverses tribus de cette Race, et il est difficile de les classer d'une manière un peu satisfaisante. On croit pourtant reconnaître entre les hommes qui habitent l'Amérique septentrionale jusqu'au centre du Mexique, et ceux qui vivent de ce point jusqu'à l'extrémité opposée, des différences assez sensibles pour motiver leur division en rameau *septentrional* et rameau *méridional*.

Cette Race est donc partagée en deux rameaux : le *septentrional* et le *méridional*.

Le tableau suivant en donne les divisions :

RAMEAU SEPTENTRIONAL.
300,000.

C'est dans ce rameau que les caractères de la *Race rouge* sont les mieux prononcés. Ils peignent leur corps en rouge. Ces peuples sont les restes d'une population considérable, qui s'étendait des côtes de l'Océan atlantique à celles de l'Océan pacifique.

Trois Familles.

FAMILLE LENNAPE.
150,000.

Étendue sur le sud-ouest de la Nouvelle-Bretagne et du nord-ouest de la Washingtonie.

FAMILLE IROQUOISE.
100,000.

Réduite à quelques petites tribus, dont font partie les Hurons.

FAMILLE FLORIDIENNE.
250,000.

Mœurs douces ; dispositions à la civilisation.

Rameau septentrional.

Une taille élevée, une constitution robuste, une tête allongée, au front déprimé, au nez long et aquilin, aux yeux horizontaux ; le teint cuivré ou couleur de cannelle, les sens très-développés..... Tels sont, au physique, les traits distinctifs des Américains du Nord, que signalent, au moral, le courage et la patience avec lesquels ils supportent les privations et les souffrances.

Dans le nombre infini de leurs tribus, qui ne sont pas toutes connues, nous ne pouvons indiquer ici que quelques-unes des plus célèbres, comme la *famille Lennape*, dans laquelle on remarque les Algonquins et les Chippewais, qui sont les deux branches principales et les plus connues d'une nation répandue dans le Canada, dans le territoire de Michigan et dans les districts Huron et des Mandanes, dans les États-Unis.

Ces peuples sont toujours en guerre contre les Sioux, sur lesquels ils ont souvent le dessus, à cause des fusils qu'ils possèdent et dont ils se servent très-habilement. Cette famille a beaucoup diminué, plusieurs de ses tribus se sont éteintes.

La *famille Iroquoise*, dont la tribu la plus célèbre est celle des Hurons, a été très-puissante; mais elle se trouve maintenant réduite à de petits groupes, qui ont embrassé le christianisme et sont devenus cultivateurs. Les Hurons étaient jadis une nation nombreuse et puissante, établie dans trente-deux bourgades à l'est du lac Huron; elle est maintenant réduite à 14 ou 1500 individus, qui demeurent sur la rive occidentale du lac Saint-Clair. Les descendants du petit nombre de Hurons qui se réfugièrent au Canada, parmi les Français, y vivent dans le village de Loretto, à neuf milles anglais de Québec : ceux-ci sont catholiques et agriculteurs; et la souplesse de leur esprit justifie pleinement le rôle piquant que Voltaire a fait jouer à l'un d'entre eux, dans son délicieux roman de *l'Ingénu*. Les Osages rentrent aussi dans cette division.

La *famille Floridienne* comprend six nations principales et indépendantes, parmi lesquelles nous signalerons les Creeks, les Natchès, les Chactas. Ces tribus, autrefois très-puissantes, étaient surtout remarquables par leur gouvernement monarchique et par le culte qu'elles rendaient au soleil. Les Chérokées, qui, tout en conservant leur indépendance, ont embrassé le christianisme, ont fait de rapides progrès dans la civilisation.

Plus au nord, jusqu'au détroit de Behring, et touchant presque aux Hyberboréens de l'Asie, sont les *Koliouges*, les *Wakash*, etc., et une foule d'autres implacables ennemis des blancs.

Rameau	Famille	Nations
RAMEAU MÉRIDIONAL. 4,500,000. S'étend depuis le milieu du Mexique jusqu'au cap Horn. Les caractères des peuples de ce *rameau* sont plus variables que dans les Indiens du Nord ; c'est parmi eux que se trouvent les nations les plus propres à la civilisation. *Huit Familles.*	FAMILLE ASTÈQUE. 2,500,000. Reste des fondateurs de l'ancien empire du Mexique ; elle s'étend jusqu'au Guatimala.	
	FAMILLE QUICHUENNE. 1,315,400. Teint foncé, formes massives, traits prononcés, physionomie sérieuse.	Quichuas. Aymaras. Atacamas. Changos.
	FAMILLE ANTISIENNE. 148,000. Teint plus clair, formes moins massives, traits plus efféminés.	Yuracarès. Mocétènès. Tacanas. Maropas. Apolistas.
	FAMILLE ARAUCANIENNE. 34,000. Habite dans les Andes, vers les confins du Chili et de la Patagonie ; peuple belliqueux.	Aucas. Fuégiens.
	FAMILLE PAMPÉENNE. 32,500. S'étend depuis le détroit de Magellan jusqu'au nord de Picolmayo ; teint brun marron ; taille très-grande ; nez court, épaté ; traits prononcés : physionomie froide, souvent féroce.	Patagons. Puelches. Charruas. Mocobis. Mataguayos. Abipones. Lenguas.
	FAMILLE CHIQUITÉENNE. 19,500. Habite le sud-est de la Bolivie ; teint brun clair ; formes peu robustes ; taille moyenne ; figure enjouée et vive ; pommettes non saillantes ; bouche moyenne ; lèvres minces.	Samucus. Chiquitos. Saravécas. Otukès. Curuminacas. Covarécas. Curavès. Tapiis. Curucanécas. Paionécas. Corabécas.
	FAMILLE MOXÉENNE. 27,200. Habite vers les confins de la Bolivie, du Pérou et du Brésil ; teint brun olivâtre, peu foncé ; nez court, peu large ; lèvres et pommettes peu saillantes. Physionomie douce, un peu enjouée.	Moxos. Chacapuras. Itonomas. Canichanas. Movimas. Cayuvavas. Pacaguaras. Itenès.
	FAMILLE GUARANIENNE. 337,000. S'étend depuis la mer des Antilles jusqu'au Rio de la Plata ; composée de peuplades sauvages, converties par les missionnaires du dix-huitième siècle.	Guaranis. Botocudis.

Rameau méridional.

Les caractères de ce rameau sont les mêmes que ceux de l'autre, mais de beaucoup affaiblis, ce qu'on reconnaît au moindre allongement de leur tête, à la moindre proéminence du nez, à la teinte jaune ou olivâtre de la peau, jamais aussi rouge.

On trouve dans ce *rameau* des variétés de types dont l'étude offre d'inextricables difficultés. Tels sont : 1° le Type Colombique, à la taille en général élevée, au corps musculeux et agile, au teint d'un rouge plus ou moins sombrement cuivré, à la tête allongée, avec le front élevé, légèrement fuyant en arrière, les yeux plutôt petits que grands, le nez bien fait et saillant, légèrement arqué ou droit, la bouche médiocre et les lèvres minces. Nous y rapportons toutes les nations répandues dans le Canada, les États-Unis, jusqu'au nord du Mexique et au golfe du même nom, et entre les montagnes Rocheuses et la Cordilière maritime, nations essentiellement chasseresses, quelque peu agricoles, ne connaissant que la navigation des rivières.

2° Le Type Mexicain, de taille plus petite que le précédent et plus trapue, au teint d'un brun rougeâtre, à la tête grosse et large, déprimée en dessous, au front fuyant en arrière, avec le nez gros et aquilin, la bouche grande et les lèvres épaisses, qui occupe le plateau du Mexique et de l'Amérique centrale, mais probablement originaire de la côte nord-ouest, occupée aujourd'hui par des hommes différents et peu connus. Cette race, purement agricole, est celle qui se trouvait au plus haut point de civilisation lors de la découverte.

3° Le Type Caraïbe, voisin de la race Colombique, à laquelle Bory de Saint-Vincent l'a réuni, mais à tort, selon nous ; il s'en distingue par une tête conique, avec le front fuyant en arrière, depuis la base, par des yeux plus grands, par le nez plus mince et plus arqué, enfin par un teint plus clair.

Cette race, autrefois puissante et maîtresse du delta compris entre l'Orénoque et l'Amazone, d'où elle s'était répandue jusqu'aux Antilles, est aujourd'hui confinée au centre de la Guyane, et plus d'à moitié éteinte : elle était éminemment guerrière, commerçante et adonnée à la navigation, tant sur mer que sur les rivières de l'intérieur du continent.

4° Le Type Péruvien, semblable pour la taille et la couleur au Mexicain, mais la tête moins grosse, les yeux plus petits, avec les paupières légèrement bouffies, le nez gros, mais un peu écrasé, au lieu d'être arqué, la bouche grande, avec les lèvres assez épaisses et une barbe rare. Beaucoup d'individus ont une tendance à l'obésité, qui devient excessive chez quelques-uns; race agricole, répandue de l'équateur au 40° latitude Sud, entre les Andes et le Grand Océan. Sa civilisation égalait presque celle du Mexique.

5° Les innombrables nations répandues sur la Colombie, la Guyane, le Brésil, Bolima, et les provinces est de la république Argentine, que nous avouons ne savoir à quel type commun rapporter. Ce sont celles dont Bory de Saint-Vincent compose sa race Américaine proprement dite; mais les caractères qu'il attribue à ces races sont loin de convenir à toutes les autres. On observe, en effet, parmi elles toutes les différences possibles, depuis l'Otomaque sale et abruti des bords de l'Orénoque, jusqu'au Guaycura du Paraguay et du grand Chaco, qui constitue une race superbe d'hommes. Entre les deux extrêmes on trouve toutes les races intermédiaires.

Ces nations sont en général d'une taille moyenne, et se font reconnaître à une certaine rondeur féminine dans les membres, principalement dans les cuisses, qui est très-remarquable dans les divers dessins publiés depuis la découverte. Leur teint varie du rouge de cuivre au jaune blafard ; la tête est grosse, mais on ne peut rien dire de positif sur les traits du visage, qui quelquefois égalent en régularité ceux de la Race Caucasique et souvent aussi ont quelque rapport avec ceux de la Race Mongole. Chez presque toutes règne au plus haut degré l'usage de se défigurer par des incisions et des ornements passés dans les chairs. La chasse, la pêche et un peu de culture forment les principales occupations des hommes de cette race. Les plus abrutis, tels que les Botocudos du Brésil, errent simplement dans les forêts, sans se construire d'habitation fixe. Quelques nations sont presque entièrement dépourvues de poils sur le corps, tandis que d'autres en ont autant que les Européens, et le laissent croître à une longueur considérable.

6° Le Type Pampa. Nous comprenons sous ce nom, en usage dans le pays, les nations qui errent dans les pampas de Buénos-Ayres et de la Patagonie, tels que les Puelches, les Belhuets, les Aucas, etc..., ainsi que celles des Andes et de l'Araucanie, c'est-à-dire les Péhuenhes, les Araucanos proprement dits, les Moluches, etc. Ces nations se lient aux races précédentes par les Guaycurus du Paraguay et les Charruas de l'Uruguay ; mais la conformité de leurs faciès autorise à les réunir dans un cadre à part. Toutes se distinguent par une taille un peu au-dessous de la moyenne, en général, un teint d'un brun jaunâtre, une grosse tête, légèrement carrée, un visage plein, des yeux assez grands et bridés comme ceux de la Race Mongole, un nez un peu plat à sa base et des lèvres d'épaisseur ordinaire ; la barbe est assez bien fournie dans quelques tribus, et rare chez d'autres. Les uns mènent une vie pastorale et agricole, tels que les Araucanos, tandis que les autres sont chasseurs : tous font usage du cheval, et possèdent de nombreux troupeaux.

7° Enfin le Type Patagon, confiné sur les bords du détroit de Magellan, et longtemps regardé comme douteux, mais dont l'existence est irrévocablement prouvée aujourd'hui : il paraît se réduire à quelques faibles hordes, confondues avec celles du précédent et menant comme elles une existence errante. Ils ont une taille qui quelquefois a été citée comme ayant plus de six pieds, et cinq pieds huit à dix pouces au moins. Nous avons déjà dit qu'il résulte d'observations récentes que la partie supérieure du corps est très-robuste et très-développée, tandis que les extrémités inférieures sont grèles et courtes. Une tête proportionnellement petite distingue, au premier coup d'œil, les individus de cette race, dont les mœurs sont d'ailleurs presque inconnues.

Le premier ouvrage où l'on ait fait mention des Patagons est la relation du voyage de Magellan en 1519 ; et voici ce qui se trouve sur ce sujet dans l'abrégé qu'Harris a fait de cette relation.

« Lorsqu'ils eurent passé la ligne et qu'ils virent le pôle austral, ils continuèrent leur route sud et arrivèrent à la côte du Brésil, environ au 22e degré ; ils observèrent que tout ce pays était un continent, plus élevé depuis le cap Saint-Augustin. Ayant continué leur navigation encore à deux degrés et demi plus loin, toujours sud, ils arrivèrent à un pays habité par un peuple fort sauvage, et d'une stature prodigieuse ; ces géants faisaient un bruit effroyable, plus ressemblant au mugissement des bœufs qu'à des voix humaines. Nonobstant leur taille gigantesque, ils étaient si agiles, qu'aucun Espagnol ni Portugais ne pouvait les atteindre à la course. »

Buffon a fait remarquer qu'il semblerait, d'après cette relation, que ces grands hommes ont été trouvés à 24 degrés et demi de latitude sud : cependant la vue de la carte prouve qu'il y a ici de l'erreur; car le cap Saint-Augustin, que la relation place à 22 degrés de latitude Sud, se trouve sur la carte à 10 degrés, de sorte qu'il est douteux si ces premiers géants ont été rencontrés à 12 degrés et demi ou à 24 degrés et demi : car si c'est à 2 degrés et demi au delà du cap Saint-Augustin, ils ont été trouvés à 12 degrés et demi; mais si c'est à 2 degrés et demi au-delà de cette partie, à l'endroit de la côte du Brésil que l'auteur dit être à 22 degrés, ils ont été trouvés à 24 degrés et demi : telle est l'exactitude de Harris. Quoi qu'il en soit, la relation poursuit ainsi :

« Ils poussèrent ensuite jusqu'à 49 degrés et demi de latitude Sud, où la rigueur du temps les obligea de prendre des quartiers d'hiver et d'y rester cinq mois. Ils crurent longtemps le pays inhabité; mais enfin un sauvage des contrées voisines vint les visiter; il avait l'air vif, gai, vigoureux, chantant et dansant tout le long du chemin. Étant arrivé au port, il s'arrêta et répandit de la poussière sur sa tête; sur cela, quelques gens du vaisseau descendirent, allèrent à lui, et, ayant répandu de même de la poussière sur leur tête, il vint avec eux au vaisseau sans crainte ni soupçon. Sa taille était si haute, que la tête d'un homme de taille moyenne de l'équipage de Magellan ne lui allait qu'à la ceinture; et il était gros à proportion...

« Magellan fit boire et manger ce géant, qui fut fort joyeux jusqu'à ce qu'il eut regardé par hasard un miroir, qu'on lui avait donné avec d'autres bagatelles; il tressaillit, et, reculant d'effroi, il renversa deux hommes qui se trouvaient près de lui. Il fut longtemps à se remettre de sa frayeur.

Nonobstant cela, il se trouva si bien avec les Espagnols, que ceux-ci eurent bientôt la compagnie de plusieurs de ces géants, dont l'un surtout se familiarisa promptement, et montra tant de gaieté et de bonne humeur, que les Européens se plaisaient beaucoup avec lui.

« Magellan eut envie de faire prisonniers quelques-uns de ces géants; pour cela, on leur remplit les mains de divers colifichets, dont ils paraissaient curieux; et pendant qu'ils les examinaient on leur mit des fers aux pieds. Ils crurent d'abord que c'était une autre curiosité, et parurent s'amuser du cliquetis de ces fers; mais quand ils se trouvèrent serrés et trahis ils implorèrent le secours d'un être invisible et supérieur, sous le nom de *Setebos*. Dans cette occasion leur force parut proportionnée à leur stature; car l'un d'eux surmonta tous les efforts de neuf hommes, quoiqu'ils l'eussent terrassé, et qu'ils lui eussent fortement lié les mains; il se débarrassa de tous ses liens, et s'échappa malgré tout ce qu'ils purent faire. Leur appétit était proportionné aussi à leur taille; Magellan les nomma *Patagons*. »

Tels sont les détails que donne Harris touchant les Patagons, après avoir, dit-il, pris les plus grandes peines à comparer les relations des divers écrivains espagnols et portugais.

Pour revenir aux subdivisions du *Rameau méridional*, nous trouvons au nord de l'équateur la *famille* des *Astèques*, représentée aujourd'hui par les Mexicains, et dont le sol du Mexique n'offre plus que quelques restes comparablement bien faibles, mais qui attestent encore quelle a pu être sa puissance avant que les Espagnols ne la soumissent à leurs lois en renversant son empire. Elle s'étend jusque dans le Guatémala. On rencontre plus bas, dans l'isthme qui réunit sur ce point les deux Amériques, plusieurs autres tribus, les unes, comme les *Otomites*, les *Tarasques*, les *Mayas*, etc., subjuguées aussi par les Espagnols; les autres restées indépendantes, comme les *Mosquitos*, les *Chols*, etc., etc.

Au sud de l'équateur, depuis l'extrémité la plus septentrionale de l'Amérique du Sud, jusqu'à ses confins les plus méridionaux, sur les croupes ou au pied des hautes cordilières des Andes, au sein des épaisses forêts de leurs versants, au bord des grands fleuves qui s'y forment, dans leurs fertiles vallées, dans leurs plaines arides, ou pampas, vivent trente-neuf tribus distribuées en sept familles distinctes : la *Quichuenne*, l'*Antisienne*, l'*Araucanienne*, la *Pampéenne*, la *Chiquitéenne*, la *Moxéenne*, la *Guaranienne*. Les trois premières de ces familles présentent pour caractères communs : taille petite, teint brun olivâtre, front peu élevé ou fuyant, yeux horizontaux, jamais bridés.

Les trois suivantes ont aussi des caractères identiques : taille souvent très-élevée; front bombé, non fuyant; yeux horizontaux, non bridés; et une habitation commune, les plaines ou *pampas* qui s'étendent au pied du versant oriental des Andes. Elles élèvent beaucoup de chevaux.

En les examinant ensuite chacune en particulier, nous trouvons :

La *famille Quichuenne*, qui a pour caractères : teint foncé, formes massives, face large, ovale, au nez long, aquilin et élargi vers sa base, aux pommettes non saillantes, traits prononcés, physionomie sérieuse, réfléchie et triste. Elle habite l'est de la Bolivie, du Pérou, de la province de Quito. Tribus constituantes : les *Quichuas*, les *Aymaras*, les *Atacamas* et les *Changos* : les deux premières remarquables en ce qu'elles ont fait le fond des populations de l'ancien empire du Pérou; la seconde, habitant un affreux désert; la troisième, formée de pêcheurs, qui vivent pauvres sur les rives du grand Océan.

La *famille Antisienne*, qui a pour caractères : teint plus clair, formes moins massives, traits plus efféminés que la précédente. Habitation, les Andes boliviennes. Tribus : les *Yuracarès*, les *Mocétenès*, les *Tacanas*, les *Maropas*, les *Apolistas*.

La *famille Araucanienne*, qui se partage en deux tribus : les Aucas ou Araucanès, indépendants dans les Andes, aux confins du Chili et de la Patagonie; les *Fuégiens*, ou habitants de la terre de Feu, abrutis sous un climat rigoureux, et vivant de pêche.

La *famille Pampéenne*, qui a pour caractères : teint brun, olivâtre ou marron foncé; grande taille, constitution robuste; face large et aplatie, au nez court, très-épaté, aux narines larges et ouvertes, aux pommettes saillantes ; traits prononcés ; physionomie froide et souvent féroce. Son habitation s'étend du détroit de Magellan au sud, jusqu'au Pilcomago vers le nord. Elle se compose des *Patagons* ou *Téhuelches*, des *Puelches* belliqueux, des *Charruas*, des *Mocobis* ou *Tobas*, des *Mataguayos*, des *Abipones*, des *Lenguas*.

La tribu des *Charruas*, qui vivait entre les rivières Uruguay, Ybicui et Rio-Négro, presque entièrement détruite dans le courant de l'année 1832, par le général don Fructuoso Ribéra, président de la république orientale, avait conservé jusqu'à ces derniers temps toute sa férocité primitive. Jamais ces sauvages n'ont pu supporter le joug de la civilisation, même au plus bas degré, et chaque fois qu'ils ont espéré quelques chances de succès, ils se sont précipités comme des bêtes féroces sur les paisibles habitants des campagnes, mettant tout à feu et à sang sur leur passage, ne faisant pas même grâce de la vie aux femmes et aux enfants. Le président Ribéra, voyant qu'il était impossible de vivre en paix avec ces terribles voisins, qui étaient venus asseoir leurs tentes jusqu'auprès des rives du Rio-Négro, et que tous les moyens de douceur dont on avait usé à leur égard ne produisaient aucun effet, résolut de leur faire une guerre à mort, et après une campagne de quelques mois, il a été assez heureux pour débarrasser son pays de leur présence. Le plus grand nombre de ces sauvages a péri dans les combats, et le peu qui en est resté a été obligé de fuir au loin dans les déserts, d'où il n'est pas probable qu'ils puissent sortir d'ici à longtemps. Une douzaine d'hommes ou femmes, échappés à la mort comme par miracle, ont été faits prisonniers. On en conduisit quatre en France, il y a quelques années; tout Paris a pu les voir et remarquer leur morne apathie, qu'on aurait pu prendre pour de la résignation, mais qui eût fait place à la fureur la plus redoutable s'ils avaient pu se livrer en toute liberté à leur sanguinaire instinct.

Les Charruas ont le teint couleur de cuivre rouge; la forme de leur tête est presque ronde; leurs yeux sont petits, mais vifs et brillants; leurs jambes, fortes et un peu arquées, indiquent l'habitude du cheval; pour le reste, leur physique diffère peu de celui des autres tribus, si ce n'est sous le rapport de la barbe et des moustaches. La barbe forme un bouquet pointu à l'extrémité du menton; les moustaches sont d'un poil rare et fort rude, qui augmente l'air de dureté de leur physionomie. Leur adresse à dompter les chevaux sauvages est incroyable, ne se servant ni de selle, ni de mors, ni d'éperons, mais seulement d'une courroie de cuir tressé, passée dans la bouche du cheval. Leurs armes sont : la lance, les flèches, la fronde, le *lacet* et les *boules*. Leur habillement consiste en un morceau de cuir ou de peau de bêtes fauves, quelquefois aussi d'un morceau de drap grossier dont ils se ceignent les reins, et en une espèce de cape ou manteau, fait des mêmes matières, avec lequel ils se couvrent les épaules, ayant soin de placer le poil en dessous; le dessus de cette cape, qu'ils nomment *quillapi*, est ordinairement peint de couleurs tranchantes, qui forment des dessins assez réguliers, mais d'un goût fort bizarre. L'autre partie du vêtement s'appelle *chilipa*.

La *famille Chiquitienne*, qui a pour caractères : teint brun olivâtre clair, taille moyenne, formes médiocrement robustes; face circulaire pleine, nez court, peu épaté; bouche moyenne, lèvres minces, pommettes saillantes; traits efféminés, mais vifs et respirant la gaieté. Habitation : le sud-est de la Bolivie. Tribus constituantes : les *Samucus*, les *Chiquitos*, les *Saravécas*, les *Otukès*, les *Coruminacas*, les *Curavès*, les *Tapiis*, les *Paiconécas*, les *Corabécas*.

La *famille Moxéenne*, qui a pour caractères : teint brun olivâtre peu foncé, taille moyenne, formes robustes; face ovale circulaire, avec le nez court, peu large; la bouche médiocre, les lèvres et les pommettes peu saillantes; physionomie douce, assez enjouée. Tribus constituantes : les *Moxos*, les *Chapacuras*, les *Itonomas*, les *Canichavas*, les *Movimas*, les *Cayuvavas*, les *Pacaguaras*, les *Iténès*, habitant les confins de la Bolivie, du Pérou et du Brésil.

La *famille Guaranienne*, qui a pour caractères : teint

jaunâtre, mêlé d'un peu de rouge, taille moyenne, formes très-massives, face circulaire, pleine, yeux obliques, nez court et étroit, narines étroites, bouche moyenne, avec des lèvres minces, pommettes saillantes, traits efféminés, physionomie douce.

Cette famille, étendue de la mer des Antilles au Rio de la Plata, se compose de deux tribus : les Guaranis, entre lesquels on distingue les Guaranis proprement dits au sud, les Caraïbes ou Caribes au nord, et les Botocudos, anthropophages qui vivent sur le Rio Doce au Brésil, et qui se distinguent par la manière dont ils distendent leurs lèvres et leurs oreilles en les fendant d'une boutonnière dans laquelle ils introduisent de prétendus ornements, quelquefois très-volumineux. Les Botocudos, suivant M. Auguste de Saint-Hilaire, ressemblent plus encore à la race mongole que les autres Indiens. Quand le jeune homme de cette nation qui m'a accompagné, dit ce savant naturaliste, vit des Chinois à Rio-Janeiro, il les appela ses oncles; et le chant de ce dernier peuple n'est réellement que celui des Botocudos extrêmement radouci.

RACE BRUNE OU MALAISE.

17,000,000 d'individus.

Il existe encore dans les esprits beaucoup d'incertitude relativement à la classification des tribus de cette race, qui se confondent souvent par leurs traits et par leur couleur avec celles de la race jaune, de la race blanche (dans son rameau indo-persique), et même avec les tribus de l'un des rameaux de la race noire, dont nous allons bientôt parler. Elle a pour caractères généraux : taille moyenne, cheveux lisses, bruns ou noirs, formes régulières membres bien proportionnés, teint variant du jaune olivâtre au brun. Cette race réunit plus de familles différentes et plus de dissemblances que toutes les autres variétés. Il serait donc presque impossible de la désigner d'une façon toute spéciale. On peut seulement dire qu'en général la couleur de cette race varie du brun clair au noir. La chevelure est noire, abondante, et ordinairement frisée. La tête est étroite, les os de la face sont fortement prononcés, le nez est large et plat, la bouche grande.

On classe dans cette variété les habitants de la presqu'île de Malacca, des îles de Sumatra, Java, Bornéo, des Célèbes, et des îles environnantes; ceux des îles Moluques, des îles Philippines, de l'archipel des Larrons, des Mariannes et des îles Carolines; les habitants de la Nouvelle-Hollande, de la terre de Van-Diémen, de la Nouvelle-Guinée, de la Nouvelle-Zélande, et de toutes les îles de l'océan Pacifique. L'esprit entreprenant de ces peuples les a poussés à faire de nombreuses émigrations; mais on ne sait pas au juste si c'est à eux que toutes ces îles doivent leur population.

Une partie importante de cette race ressemble beaucoup aux Nègres africains par la couleur, les cheveux et la forme générale de la face et du crâne. Leur langage toutefois est différent, et ils ont une barbe abondante.

On a cru qu'ils étaient originaires de ces îles, qu'ils occupent presque entièrement. Les autres peuples qui habitent ces îles ont le teint plus clair, la figure plus ovale, et sont infiniment mieux faits. Ils ressemblent aux habitants de la presqu'île de Malacca, par leur organisation, leur langage et leurs habitudes. Ils occupent les côtes de ces îles, et se répandent dans l'intérieur de celles qui sont les plus petites. L'étude des rapports qui unissent entre elles les nombreuses peuplades répandues dans les îles du grand océan austral est des plus intéressantes. M. Lesson a fait connaître dans la zoologie du *Voyage de la Coquille* des détails très-neufs et très-curieux sur les rapports que les peuples d'un même rameau ont entre eux et avec la race dont ils dérivent. D'après ce savant naturaliste, les Océaniens, qui occupent des îles séparées les unes des autres par d'immenses distances au milieu du Grand Océan, ont pourtant dans leurs vêtements, leur parure, leur tatouage, leurs divers usages, la construction des pirogues, leur religion, une conformité remarquable.

Les habitants des îles Marquises et Sandwich, comme les Taïtiens, comme les insulaires de Rotouma et de Tonga, savent fabriquer avec l'écorce de l'aouté une étoffe très-fine, réservée le plus ordinairement aux femmes, et des toiles plus grossières qu'ils retirent du liber de l'arbre à pain. (L'usage de fabriquer un papier vestimental avec des écorces d'arbre est indien.) Comme les naturels des îles de la Société, ils les teignent en rouge très-brillant avec les fruits d'un figuier sauvage ou avec l'écorce du *morinda citrifolia*, et en jaune fugace avec le *curcuma*.

Les Taïtiens, les Sandwichiens aiment à se couronner de fleurs; les habitants des Marquises, de Washington, de Rotouma, des Fidjis, attachent le plus grand prix aux dents des cachalots; cette matière est pour eux ce que sont les diamants pour un Européen.

Les Routoumaïens, comme les insulaires des archipels de la Société et des Poniotous, quoiqu'un immense espace de mer les sépare, ont conservé la même coutume de se garantir du soleil avec des visières de feuilles de cocotier, etc.

Un genre d'ornement généralement pratiqué par tous les insulaires de la mer du Sud, quel que soit leur *rameau*, est le tatouage. Ces dessins paraissent étrangers à la race nègre, qui ne les pratique que rarement, toujours d'une manière imparfaite et grossière, et qui les remplace par des tubercules douloureux et de forme conique que des incisions y font élever.....

Tous préparent et font cuire leurs aliments dans des fours souterrains, à l'aide de pierres chaudes; ils se servent de feuilles de végétaux pour leurs besoins divers; ils convertissent le fruit à pain, la chair du coco, le taro, en bouillies; tous boivent le kava ou l'ava, suc d'un poivrier, qui les enivre et les délecte.

Toutes les maisons sont sur un modèle à peu près identique. »

La forme des pirogues est caractéristique : les pirogues simples, creusées dans un tronc d'arbre, peuvent se reproduire ailleurs; mais il n'en est pas de même des pirogues doubles ou accolées deux à deux, qu'on ne rencontre nulle part chez les peuples d'une descendance étrangère aux Océaniens.

Si l'on examine attentivement les habitudes de ces peuples, leurs lois, leurs mœurs, leurs arts, leur musique, leur grammaire, leur poésie et même jusqu'à l'ensemble de leurs idées religieuses, on sera frappé de l'analogie qui existe entre ces familles d'un même rameau, isolées sur des terres semées à de si grandes distances les unes des autres.

Ces faits, et beaucoup d'autres que nous regrettons de ne pouvoir citer, prouvent, de la manière la plus évidente, une origine commune pour les peuplades désignées sous le nom d'Océaniens, dont les caractères physiques sont, d'ailleurs, ceux des Indous, et parmi lesquelles on retrouve même quelques usages encore en vigueur chez les habitants du continent de l'Inde.

Le *rameau* Mongol-Pélagien, qui habite les îles Carolines, présente aussi des rapports de mœurs et d'habitudes qui dénotent une origine commune, distincte de celle des Océaniens, et montrent leurs rapports avec les Japonais et les Chinois.

Enfin, cette conformité d'usages se retrouve parmi les peuplades, si nombreuses et si dispersées, que l'on a réunies sous le nom de race noire; tels sont, d'après les récits de la zoologie du *Voyage de la Coquille* :

1° *Les Ornements du nez ou des oreilles.* Les habitants de la Nouvelle-Bretagne, de la Nouvelle-Irlande, avaient divers ornements passés dans les narines, ou des bâtonnets traversant la cloison du nez, à l'instar des naturels de la Nouvelle-Galles du Sud. Cette mode se reproduisit, disent les naturalistes de cette expédition, chez les Papouas du hâvre de Rony, et tous nous assurèrent que les bâtonnets qu'ils portent étaient bien petits en comparaison de ceux des farouches Endamènes, leurs ennemis.

Les Endamènes de la Nouvelle-Guinée portent dans la cloison du nez un bâtonnet long de six pouces, et un grand nombre de familles d'Australiens se placent dans la cloison du nez des bâtonnets arrondis et longs de quatre à six pouces, usage que nous retrouvons chez les Papouas.

Les habitants de la Nouvelle-Irlande se percent les deux ailes du nez pour y passer des dents de cochon, qui divergent comme de petites cornes.

Les insulaires de Vanikoro se perforent le lobe de l'oreille, et en dilatent l'ouverture de manière à y passer le poing.

2° *Le Tatouage en relief.* Sur les bras et sur les côtés du thorax les Australiens font élever ces tubercules de forme conique qui semblent être l'apanage du *rameau* nègre.

Leur tatouage (aux îles Viti) est en relief, c'est-à-dire que sur les bras et sur la poitrine ils se creusent des trous qu'ils avivent jusqu'à ce que la cicatrice, se boursouflant, devienne grosse comme une petite cerise.

3° *La Coloration des cheveux ou de la figure.* Les habitants de la Nouvelle-Irlande se barbouillent la figure de blanc et de rouge, et se teignent les cheveux de plusieurs couleurs.

Les Papouas aiment à se couvrir la tête de poussière d'ocre, unie à de la graisse, et à rougir ainsi leur chevelure et leur visage....... C'est plus particulièrement au Port-Praslin, à la Louisiane, qu'on retrouve cette singulière mode, qui règne sans partage chez les habitants de la Nouvelle-Galles du Sud.

Les Tasmaniens se couvrent les cheveux d'argile ferrugineuse très-rouge. Les Australiens aiment à se couvrir la tête et la poitrine de matières colorantes rouges.

4° *Les Mutilations.* Chez les Australiens l'usage a consacré l'habitude d'arracher une dent incisive aux hommes, à une certaine époque de la vie, et de couper une phalange aux femmes. Il est curieux de retrouver cette mutilation à Tonga (îles des Amis) et aux îles Sandwich.

Les habitants de Tonga se coupent un ou deux des petits doigts, dans l'articulation de la première phalange, lorsqu'un de leurs proches parents est malade, dans la croyance que ce sacrifice lui rendra la santé. — Aux îles Sandwich la mutilation consistait à briser une ou deux dents, non seulement pour des chagrins particuliers, mais aussi à l'occasion d'un deuil général. Certaines mutilations analogues ont été observées en Afrique : les Damaras des plaines sont circoncis, et s'arrachent les deux dents incisives de la mâchoire inférieure.

5° *La Fabrication de la poterie.* Les habitants de Dorery savent fabriquer de la poterie, coutume qui semble propre à la race noire, qu'elle a portée avec elle dans ses migrations, et que nous n'avons trouvée nulle part chez la race jaune.

Une industrie que les insulaires de Viti ont manifestement apportée avec eux dans leurs migrations, c'est la fabrication des vases de terre, qu'on ne trouve dans aucune des îles du Grand Océan.

Ajoutons à ces faits, qui prouvent d'étroites liaisons entre des peuples si distants les uns des autres, d'autres rapprochements non moins curieux entre quelques-uns de ces peuples et certaines nations du continent Africain ou Américain.

Au sujet de la fabrication de la poterie par les femmes des Papouas de Dorery, M. Lesson ajoute en note : « Dans le pays des Kaartans, dans l'Afrique occidentale, le village d'Asamanga-Tary est renommé pour ses manufactures de poterie de terre, travaillée par les femmes. »

Mais ce qui met hors de doute le rapprochement des Papouas avec les habitants de l'Afrique, ce sont les oreillers en bois sur lesquels ils appuient la tête pour dormir. A Waigiou, à Dorery, M. Lesson trouva chez tous ce meuble travaillé avec adresse, représentant le plus constamment, et avec plus ou moins de perfection, deux têtes de sphynx, attribut égyptien; et plusieurs de ces objets, comparés ensemble, ne diffèrent en rien de ceux trouvés sous la tête des momies d'Égypte dans leurs tombeaux, et conservés par les voyageurs qui les ont découverts.

Les huttes des naturels de la Nouvelle-Irlande sont de forme Africaine, arrondies, couvertes de paille, ayant une porte étroite et basse.

Le tamtam dont font usage les habitants de plusieurs îles de l'Océanie est le même dont se servent encore certaines peuplades de l'Afrique.

Le passage suivant pourra donner une idée des relations qui lient entre elles plusieurs des nombreuses peuplades de l'Océanie.

« Tous les peuples ont une musique en rapport avec leur civilisation, sans doute; mais les Océaniens, les Mongols-Pélagiens et les peuples noirâtres et à cheveux frisés des îles de la mer du Sud, ont chacun un type particulier, suivant leurs habitudes; et quoique cet art soit resté stationnaire par l'isolement de ces peuplades, il n'en est pas moins caractéristique, et ne peut provenir que d'un ensemble d'idées perfectionnées.... Sur toutes ces grandes terres nous retrouvâmes le *tamtam*, *qui est l'imitation parfaite du tamtam de la côte de Guinée.* Ce tambour, creux, fermé à sa grande extrémité par une peau de lézard, est *encore usité dans plusieurs régions de l'Afrique.* Mais ce qui dut nous fournir matière à réflexion au Port-Praslin, ce sont l'épinette et la flûte à Pan que nous y trouvâmes. — L'épinette est faite avec une lame de bambou, divisée en trois lamelles effilées, qui se placent dans la bouche, comme la nôtre. Quant à la flûte à Pan, nous devons nous y arrêter un instant, et indiquer la conclusion d'une note que nous a remise sur cet instrument un excellent musicien de nos amis.

« Les anciens connaissaient deux espèces de flûte : la « simple et le syrinx ou flûte à Pan; et ces flûtes n'a- « vaient qu'une étendue de sons très-bornée, parce que « les Grecs ignoraient l'harmonie proprement dite, et « que leur *mode de musique* était *mineur,* tant l'homme « *naturel* éprouve plus de facilité à attaquer la tierce mi-

« neure que celle majeure. Le syrinx de la Nouvelle-Ir-« lande présente ce caractère mineur; et, après un examen « sérieux, je conclus que cet instrument, composé de « huit notes, dont cinq appartiennent à la gamme et trois « sont répétées à l'octave en-dessous, est des temps les « plus reculés ».

Les rapprochements à faire avec les indigènes de l'Amérique ne sont pas moins remarquables.

On a retrouvé en Amérique l'usage de suspendre des ornements aux oreilles et au nez : suivant Oviédo, les Indiens de Cueba (isthme de Panama) se percent les oreilles et le nez pour y mettre des ornements d'or; une baguette d'or traverse la cloison des narines.....; le tatouage existe chez ces peuples. Nous avons vu déjà que les Botocudos se percent les oreilles et la lèvre inférieure comme les Carolins, pour y placer des bâtonnets, dont ils augmentent chaque jour le diamètre, de manière à donner à ces parties une extrême dilatation.

Les Guatipaires ressemblent aux Antès; ainsi que ces derniers ils se percent les cartilages du nez et les lèvres pour y suspendre des ornements. Dorbigny fait remarquer que la coutume de se percer les oreilles est Américaine. On rencontre le même mode de mutilation chez les Charruas : la femme se coupe une articulation d'un doigt à la mort de chaque proche parent.

La fabrication de la poterie est presque partout le domaine exclusif des femmes.

Certaines nations Américaines et Asiatiques construisent des huttes analogues à celles qu'on a observées chez plusieurs peuplades du Grand Océan.

« Les habitants de Waigiou et de la Nouvelle-Guinée ont placé leurs maisons sur l'eau même des grèves, de manière qu'elles sont supportées par des pieux.... Ceux qui habitent l'intérieur du pays ont élevé leurs demeures sur des troncs d'arbre rendus lisses, et hauts de douze à quinze pieds, et se servent d'un énorme bambou entaillé pour y parvenir. Chaque soir cette échelle est retirée dans la cabane.

« Les cabanes des naturels de la Louisiane sont, comme celles des Papous, élevées avec des pieux de deux ou trois mètres au-dessus du terrain. Le capitaine russe Krusenstern dit que les Tartares qui habitent Sakhalien élèvent leurs cabanes sur des pieux au-dessus du sol.

« Les Alfourous des Célèbes construisent leurs habitations sur des pieux élevés à terre ou sur l'eau. La construction ne varie point.

« Les Indiens de quelques provinces (isthme de Panama) habitent sur les arbres, sur des grilles en bambous suspendues entre quatre palmiers.

« Il est à remarquer que chez les Alfourous des Célèbes les corps sont ployés en double, dans leurs tombeaux, comme cela se pratique chez quelques peuples de l'Amérique méridionale.

« Les Chuncos, Indiens de l'Amérique, enterrent leurs morts sur leurs couches, assis, les bras et les jambes attachés. »

Cette coutume de ployer en quelque sorte les morts en deux est presque générale parmi les Indiens de l'Amérique du Sud, d'après M. d'Orbigny.

Les chefs Océaniens seuls jouissent de la prérogative de porter le Tipouta, vêtement qui présente l'analogie la plus remarquable avec le poncho des Araucanos de l'Amérique du Sud.

Les insulaires de l'île Kingsmill portaient un poncho fabriqué avec des nattes, et M. Lesson a retrouvé cet ajustement chez les Chiliens indigènes et chez les Araucanos d'Amérique, comme chez tous les Carolins indistinctement.

Ces rapprochements, dont on pourrait multiplier le nombre, suffiront pour démontrer des analogies auxquelles bien des personnes ne se seraient pas attendues.

Il est bien difficile d'expliquer comment les migrations ont pu se faire, mais il ne répugne nullement à l'esprit d'admettre que diverses peuplades ont quitté successivement leur souche primitive pour s'aventurer sur les flots à l'aide de leurs faibles embarcations ; les vents ou les courants les auront fait aborder sur de nouveaux rivages, où ils auront pu établir leurs colonies.

La Race brune est partagée en trois rameaux : le *Tabouen*, le *Miscronésien* et le *Malais*. Le tableau suivant donne les subdivisions du *Rameau Tabouen*.

RAMEAU TABOUEN. 1,000,000. Habite toute la partie orientale de l'Océanie. Les peuples de ce *rameau* ont les plus grands rapports entre eux ; tous sont soumis à la superstition du tabou, sorte de *veto* mystique et redoutable, qui impose une obéissance passive ; ils ont des dispositions avancées pour les arts et la civilisation. Leur teint est clair, leur langue est la même dans toute l'étendue qu'ils occupent.	Néozélandais. Tongas. Bougainvillois. Cookiens. Taïtiens. Pomotouens. Marquesans. Sandwikois.

Ce Rameau renferme tous les habitants des îles orientales de l'Océanie, où se pratique le tabou, c'est-à dire des îles *Sandwich*, *Marquises*, *Pomotou*, de *Bougainville*, de *la Société*, des *Amis*, de *la Nouvelle-Zélande*, etc. Il y a beaucoup de rapports entre toutes ces tribus, qui ont le teint plus clair que celui des autres tribus de la race.

La Nouvelle-Zélande, suivant la relation des naturalistes de *l'Astrolabe*, est habitée par les plus beaux individus de la race jaune. Sa latitude, qui la soumet aux variations atmosphériques des contrées tempérées de l'Europe, donnant à ses habitants le développement physique et la vigueur qui les caractérisent, il en résulte une grande énergie morale, qui fait des Zélandais le peuple le plus remarquable de toute la mer du Sud. Ils sont grands et robustes, d'une physionomie agréable; leurs cheveux, longs et lisses, sont noirs ainsi que leur barbe. Le caractère de leur physionomie est aussi varié qu'en Europe. « Et pour tout dire en un mot, ajoutent les savants navigateurs que nous citons ici, nous trouvâmes chez les insulaires des ressemblances remarquables avec les bustes de Socrate, de Brutus, etc. La basse classe a les formes plus petites et moins belles. »

Aux îles des Amis quelques degrés de différence en latitude apportent déjà dans la constitution physique de l'homme de légères modifications qu'il est facile de saisir, non sur des individus isolés, mais sur des masses.

Aux îles Sandwich, à Owhyhi, Mowi et Wahou, comme à Tonga, une latitude qui n'est pas trop élevée permet le développement des formes physiques. Là, continuent les mêmes observateurs, on a vu parmi les chefs des hommes de plus de six pieds, qui paraissaient de taille ordinaire, tant ils étaient gros.

Ce peuple, qui habite des îles grandes et élevées, marche d'un pas rapide vers la civilisation.

Les navigateurs de *l'Astrolabe* ont constaté l'observation faite par Forster, que le bas peuple des îles Sandwich, qui travaille à la terre et exécute des travaux qui l'exposent constamment au soleil, brunit au point de s'approcher de la Race noire.

« Aux îles Mariannes, disent ces savants, nous eûmes un exemple frappant de l'action du soleil sur l'espèce humaine, relativement à la modification de la couleur des

Sandwichiens; hommes, femmes et enfants, avaient été pris sur un corsaire des indépendants de l'Amérique; ils étaient devenus si bruns que nous avions de la peine à les reconnaître pour être de la Race jaune! Nous avons vu le même phénomène sur un homme des îles Marquises, et tous les jours on pouvait l'observer, en comparant les chefs aux hommes de peine qui, pour se procurer leur nourriture, passent leur vie sur les récifs et presque entièrement nus. »

Les habitants des îles Friendly ressemblent beaucoup à ceux de la Nouvelle-Zélande, tout en étant plus civilisés. Ils sont grands comme le sont généralement les Européens. Il y en a cependant qui dépassent six pieds. Ils sont d'un brun foncé; dans les classes supérieures cette couleur approche du vert olive clair. Les traits de quelques-uns sont fort peu différents de ceux des Européens, les autres varient beaucoup. On trouve une grande preuve de leur degré assez avancé de civilisation dans leur manière de calculer. Ils ont des termes pour représenter les nombres jusqu'à 100,000.

Les habitants des îles de la Société et d'Otahiti sont les plus beaux de tous les insulaires des mers du Sud. On rapporte que dans les classes élevées leur teint est blanc nuancé d'une légère apparence de jaune, et chez quelques femmes on remarque une teinte rosée sur la joue. Depuis cette première classe jusqu'à la dernière on trouve toutes les teintes possibles. Les cheveux sont généralement noirs et fins, mais il s'en trouve quelquefois de bruns, de rouges et même de blond filasse. Leur taille est celle des plus grands Européens; ils sont bien faits, leurs traits sont réguliers, mais ils ont le nez un peu plat. La corpulence est assez habituelle parmi eux. Leur langage est plus harmonieux et leurs manières plus raffinées que celles de leurs voisins.

Les peuples des îles Marquises sont également remarquables parmi les populations qui habitent les mers septentrionales. Quant à leur taille et à leurs formes, elles surpassent celles de tous les habitants de la terre. Leur taille moyenne est de cinq pieds dix pouces à six pieds. Le tatouage rend leur peau très-foncée ; mais les femmes et les enfants sont tout à fait blancs. Leurs cheveux sont comme les nôtres, de diverses nuances, mais on n'en trouve pas de rouges.

Le nom de ce Rameau (Tabouen) réunit, ainsi que nous l'avons dit, les diverses populations Océaniennes qui pratiquent le *tabou*, mystérieuse puissance qui renferme en deux mots un code pénal tout entier ; ce *tabou* est plus bienfaisant que la loi, en ce qu'il ne punit pas le crime, mais le prévient et l'empêche. Les autres peuples ont des portes et des verrous pour se défendre des voleurs ; là le *tabou* sur une maison la rend inviolable. Les temples sont *taboués ;* les prêtres, les prophètes sont *taboués ;* le roi est *taboué ;* et jusqu'aux aliments, jusqu'aux plantes recherchées, on *taboue* tout. Les individus taboués peuvent aller partout, et manger de tout ; ce sont les personnages sacrés : la vengeance de la personne dont le tabou a été insulté poursuit le violateur jusqu'à sa mort.

Si une femme s'oublie jusqu'à toucher à un objet devenu tabou, parce qu'il appartient à une personne tabouée, elle doit expier son crime par la mort. Si un homme tabou pose ses mains sur une natte à dormir, cette natte ne doit plus servir de couche. Le violateur du tabou est désigné par le mot *kikino*, c'est-à-dire destiné à être sacrifié et mangé tôt ou tard.

Il y a un tabou plus sacré encore et plus sévère, c'est le *tabou* décrété à la mort de quelque célèbre *tahoua* (grand prêtre). Les sacrifices qu'il impose ont pour but de désarmer l'esprit du défunt.

Les prêtres et les rois ont le droit de *tabouer;* c'est ainsi que pour faire respecter le vaisseau qui apporta le commandant Durville il obtint le tabou. Les objets taboués sont mis en interdit; un sauvage mourrait de faim à côté d'un garde-manger *taboué,* et il arrive souvent que pour conserver ce qu'il renferme l'on a recours à ce moyen.

Le respect du tabou vient d'une ancienne tradition. On dit que le dieu Haii s'étant reposé sous un arbre dit à l'arbre : *Tabou.* Ce qui voulait dire à l'arbre : Je te fais sacré, personne ne te touchera. Ce jour-là même Haii mourut, et légua à un prêtre le *tabou* redoutable.

Rameau Micronésien.

Ce rameau réunit les habitants des petites îles du nord-ouest de l'Océanie, telle que les Mariannes, les Carolines, les Mulgraves, etc. : les tribus qui les peuplent ont le teint plus foncé, le visage plus effilé, les yeux moins fendus, les formes plus sveltes.

Le tableau suivant en donne les subdivisions.

RAMEAU MICRONÉSIEN.	
100,000.	Mariannais.
Habite les petites iles du nord-ouest de l'Océanie. Teint un peu foncé, visage effilé, yeux peu fendus, formes sveltes. Leurs langues varient d'un archipel à l'autre. Leurs mœurs sont généralement douces.	Caroliniens. Mulgraviens.

Les Caroliniens, qui appartiennent à la race jaune de la mer du Sud, ont la peau tirant sur le brun. « Mais cette nuance, dit M. Gaymard, qui ne suffit pas pour en faire une race particulière, tient manifestement aux latitudes qu'ils habitent, au peu d'élévation de leur sol au-dessus du niveau de la mer, à l'habitude qu'ils ont d'être sans cesse, dans leurs prés ou sur les bords de l'Océan, exposés à un soleil ardent. La race noire vit ici (à la Nouvelle-Irlande) dans son état le plus naturel, loin du contact des peuples un peu plus civilisés.... Ces hommes, peu industrieux, sont entièrement nus et paraissent fort misérables. Quoique habitant sous une belle latitude, par 4° Sud, ils ne savent point tirer parti, pour leur bien-être, de l'admirable végétation qui les environne. Ils paraîtraient, au contraire, en recevoir une influence funeste pour leur développement, et se ressentir de l'atmosphère humide dans laquelle ils sont si fréquemment plongés. »

La Race des Mariannais est belle; ils ont conservé de leur type ancien les cheveux noirs et lisses, la largeur des pommettes, l'obliquité de l'angle interne de l'œil, un peu de grosseur dans les lèvres et les ailes du nez. Leurs membres sont robustes; les inférieurs sont d'une grosseur remarquable, et un peu courts proportionnellement au torse. Ils sont exposés à une hideuse maladie, la lèpre.

Rameau Malais.

De même que ceux des précédents, les individus de ce Rameau sont peu distincts par des caractères tirés de l'anatomie, et se partagent en un grand nombre de peuplades, qui tirent leur nom générique de Malais de la presqu'île de Malaca, dont elles semblent originaires, et qui habitent les îles Mariannes, les Philippines, les Moluques, les Maldives, Ceylan, Sumatra, Bornéo, Otaïti, les Archipels de la mer du Sud, etc.

Intermédiaire aux Races Caucasique et Mongolique, ce rameau est composé d'hommes à chevelure épaisse, noire, crépue, longue et molle, à peau brune ou basanée, à yeux noirs, à front abaissé et arrondi, à nez plein, large, épais au bout, à narines écartées, à bouche très-large, à pommettes médiocrement élevées, à mâchoire supérieure un peu moins avancée que dans le Nègre, mais plus que dans le Kalmouk.

Le tableau suivant en donne les subdivisions.

RAMEAU MALAIS. 16,000,000.	
Habite les îles du sud-est de l'Asie et la presqu'île de Malacca; il se compose d'un grand nombre de peuples, dont les caractères tiennent des Hindous, des Hindo-Chinois et même de la race noire. Teint brun, taille moyenne, corps souple et agile, yeux bridés, cheveux plats, barbe rare; ils sont assez civilisés et ont fondé des états réguliers.	Tagales. Bissayos. Dayaks. Turajas. Bugis. Macassars. Javanais. Battas. Malais. Ovas.

Les plus septentrionaux de ces peuples sont les Tagales et les Bissagos, qui habitent l'Archipel des Philippines. La plupart sont soumis aux Espagnols, et ont embrassé le christianisme.

Les Dayaks habitent l'île de Bornéo. Leur physionomie, leurs traits, leurs usages, leurs croyances religieuses offrent d'intimes rapports avec les traits physiques et moraux des peuples qui habitent les Philippines et la Polynésie.

Les Macassars ont été, au dix-septième siècle, la première puissance maritime de la Malaisie. Ce peuple possède une littérature nationale, mais moins belle que celle des Bugis. Ces derniers peuples sont maintenant la nation la plus puissante de l'île Célèbes.

Les Javanais constituent la nation la plus nombreuse du monde maritime connu; c'est le peuple le plus policé de toute l'Océanie; la plupart des habitants des îles que renferme la Malaisie appartiennent à cette race. Les Malais ont le teint jaunâtre, plus ou moins foncé, la taille moyenne, le corps souple et agile; leurs yeux sont un peu bridés, leurs pommettes sont saillantes, leurs cheveux plats et lisses; ils ont peu de barbe.

On compte parmi eux plusieurs variétés ; ils diffèrent notablement des peuples de la même race répandus sur les autres parties de l'Océanie. Ceux qui dans la Malaisie ont paru avoir le plus de rapport avec les Polynésiens, ont été les habitants de l'intérieur de Célèbes, désignés aussi par le nom d'Alfourous. « Quel a été, dit Durville, mon étonnement de voir des individus dont le teint, les formes et les traits de physionomie me rappelèrent les figures observées à Taïti, à Tonga et à la Nouvelle-Zélande! »

RACE NOIRE OU ÉTHIOPIQUE.

44,000,000 d'individus.

Cette race est celle qui paraît s'éloigner le plus de la race Caucasique. Confinée au midi de l'Atlas, elle renferme tous les peuples des côtes de l'Afrique Australe, les Joloffes, les Poules ou Foulis, les peuplades du Sénégal, de Sierra-Leone, de Maniguette, de Loango, d'Andra, du Benin, du Congo, de Majombo, des Mandingues, d'Angola, de Nigritie, du Monomotapa, de Benguela, de Macoco, du Manoëmugi, de la Cafrerie, de Mozambique, de Zanguebar, de Melindre, et probablement de Tombouctou.

On reconnaît les individus qui la composent à leur tronc mince et étroit, surtout dans les régions des lombes et du bassin ; à la longueur disproportionnée de leurs membres thoraciques, surtout dans la région des avant-bras ; à la petitesse de leurs mains, à la largeur de leurs pieds, grands et aplatis ; à l'étroitesse et à la compression de leur tête, dont le derrière se continue insensiblement avec la nuque ; à la saillie formée en avant de la face par leurs joues ; à leur nez large et épaté ; au reculement de leur menton, écrasé; à l'épaisseur de leurs lèvres, qui, surtout la supérieure, sont renversées et gonflées; à l'arrondissement du pavillon de leurs oreilles; à leur front arqué et incliné; à leurs dents incisives supérieures, dirigées obliquement en avant; au défaut de proportion entre leur crâne et leur face, l'avantage du volume restant à cette dernière; à la teinte noire intense de leur peau, qui est habituellement huileuse, et de leurs cheveux, qui sont courts, crépus et laineux; au peu d'épaisseur de leur barbe; à leurs jambes arquées, qui sont pour ainsi dire dépourvues de mollets; au peu de volume de leurs fesses; à la flexion habituelle de leurs genoux, qui, comme leurs pieds, sont tournés en dehors.

Nous avons déjà fait remarquer (page 295) combien la classification des populations Africaines est difficile; l'embarras où se trouve la science à cet égard tient, d'une part, à l'insuffisance de nos connaissances actuelles sur la constitution physique de ces nations; d'une autre part, à la difficulté d'établir des rapprochements ethnographiques sur des échantillons de langage recueillis en grand nombre, et dont les connexités ou les différences mutuelles ne sont pas faciles à saisir.

Quoi qu'il en soit, nous devons mentionner les recherches qui ont été faites pour distribuer d'une façon méthodique les tribus à *cheveux lisses*, les *Advènes* et les tribus à *cheveux crépus*.

Dans la grande division des tribus léiotriques (à cheveux lisses) on peut reconnaître comme probablement autochtones : 1° le type Berber, au teint olivâtre, au nez droit, aux lèvres minces, au visage arrondi, qui occupe les régions montagneuses du nord et les parties centrales du Sahara, sous les dénominations diverses de Schelouhh,

Berêber, Qobâyl, Touâryq, Sourqâ, etc. Ces peuples se donnent, en général, eux-mêmes les noms de Amazygh ou nobles et de Amâzerq ou libres ; 2° le type Qobthe, au teint jaune foncé, au nez court et droit, aux grosses lèvres, au visage bouffi, qui tend à s'effacer chaque jour davantage du sol de l'Égypte. Peut-être ne devrait-on pas compter parmi les aborigènes le type Kouschyte, au teint noir, au nez presque aquilin, aux lèvres minces, au visage ovale, qui peuple l'Abyssinie et une partie du littoral de la mer Rouge, sous les noms de Hhabeschyn, Danâqyl, Schihou, Ababdeh ; la plupart de ces divisions, sinon toutes, se dénommant elles-mêmes Agazyan ou les pasteurs. Indigènes ou étrangers, toujours est-il que l'Afrique seule les possède aujourd'hui ; quelques rameaux détachés s'en retrouvent sur la côte du Zanguébar et parmi les populations Berbères.

Entre les Advènes il faut ranger : 1° les races Arabes répandues sur les côtes orientales jusqu'à Sofalah et Madagascar, dans toute l'Égypte, sur la lisière boréale le long de la Méditerranée, sur le littoral atlantique jusqu'au Sénégal, et étendues à une assez grande profondeur dans le désert, dont elles occupent les profondeurs austro-orientales ; 2° la race Turque, clairsemée dans les pays de la côte septentrionale ; 3° les races Européennes qui ont formé des colonies disséminees sur toute la périphérie et dans les îles ; 4° enfin sur la plage orientale de Madagascar seulement, des colonies du Rameau Malais.

Dans la grande division des espèces oulotriques (à cheveux crépus), dont aucun n'est advène sur le sol africain, il faut distinguer, 1° la race Hottentote, à peau brunâtre comme la suie, au nez entièrement épaté, aux lèvres grosses et avancées, aux pommettes saillantes, au visage de singe, qui habite l'extrémité sud-ouest de l'Afrique. Chez la femme un trait remarquable est le développement d'une portion de peau élargie qui forme une sorte de tablier naturel, et celui des fesses, dont l'énorme saillie semble destinée à supporter l'enfant pendant l'allaitement; 2° la race Kafre, au teint gris noirâtre ou plombé, au nez arqué, aux grosses lèvres, aux pommettes saillantes, qui occupe au nord-est des Hottentots une portion de l'Afrique Australe, ainsi que la pointe sud de Madagascar; 3° les races Nègres, à peau noire plus ou moins foncée, au nez généralement épaté, aux lèvres grosses et saillantes, au visage court, aux cheveux laineux, qui sont répandues depuis les limites des Hottentots et des Kafres jusqu'à celles des populations *léiotriques*. Les caractères spécifiques sont diversement combinés chez les différentes races qui forment cette division ethnographique; ainsi le Ouolof, le plus noir de tous les Nègres, est celui dont le nez est le moins épaté, les lèvres les moins grosses; le Moutchicongo, au contraire, dont le teint est beaucoup moins foncé, a le nez presque plat, des lèvres énormes, et la femme possède, dans de moindres proportions, le tablier et les grosses fesses de la Hottentote; 4° enfin la race Felâne, à couleur tannée ou cuivreuse, au nez saillant, aux lèvres minces, au visage ovale, qui sous les noms de Fellahs, Foulahs Fellanis, ou plutôt sous celui de Peuls, que ces peuples se donnent eux-mêmes, occupe, au milieu des races Nègres, une zone large et onduleuse, depuis les rives du Sénégal jusqu'aux montagnes du Mandara, et peut-être beaucoup plus loin. Toutes ces races se sont plus ou moins fondues les unes dans les autres sur les limites mutuelles de leurs cantonnements géographiques respectifs.

« Lorsqu'on aura mieux étudié les hommes bruns de « l'Afrique, a dit M. de Humboldt, et cet essaim de peu« ples qui habitent l'intérieur et le nord de l'Asie, et que « des voyageurs systématiques désignent vaguement sous « le nom de Tatars et de Tschoudes, les races Cauca« sienne, Mongole, Américaine, Malaie et Nègre paraîtront « moins isolées; et l'on reconnaîtra dans cette grande « famille du genre humain un seul type organique, mo« difié par des circonstances qui nous resteront peut-être « à jamais inconnues. »

Nous ne pouvons rapporter ici tout ce qui a été dit sur la cause de la coloration de la peau ; mais nous mentionnerons les recherches curieuses par lesquelles M. le professeur Flourens a éclairé cette importante question. Ce savant et profond anatomiste a étudié comparativement la peau d'un Indien Charruas, d'un nègre et d'un mulâtre, et en même temps a recherché des analogies de structure dans la peau de la Race blanche. C'est par le procédé régulier de la macération bien conduit qu'il a disjoint et séparé les lames ou couches qui surmontent le derme dans ces diverses races. Or, d'après ses dissections, il existe entre le derme et l'épiderme, sans compter le corps capillaire, qu'il se propose d'étudier ultérieurement, quatre couches distinctes : 1° une première membrane, de nature celluleuse, disposée par mailles ou en réseau, et qui ne paraît servir qu'à lier la suivante au derme ; 2° une seconde membrane de la nature ou du moins de l'aspect des membranes muqueuses ordinaires, portant le pigmentum à sa surface externe : c'est le corps muqueux proprement dit; sa face interne est toute hérissée de prolongements, lesquels traversent les trous de la membrane celluleuse, et vont se fixer au derme : ces prolongements sont très-remarquables; ils forment la gaîne des poils, se portent jusque sous leur racine, paraissent constituer la lame interne de leur bulbe, et n'existent que là où il y a des poils; 3° la troisième couche est le pigmentum, ou la matière colorante, qui n'est point, comme les autres, une vraie membrane, mais une couche sécrétée par la seconde membrane; 4° la quatrième couche, recouvrant le pigmentum, appartient à l'épiderme, dont elle constitue la seconde lame ou lame interne.

M. Flourens a trouvé toutes ces parties dans la peau des trois races colorées soumises à son étude. Sur la peau du blanc, dans le mamelon, il a même retrouvé un germe de la couche pigmentale, toute semblable à celle de l'Américain et du Nègre; elle était unie à la lame ou membrane de l'épiderme interne, et cette lame interne présentait de même des prolongements qui la fixaient au derme.

On conçoit d'ailleurs, d'après la structure de la peau des races colorées, comment un vésicatoire n'enlevant que les deux épidermes, le pigmentum subsiste; on conçoit même que le pigmentum puisse être enlevé et se reproduire tant que la membrane qui en est le siége n'est point altérée; mais si la membrane est enlevée et si le derme est atteint, la cicatrice qui succède à la blessure doit être blanche.

M. le docteur Forichon a fait remarquer avec justesse qu'en considérant cette infinité de nuances que nous offre la couleur des races humaines, on arrive à cette conclusion, que non-seulement l'on ne peut pas aujourd'hui assigner la couleur primitive de l'espèce humaine, et déterminer par conséquent la race qui s'en est le plus éloignée; mais qu'on est même conduit à reconnaitre qu'il est dans la nature de cette espèce d'être sujette, comme beaucoup d'animaux, à prendre des variétés de teintes fort différentes.

Pour constater le défaut d'uniformité et le peu de constance de la couleur de la peau, il n'est pas besoin de se transporter du pôle à l'équateur, et d'attendre que l'on ait rencontré des peuples de couleur opposée, il suffit d'observer que dans un point très-limité occupé par la race blanche on trouve des familles ou des individus à teint olivâtre, tandis que tout près d'eux d'autres sont d'une blancheur qui porte en même temps et sur la peau et sur la chevelure, etc.

Pour aborder le point anatomique, à quoi tient en effet le phénomène de la couleur des téguments? Au produit d'une sécrétion. C'est tout simplement le dépôt d'une matière inorganique, versée plus ou moins abondamment à la surface de la peau. Or, nous ferons remarquer en passant que les sécrétions sont de toutes les fonctions de l'économie les plus sujettes à éprouver des modifications; la qualité de leur produit peut, à l'égard de plusieurs, être complétement dénaturée, et chez toutes la quantité est sujette à varier. La sécrétion de la bile, surtout, est celle qui est le plus facilement et le plus fréquemment troublée. Qui ne sait pas qu'après un emportement, une frayeur, même celle que peut causer un songe, les éléments de cette production, ordinairement versés dans le tube intestinal, sont tout à coup répandus dans l'économie, et que la peau alors en est particulièrement colorée. Sans nous arrêter en ce moment à rechercher, d'après ces faits, si la peau n'est pas chargée, dans l'économie, d'une fonction dépuratoire; puisque, comme les sécrétions de ce genre, elle porte à la périphérie du corps une matière inorganique, nous nous bornerons à observer que la sécrétion de la matière colorante de la peau est très sujette elle-même à varier d'intensité. L'âge, les passions, l'état de grossesse, les maladies, peuvent la suspendre, la diminuer ou l'accroître, et, par une disposition originelle, telle ou telle partie des téguments peut sécréter plus ou moins de pigmentum. La matière colorante est-elle en petite quantité, le sujet a une peau très-blanche, les yeux bleus et la chevelure blonde. Augmente-t-elle un peu, c'est la couleur châtain qu'elle produit; si elle est plus abondante, les yeux et les cheveux sont noirs, et la peau est brune. Nous avons déjà dit que quoique cette matière colorante existe dans la peau de toutes les races humaines, ce n'est cependant que dans les nègres que sa substance se montre d'elle-même. Ce qui donne lieu de soupçonner que la couleur du nègre ne tient pas seulement à la teinte plus foncée de cette matière, mais qu'elle peut dépendre aussi de la quantité.

Le pigmentum manque chez le fœtus jusqu'à une époque très-avancée de la vie intra-utérine; et chez les peuples noirs, bruns ou cuivrés, la peau est encore quelque temps après la naissance de même couleur que chez les enfants de la race blanche : les négrillons ne naissent pas noirs comme leurs pères, ce n'est que plus tard qu'ils se colorent; ils sont d'abord d'un blanc jaunâtre.

M. de Humboldt rapporte que dans le nord-est de l'Amérique on rencontre des tribus chez lesquelles les enfants sont blancs et ne prennent qu'à l'âge viril la couleur bronzée des indigènes du Pérou et du Mexique.

Du reste, le pigmentum n'entre pas si essentiellement dans la constitution du Nègre, que la suppression de ce produit ne s'observe assez fréquemment chez des individus de sa race. Il n'est pas rare de trouver des Nègres chez lesquels la matière colorante n'est produite que dans certaines portions des téguments, tandis que dans d'autres parties la peau est parfaitement blanche. Les Nègres qui présentent cette particularité remarquable sont appelés hommes *Pies*.

Voici donc à quoi se réduit ce phénomène, qui paraît d'abord si étonnant dans la coloration du Nègre : à une sécrétion, à la présence d'une matière inorganique qui, par sa nature, peut être produite plus ou moins abondamment, et qui peut même être supprimée entièrement, soit que l'on considère l'albinisme originel comme un arrêt de développement portant sur l'organe sécréteur lui-même, ou seulement comme une suppression de la matière colorante, dernière opinion, qui paraît préférable et qu'il faut au moins adopter pour l'albinisme qui survient chez les adultes.

Grâce aux progrès de la raison humaine et au perfectionnement des sociétés modernes, on n'en est plus, de nos jours, à contester aux Nègres une commune origine avec nous. Renonçant pour jamais à l'effroyable définition que le code romain donne de l'esclave, *non tam viles quam nulli sunt*, la philosophie et la politique ont prononcé, de concert, l'affranchissement de tout un peuple, de toute une race éparse dans les colonies des deux Indes. Elles ont ainsi donné raison aux recherches de la science, qui établissent l'unité organique de l'espèce humaine, et qui expliquent l'infériorité intellectuelle de certains peuples par l'influence exclusive mais continue du climat, de la manière de vivre, des rapports sociaux et, surtout, par l'absence de la civilisation, cette source si féconde de lumières et de perfectibilité.

Quoi qu'on en ait voulu dire, en effet, il est évident que la Providence n'a pas limité les aptitudes intellectuelles des familles de la race noire. Si l'on s'arrête à l'état stationnaire de leur esprit, à travers tant de siècles, on est, il est vrai, porté à leur supposer une infériorité morale; mais qui nous dit que ce ne soit pas l'effet du défaut d'exercice de leur intelligence, et qu'il n'en soit pas de leur cerveau comme de leurs bras, ordinairement moins développés que leurs jambes, qu'ils exercent davantage.

Et que sont, après tout, ces races humaines pour lesquelles on n'a eu si longtemps que violences et iniquités? Ce sont des êtres comme nous, que l'abjection dans laquelle ils vivent n'empêche pas de ressentir les horreurs de leur sort, et dont le cœur bout du désir de se venger des humiliations et des outrages de la servitude.

Ce sont des esclaves, dira-t-on; ils sont noirs, leur nez est épaté, leurs cheveux sont crépus, leur odeur est étrange; ce sont des êtres intermédiaires entre l'homme et les animaux, des êtres voués au joug par leur infériorité native..... Mais quoi! au lieu d'accepter si légèrement des sophismes dictés par l'orgueil et la cupidité, que ne cherche-t-on dans l'inégalité des degrés de civilisation la différence de conformation entre les races?

Rien ne prouve mieux la justesse de cette explication que la perfectibilité constante de la race noire? Toutes ses tribus, en effet, ne sont pas restées à l'état sauvage; quelques-unes même sont entrées dans les voies de la civilisation. Les voyageurs qui ont exploré récemment l'Afrique centrale ont rencontré des villes et des villages peuplés de Nègres laborieux, hospitaliers et parfaitement policés. La puissante nation des Achanties (dans la Nigritie maritime), par exemple, a pris depuis quelques années un rapide et brillant essor, et les Anglais, vaincus par elle, ont été sur le point d'abandonner tous leurs établissements sur la Côte d'Or.

Comment, d'ailleurs, refuser à la race noire les facultés divines d'une intelligence qui s'est révélée par de si éclatantes soudainetés chez des individus qui lui appartiennent?.... Michel Lando, à Florence, Mazaniello, à Naples, furent-ils des chefs plus étonnants d'une révolution populaire que Toussaint-Louverture, Dessalines, Christophe et tant d'autres Spartacus, qui, nés dans les chaînes, s'élancèrent d'un bond au premier rang, et, sans autre guide que les inspirations d'un génie inculte, se montrèrent à la fois hommes de guerre, politiques habiles et législateurs profonds.

Nous le répétons avec une confiance profonde, c'est de la servitude que vient tout le mal, c'est la servitude qu'il faut attaquer, non par des demi-mesures, mais par un système large et généreux, qui rende aux classes laborieuses l'intelligence et l'énergie indispensables aux succès de leurs travaux.

Ainsi que nous l'avons dit ailleurs, dès les premiers jours de notre nouvelle Constitution démocratique (voir le *Salut-Public* du 19 mars 1848), s'il est un gouvernement qui puisse porter une main hardie sur l'édifice colonial, c'est la République française. L'Angleterre, après vingt ans de combats acharnés, a pu prohiber la traite; elle a pu, après seize autres années de lutte, déclarer l'urgence d'améliorer le sort de la population esclave dans les colonies qu'elle possède, et même rédiger un plan de réforme; mais elle n'a pu en essayer l'exécution que dans des colonies conquises sur l'Espagne et la Hollande, telles que Démérari et la Trinité. Partout ailleurs les assemblées législatives des colonies résistèrent à ses injonctions, et l'on se rappelle encore, à la Barbade, d'avoir vu brûler en effigie MM. Wilberforce, Buxton, Shrewsbury, Bathurst, et introduire dans le code des dispositions dont l'extrême rigueur semblait un défi à la métropole.

Silence, me dira-t-on peut-être, silence sur les colonies!... Vous ne savez pas quel affreux incendie peuvent y allumer d'imprudents discours... C'est ce mot qu'ont répété pendant dix-huit ans, aux tribunes des deux chambres, les *mainteneurs* d'un monopole inhumain qui, en définitive (nous pourrions le prouver), n'a pas rendu en services aux gouvernements autant qu'il leur a valu en malédictions.

Les conservateurs de la législation coloniale, de ce *Code noir* que l'on croirait dicté par des bourreaux en goguette, tant ses dispositions unissent de ridicule à l'atrocité, redoutaient que des opinions émises en France n'allassent soulever la tempête de l'autre côté de l'Océan... Comme si l'exemple de Saint-Domingue n'était pas là; comme si, depuis plus de cinquante ans, la tribune et les chaires même de l'Angleterre ont un seul jour cessé de retentir d'éloquentes allocutions contre les iniquités de l'esclavage; comme si la Jamaïque, la Barbade et toutes les possessions britanniques n'avaient pas vu leurs assemblées législatives discuter à haute voix, et avec une véhémence inconnue, toutes les questions relatives aux esclaves noirs!...

L'éternel honneur de M. Arago, dont l'avénement au pouvoir a été salué comme un gage de probité, de patriotisme et de talent, le titre impérissable de cet illustre citoyen à la reconnaissance de l'humanité, ce sera de n'avoir pas reculé devant la grandeur des périls attachés à tout essai de *réforme coloniale,* d'avoir fait disparaître de nos possessions d'outre-mer l'esclavage, dernier vestige de la barbarie des temps passés, et poursuivi par des moyens pacifiques et rationnels l'œuvre de la transformation sociale de nos lointaines et importantes colonies.

Les moyens qui peuvent faire réussir cette grande entreprise ne diffèrent point de ceux qu'on emploie dans les pays civilisés pour améliorer les classes inférieures de la société ; ce sont : un enseignement populaire, une instruction morale et religieuse destinée à éclairer l'esprit, guider les sentiments du cœur et former le jugement.

On sait que les seules colonies françaises où l'esclavage ait reçu une sanction légale sont : la Martinique, la Guadeloupe et ses dépendances, la Guyane, Bourbon et ses dépendances, Sainte-Marie et Nossi-Bé.

La population esclave de ces diverses possessions s'élève à 269,569 âmes. Le rapport numérique des sexes entre les esclaves a été déterminé de la manière suivante :

Hommes.	138,112
Femmes.	131,457

Ces colonies, vouées à la grande culture, présentent, sur 249,286 âmes, les catégories d'âges que voici :

Au-dessous de quatorze ans. . . .	69,567
De quatorze à soixante ans. . . .	165,176
Au-dessus de soixante ans. . . .	14,543

Nous ne méconnaissons pas que le gouvernement déchu ne se soit appliqué à améliorer le régime de l'esclavage et à favoriser les affranchissements réglés par des ordonnances ; mais là, comme partout où l'humanité lui semblait devoir plier sous la raison d'État, l'administration a montré plus de prudence que de décision, plus de réserve politique que de véritable philanthropie.

Les statistiques du ministère de la marine nous apprennent, en effet, que de 1839 à 1842 le nombre des affranchissements s'est élevé à 40,610; c'est le sixième de la population esclave! Ce n'est certes pas pour arriver à un pareil résultat que la religion et la législation ont associé leurs généreux efforts... Il faut, de toute nécessité, recourir à des mesures plus efficaces, et, sans se préoccuper des objections et des difficultés que ne manqueront pas d'élever les esprits aveuglés par de monstrueux préjugés, il faut que des lois fortes et sévères décident de promptes améliorations, en transformant en cultivateurs actifs et laborieux des hommes à qui l'esclavage a fait prendre le travail en horreur.

La France n'a pas de résistance sérieuse à rencontrer; ses colonies dépendent directement d'elle, et elle n'en a pas un nombre tel qu'il lui faille diviser son attention. Rien ne l'empêche donc de leur dicter des lois qu'elle juge nécessaires à leur prospérité, avec la ferme volonté de ne se laisser ni intimider par les clameurs des colons ni dérouter par leurs sophismes.

Quand on recherche comment les populations européennes se sont élevées à la liberté, on trouve que l'esclavage a disparu partout où s'est établi le régime métayer. L'organisation de la famille, voilà donc l'unique manière de tirer les noirs de l'état d'abrutissement qui les rend incapables de liberté.

A plus tard leur perfectionnement social et politique; il faut d'abord leur créer des affections et des devoirs; il faut réveiller dans leurs cœurs les sentiments de père et d'époux; il faux élever leur âme et développer leurs facultés intellectuelles par l'usage de l'autorité domestique; il faut adoucir les rigueurs de leur condition et leur ouvrir toutes les routes du bien-être et de la liberté.

Il suffit, pour constituer la famille, de provoquer le mariage parmi les noirs, et d'attacher à ce lien des priviléges et des avantages. La jouissance d'une case à part, la concession d'une partie de terre que la famille cultiverait et dont les produits lui appartiendraient sans réserve; plus tard la possession d'un domaine et une sorte d'indépendance, sont autant d'améliorations que réclame la population noire des colonies Elles précéderont de fort peu son émancipation définitive; mais elles sont nécessaires pour que la réforme coloniale s'opère sans secousse et sans révolte. L'organisation que nous proposons ferait naître chez les malheureux dont le sort nous occupe les affections, les goûts, les notions des devoirs qu'inspire la famille; elle releverait leurs fronts courbés vers la terre, réchaufferait insensiblement leurs cœurs, flétris par les humiliations et la misère, et étendrait graduellement leur sphère d'indépendance et d'activité.

Que le gouvernement réalise cette vaste réforme, la France, mieux qu'aucune autre puissance, peut la conduire heureusement à son terme;

Que des magistrats d'une sagesse et d'une fermeté exemplaires, environnés de considération, exercent sur cet état nouveau une surveillance protectrice; que, sans gêner les rapports des maîtres et des ouvriers, ils assurent à la classe laborieuse une liberté qui seule peut développer son intelligence;

Que le clergé, par son action morale et religieuse, vivifie dans le sein des Nègres les semences d'équité que l'esclavage a comprimées ou éteintes; que des prêtres désintéressés et vertueux soient, au milieu de ces opprimés, des anges de paix et de concorde. Intermédiaires respectés d'eux et de leurs maîtres, qu'ils tempèrent l'autorité des uns, qu'ils calment les ressentiments des autres; l'ascendant qu'ils obtiendront sur les esprits sera la première garantie d'ordre et de sécurité, et, sous cette influence, s'accompliront sans péril les réformes les plus difficiles.

A l'appui des réflexions qui précèdent, je dois rappeler que les travaux de la physiologie moderne s'accordent tous à constater l'égalité du développement de l'organe cérébral chez tous les peuples; le savant professeur Tiedmann a mis ce fait hors de doute, dans un mémoire publié par lui à l'occasion des débats soulevés dans le parlement britannique par la question de l'émancipation des Nègres. Nous ne pouvons résister au désir de donner un extrait de cet ouvrage remarquable, dont les matériaux ont été trouvés dans les grands musées de l'Allemagne, de la France, de l'Angleterre, de l'Écosse et de l'Irlande.

L'auteur s'est posé ces deux questions :

1° Le cerveau du Nègre diffère-t-il du cerveau de l'Européen?

2° Le cerveau du Nègre ressemble-t-il plus à celui de l'orang que le cerveau de l'Européen?

Nous ne dirons rien du poids absolu du cerveau, attendu qu'il est difficile de trouver une moyenne exacte de ce poids, comparativement au poids absolu du corps. Cette moyenne était, chez quatorze individus, de 3 livres (livres de 12 onces) et 10 onces ou 46 onces. Quant à son poids relatif, nous avons déjà montré que l'homme est dépassé par plusieurs animaux : l'éléphant, la baleine, quelques espèces de singes et de rongeurs, et la plupart des oiseaux ont, proportionnellement au poids de leur corps, un cerveau plus volumineux que l'homme. (Voy. pag. 181.)

Mais de tous les animaux l'homme est celui qui a le cerveau le plus développé proportionnellement à la moelle épinière et aux nerfs qui en partent.

Poids du cerveau du Nègre. D'après *Sœmmering,* le cerveau de deux jeunes Nègres pesait, l'un 42 onces 3 gros, l'autre 45 onces et $\frac{1}{2}$; cet anatomiste observe qu'il n'a pas toujours trouvé le cerveau aussi développé chez l'Européen. *Mascagni* cite un cerveau nègre qui pesait 42 onces; *Astley Cooper* en a trouvé un pesant 49 onces. Tiedmann conclut de ces faits et de ses propres observations, que l'opinion des auteurs qui prétendent que le cerveau du Nègre pèse moins que celui de l'Européen n'est rien moins que prouvée.

Capacité crânienne du Nègre comparée à celle des autres races. Cette évaluation est sans contredit la plus rigoureuse de toutes. L'auteur commençait par peser des têtes bien sèches, après en avoir bouché exactement toutes les ouvertures, puis il les remplissait de grains de millet et les pesait de nouveau.

Voici les résultats obtenus :

Race Nègre.

Hommes : 53 Nègres, capacité variant entre 54 onces 2 gros 33 grains, et 31 onces 55 gros 16 grains.

4 Cafres, entre 43 onces et 37.

7 Hottentots, entre 42 onces et 32.

5 Mulâtres, entre 48 onces et 34.

Femmes : 12 Négresses, entre 38 onces 6 gros 30 grains, et 24 onces 7 gros 39 grains.

1 Cafre, 39 onces 1 gros.
4 Hottentotes, entre 35 et 31 onces.
1 Mulâtre, 34 onces 6 gros et 16 grains.

Race Caucasique.

Chez cent quatre-vingt-dix hommes la capacité a varié entre 57 onces 3 gros 56 grains (*Cosaque du Don*), et 27 onces 6 gros 30 grains (*Hindou*). — Chez vingt et une femmes elle a varié entre 40 onces 6 gros 20 grains (*Hollandaise*), et 28 onces 4 gros 24 grains (*Hindoue*). L'auteur fait remarquer la petitesse du crâne des Hindous en général, observation déjà faite par Patterson, qui disait que le crâne de l'Hindou est à celui de l'Européen comme 2 : 3.

Race Mongolique.

Chez quarante-six hommes, entre 49 onces 1 gros 22 grains (*Esquimaux*) et 13 onces 5 gros 24 grains (*Baschkir*); chez trois femmes, entre 36 et 31 onces.

Race Américaine.

Chez trente hommes, entre 59 onces (un *Botocudo*) et 36 onces 1 gros 44 grains (*Indien de Joway*); chez quatre femmes, entre 40 onces 5 gros 22 grains (*Shenok*) et 31 onces 43 grains (une *Botocudo*).

Race Malaise.

Chez quatre-vingt-dix-huit hommes, entre 49 onces 1 gros 45 grains (indigène de l'île *Huaheine*), et 22 onces 2 gros (île d'*Amboine*); et chez dix femmes entre 41 onces (*Javanaise*), et 19 onces 2 gros 49 grains (femme de *Lasker*).

Résultats comparatifs.

La capacité crânienne a varié entre 59 onces (un *Américain*) et 13 onces (un *Mongole*).

Sur quatre cent trente hommes de toutes les races, la capacité crânienne s'est trouvée dans le plus grand nombre entre 42 et 32 onces ; savoir :

Chez 64 individus	sur 70	de la race	Éthiopique ;
144	—	186	—	Caucasique ;
29	—	45	—	Mongolique ;
20	—	31	—	Américaine ;
63	—	98	—	Malaise.

Il y a eu au-dessus de 42 onces :

5	hommes de la race	Éthiopique ;
42	—	Caucasique ;
10	—	Mongole ;
7	—	Américaine ;
21	—	Malaise.

et au-dessous de 32 onces : 1 Nègre, 1 Caucasique, 3 Américains, 7 Mongoles et 13 Malais.

Pour les femmes, la capacité crânienne a varié entre 41 et 19 onces.

Sur 56 femmes elle s'est trouvée le plus souvent entre 38 et 30 savoir :

Chez 17 femmes	sur 18	de la race	Éthiopique ;
19	—	22	—	Caucasique ;
3	—	3	—	Mongole ;
3	—	4	—	Américaine ;
7	—	10	—	Malaise.

Au-dessus de 38 onces : 1 Négresse, 2 Caucasiques et 3 Malaises ;

Au-dessous de 30 onces : 1 Négresse, 1 Caucasique et 3 malaises.

Ainsi, pour ce qui concerne la capacité crânienne, il n'est pas exact de dire que celle du Nègre soit toujours inférieure à celle de l'Européen.

L'auteur étudie ensuite le cerveau du Nègre, puis celui de l'orang-outang. Il fait voir qu'il n'existe aucune différence essentielle entre le premier et celui de l'Européen ; et qu'il est faux de dire que les Nègres ont la moelle épinière plus épaisse et les nerfs plus volumineux.

Quant au cerveau de l'orang-outang :

1° Il est plus petit que celui de l'homme, et sous le rapport de son poids absolu et sous le rapport de son poids considéré relativement à la masse du corps ;

2° Ce même cerveau est le plus petit, considéré proportionnellement aux nerfs ;

3° Les hémisphères sont plus petits proportionnellement à la moelle allongée, à la moelle épinière, au cervelet, aux tubercules quadrijumeaux et aux corps striés ;

4° Les circonvolutions sont moins nombreuses et les anfractuosités moins profondes.

Conclusions. 1° Le cerveau du Nègre est, terme moyen, aussi volumineux que celui de l'Européen et des autres races ; seulement, chez les Européens et les Malais le poids du cerveau dépasse le plus souvent la moyenne ;

2° Les nerfs crâniens ont le même volume que chez l'Européen, contrairement à l'opinion de Sœmmering ;

3° La moelle épinière, la moelle allongée, le cerveau et le cervelet ont la même disposition et la même structure que chez l'Européen ; seulement les hémisphères du cerveau sont un peu moins épais ;

4° Le cerveau du Nègre ne ressemble pas plus au cerveau de l'orang-outang que celui de l'Européen, si l'on excepte la disposition un peu plus symétrique des circonvolutions du cerveau du Nègre; ce qui n'est pas encore reconnu comme un caractère constant.

La division de la Race noire en rameaux a été établie d'après la distribution géographique des tribus qui la composent. Ce sont les rameaux *Occidental* et *Oriental.*

Le tableau suivant donne les subdivisions du *Rameau Occidental*, dont il a été déjà question aux pages 294 et suivantes, à l'occasion du *Rameau Araméen* de la *race* blanche.

RAMEAU OCCIDENTAL. 47,000,000. Habite la partie de l'Afrique située au sud du grand désert de Sahara; il forme les populations qui sont transportées en Amérique. *Quatre Familles.*	FAMILLE FELLANE. 9,000,000. Habite la Sénégambie; teint basané, cheveux assez longs. Propres à la civilisation. FAMILLE CAFRE. 15,000,000. Cheveux laineux et teint noir, mais des formes qui se rapprochent de la *race blanche.* FAMILLE HOTTENTOTE. 8,000,000. Teint jaunâtre, au lieu d'être noir. FAMILLE NÈGRE. 15,000 000. Forts, robustes, dociles et indolents; tête étroite, crâne rétréci.

La *Famille Fellane*, dont les membres sont aussi appelés *Foulans*, *Poules*, *Fellatas*, *Foulis*, est très-nombreuse et très-puissante; elle est répandue dans presque tous les États de la Nigritie Occidentale (Sénégambie), où elle possède le Fouta-Toro, le royaume de Boudou, le Fouta-Djalon, le Fouladou et le Brouko; dans la Nigritie centrale (le Soudan de nos cartes), elle occupe le Ouasselon, le Sangara et autres contrées, ainsi que le vaste empire des Fellans, sur lequel règne Bello.

La grande tribu des *Fellatahs*, dit M. le professeur Lereboullet, cette tribu qui occupe en Afrique un vaste quadrilatère de 28 degrés de longueur, sur une largeur moyenne de 7 degrés, appartient, par sa langue et par ses caractères physiques, au groupe des races brunâtres de l'archipel Indien, races dont on avait déjà reconnu la présence dans la population de Madagascar. Leurs langues ont, en effet, les plus grandes analogies, ainsi qu'il résulte des belles recherches de M. d'Eichthal; et si cette preuve ne suffisait pas, l'origine des Fellatahs serait encore démontrée par l'introduction des bœufs indiens et de la monnaie de Cauris dans l'Afrique occidentale. « Les voya- « geurs, dit M. d'Eichthal, qui, depuis un siècle, ont « tant ajouté à nos connaissances géographiques, nous « ont appris qu'il existe dans cette partie du globe dési- « gnée sous le nom de Monde océanique ou maritime, un « système de langues liées entre elles par de nombreuses « affinités; système qui s'étend depuis le cap de Bonne- « Espérance jusqu'aux dernières îles du grand Océan, et « qui embrasse, dans son ensemble, les idiomes de l'ar- « chipel d'Asie. »

La *Famille Cafre* habite le sud-est de l'Afrique, et, de même que les *Fellans*, elle forme une espèce intermédiaire entre les Nègres et les blancs. Leur teint n'est pas aussi foncé, leur nez n'est pas aussi épaté que celui des Nègres, mais leurs cheveux sont en général laineux. Ils forment diverses peuplades, dont les plus connues sont les *Kousas* et les *Betjouanas*.

La *Famille Hottentote* est peu nombreuse; elle habite l'extrémité méridionale de l'Afrique, et doit avoir été plus importante avant que les Cafres et les Européens se soient établis dans cette contrée. Cette *Famille* se distingue des autres peuples de la Race noire par son teint jaunâtre. Les traits des Hottentots sont désagréables, leur nez est très épaté, leurs yeux peu ouverts et éloignés l'un de l'autre, leurs joues larges, leur menton pointu, leurs cheveux laineux et peu abondants; mais leurs membres sont mieux faits que ceux des Nègres. Ils sont généralement indolents et malpropres. Ils sont vieux à quarante ans, et passent rarement la cinquantaine.

On distingue dans cette *Famille* plusieurs peuplades : les Hottentots proprement dits, qui vivent maintenant comme domestiques au milieu des Européens et dont les femmes ont une conformation bizarre, qui nécessiterait une description particulière dans un traité de zootomie spécialement destiné aux naturalistes; tout le monde a entendu parler du *tablier* des *Hottentotes* et des protubérances énormes développées à la partie supérieure des fesses. Ces organes curieux ont été longuement décrits par G. Cuvier, dans un rapport fait à l'Académie des Sciences sur l'anatomie de la *Vénus Hottentote*. (*Mém. du Muséum d'Hist. natur.*, tom. III, p. 266.)

Les *Saabs* ou *Boschimans* font aussi partie de cette *Famille ;* on appelle Boschimans, Boschis ou Buschmanners la race des sauvages répandus sur la partie occidentale du midi de l'Afrique, dans les plaines immenses bornées au nord par la colonie du cap de Bonne-Espérance, et se prolongeant dans les terres inconnues de l'intérieur du pays.

Les *Boschimans* sont sauvages, cruels et misérables. Loin de former une nation, ils ne sont même pas réunis en sociétés particulières. Ils se groupent seulement en familles, et ne se rassemblent jamais en grand nombre que pour se défendre ou pour piller. Ils ne cultivent point la terre, et n'ont point d'autre animal domestique que le chien. Ils se nourrissent habituellement de racines, de reptiles, de grillons, de larves de fourmis ; et quand toute l'herbe des campagnes est dévorée par les sauterelles et que la terre nue n'offre plus aucune pâture, ils dévorent les sauterelles. Ils peuvent supporter la faim longtemps; mais ils se dédommagent avec voracité de leur jeûne, s'ils parviennent à tuer quelque gibier sauvage, ou à voler un bœuf ou un mouton. Ils n'ont aucune sorte d'habitation ; ils se couchent sur le sable, exposés à toutes les injures de l'air. Leurs armes sont des javelines, des flèches courbées, qu'ils empoisonnent et qu'ils lancent avec une adresse extraordinaire à de grandes distances. Leur langage est très-pauvre; il se compose d'un nombre peu considérable de roulements, de sons tremblants produits par une vibration de la langue, et de sons âpres tirés de la gorge, que nous ne saurions représenter à l'aide d'aucune lettre. En général, ils ne sont pas d'une taille très-élevée; la couleur de leur peau est un jaune foncé ; leur chevelure, qui ressemble à la laine, est tordue en tresses serrées; quelquefois la partie supérieure de leur front est ceinte d'un étroit bandeau de poils bordé de touffes en forme d'ornements, et ce bandeau sert à retenir quelques-unes des plus petites flèches, tandis que les plus longues sont enfermées dans un carquois de bois d'aloès, jeté avec l'arc derrière les épaules.

La *Famille Nègre* forme la plus grande partie de la population de l'Afrique; elle s'étend dans le *Soudan*, la *Sénégambie*, la *Guinée*, le *Congo* et la majeure partie du centre de la péninsule méridionale. Ce sont aussi les Nègres qui composent, en général, les populations noires transportées dans d'autres contrées.

Cette Race doit être extrêmement féconde dans sa patrie; car la quantité d'esclaves que l'on en a exportés pour l'Amérique, et que l'on exporte encore pour les pays où ce commerce criminel n'a pas été détruit, est réellement prodigieuse; et cependant les contrées habitées par les Nègres sont encore très-peuplées. Ils sont généralement dociles et indolents ; mais ils sont forts et robustes, et deviennent laborieux lorsqu'ils sont forcés de travailler.

La plupart sont encore soumis aux superstitions du fétichisme le plus grossier ; d'autres, surtout dans le nord, ont embrassé l'*islamisme;* quelques-uns, dans le Congo, ainsi que ceux d'Amérique, sont censés avoir embrassé le christianisme ; mais cette conversion ne consiste souvent qu'en une adoration de la croix, comme fétiche, sans rattacher à ce glorieux symbole les souvenirs mystérieux et les idées consolantes qui en sont inséparables pour les véritables croyants.

Les mulâtres sont des individus nés d'une Négresse et d'un blanc ou d'une blanche et d'un Nègre ; ils ne diffèrent des Nègres, en général, que par une coloration noire beaucoup moins foncée. Le mélange successif des mulâtres et des Nègres a donné lieu à des complications de variétés assez inextricables, qu'un auteur cité par Buffon a déjà essayé d'éclaircir dans le passage suivant.

« Il faut absolument, dit-il, quatre générations mêlées pour faire disparaître entièrement la couleur des Nègres, et voici l'ordre que la nature observe dans les quatre générations mêlées :

« 1° D'un Nègre et d'une femme blanche naît le mulâtre à demi noir, à demi blanc, à longs cheveux.

« 2° Du mulâtre et de la femme blanche provient le quarteron, basané, à cheveux longs.

« 3° Du quarteron et d'une femme blanche sort l'octavon, moins basané que le quarteron.

« 4° De l'octavon et d'une femme blanche vient un enfant parfaitement blanc.

« Il faut quatre filiations en sens inverse pour noircir les blancs.

« 1° D'un blanc et d'une Négresse sort le mulâtre à longs cheveux.

« 2° Du mulâtre et de la Négresse vient le quarteron, qui a trois quarts de noir et un quart de blanc.

« 3° Du quarteron et d'une Négresse provient l'octavon, qui a sept huitièmes de noir, et un huitième de blanc.

« 4° De cet octavon et de la Négresse vient enfin le vrai nègre, à cheveux entortillés. »

M. Virey a résumé ses idées sur cette question difficile dans le tableau clair et précis que nous reproduisons.

PARENTS.	PRODUITS OU CASTES.	DEGRÉ DU MÉLANGE.	
Blanc et Noir.	Mulâtre.	1/2 blanc	1/2 noir.
Blanc et Mulâtre.	Terceron Saltatras.	3/4 blanc	1/4 noir.
Noir et Mulâtre.	Griffe ou Zambo.	3/4 noir	1/4 blanc.
Blanc et Terceron.	Quarteron.	7/8 blanc	1/8 noir.
Noir et Terceron.	Quarteron Saltatras.	7/8 noir	1/8 blanc.
Blanc et Quarteron.	Quinteron.	15/16 blanc	1/16 noir.
Noir et Quarteron.	Quinteron Saltatras.	15/16 noir	1/16 blanc.

Le *Rameau Oriental* de la *Race Noire* comprend tous les Nègres qui habitent la partie occidentale de l'Océanie et le sud-est de l'Asie.

Le tableau suivant en donne les subdivisions.

<table>
<tr><td rowspan="2">RAMEAU ORIENTAL.
1,000,000.
Habite la partie occidentale de l'Océanie, au sud-est de l'Asie ; ils vivent en tribus sauvages qui ont chacune un langage différent.
Deux Familles.</td><td>FAMILLE PAPOUENNE.
330,000.
Ces peuplades sont en rapports nombreux avec les Malais et les Tabouens, toutefois elles sont féroces et cannibales.</td><td>Fidjiens.
Neocalédoniens.
Néohébridiens.
Salomoniens.
Papous.</td></tr>
<tr><td>FAMILLE ANDAMÈNE.
630,000.
Peuplades refoulées dans des montagnes d'accés difficile; elles sont en hostilités continuelles avec les peuples voisins.</td><td>A. des Adamans.
A. de l'Indo-Chine.
A. de Luzon.
A. de la Nlle-Guinée.
A. de la Nlle-Hollande.
A. de Van-Diémen.</td></tr>
</table>

Les peuplades qui constituent la *Famille Papouenne* n'habitent que de petites îles ou les côtes des grandes îles dont l'intérieur est occupé par l'autre *Famille*. On y distingue deux subdivisions : l'une qui se rapproche des Malais, ce sont les Papous, dans l'Archipel de la Nouvelle-Guinée; l'autre qui se rapproche des Tabouens, et qui occupe les îles Fidji, les Nouvelles-Hébrides, la Nouvelle-Calédonie et l'Archipel de Salomon.

Les Papous sont une assez belle variété des Nègres océaniens, quoiqu'ils aient des membres très-grêles; leur taille est moyenne et leur peau d'un noir luisant; leur chevelure, très-épaisse et très-frisée, leur donne un aspect repoussant; on leur trouve beaucoup de ressemblance avec les Noirs Changalas de l'Abyssinie. Ces sauvages, moins abrutis que les autres, montrent une grande adresse à gouverner leurs pirogues, qui sont ornées de sculptures élégantes; ils ont des temples et des idoles auxquelles ils rendent un culte religieux. Les Malais et les Chinois entretiennent avec les Papous un commerce assez actif, et en retirent surtout des oiseaux de paradis, des trépangs, des loris vivants, des écailles de tortue, du tabac, et surtout des esclaves.

Les Fidjiens, quoique assez avancés dans la civilisation, sont de féroces antropophages; ils ont des lois, des arts, et forment parfois un corps de nation. L'amiral d'Urville les met au premier rang parmi les peuples des races océaniennes, et vante leurs progrès dans la navigation.

La *Famille Andamène* réunit les Noirs orientaux, qui présentent d'une manière tranchée les caractères distinctifs de leur race. Les peuplades sont presque inconnues, parce qu'elles sont presque toutes refoulées dans des montagnes d'accès difficile, où elles vivent en état d'hostilité continuelle avec les peuples voisins.

A peine trouve-t-on chez ces peuplades les premiers germes de cette industrie qui seule a fait de l'homme le véritable maître de tous les êtres animés; dans le naturel de la Nouvelle-Hollande elle s'est limitée à la confection de quelques instruments de guerre, de chasse et de pêche. Du reste, il est demeuré complétement étranger aux moindres notions d'agriculture, d'économie domestique et même de nautique. Dans les tribus les plus avancées il est seulement arrivé au point de se construire des huttes en écorces ou en branchages.

Au physique cette variété de l'espèce humaine est aussi maltraitée qu'au moral. Stature petite et débile, membres grêles et sensiblement disproportionnés avec le reste du corps : ventre souvent proéminent de la manière la plus disgracieuse; nez très-écrasé, narines larges; yeux petits et enfoncés dans leur orbite; lèvres épaisses; mâchoires saillantes; bouche d'une largeur démesurée; front souvent comprimé du haut en bas; barbe noire, touffue et hérissée, voilà ses traits les plus ordinaires. Quant au teint, il varie de la couleur de cuivre très-foncée jusqu'au noir peu intense, de manière à présenter le plus souvent la nuance fuligineuse. Les cheveux, souvent longs et lisses, sont quelquefois frisés, mais ne deviennent jamais tout à fait laineux, comme dans le Nègre Africain. Cependant ce tableau repoussant du type général Néo-Zélandais subit parfois des modifications. Certaines tribus dans l'intérieur de la Nouvelle-Galles du Sud, du côté du lac George, malgré leur petite taille, ont des traits moins difformes, surtout des membres beaucoup mieux proportionnés. Oxley cite comme bien supérieurs aux naturels de Port-

Jakson ceux de la baie Moreton; suivant Tuckey, les habitants du Port-Western seraient dans le même cas; d'Urville rend un semblable témoignage des sauvages de la baie Jervis. Tant qu'elles sont jeunes, les femmes ont des traits moins rebutants et des formes plus simples et plus gracieuses que les hommes; mais ce peu de fraîcheur disparaît au premier enfant qu'elles mettent au monde, et bientôt elles deviennent plus hideuses même que les hommes. Les deux sexes se frottent habituellement la peau avec de l'huile de poisson, ce qui leur fait contracter une odeur insupportable. Pour cela ils se contentent souvent de laisser rôtir dans leur chevelure les entrailles d'un poisson à l'ardeur du soleil, jusqu'à ce que l'huile en découle sur leur visage et sur tout leur corps. Quelque dégoûtantes qu'elles soient, ces onctions ont au moins pour eux l'avantage de les garantir des piqûres des moustiques, qui fourmillent en plusieurs endroits.

La vue de ces insulaires est singulièrement perçante, et ils ont de très-belles dents; sans être robustes, ils sont agiles et alertes; ils grimpent avec une facilité surprenante à la cime des plus grands arbres, pour y chercher des écureuils volants et des opossums, ou recueillir du miel et des chenilles.

Ceux qui habitent les côtes trouvent de grandes ressources alimentaires dans les coquillages et les poissons que leur fournit la mer. Mais ceux de l'intérieur sont obligés de se contenter de racines de fougères, de quelques tubercules, et des oiseaux qu'ils peuvent surprendre; ils ont souvent recours aux serpents, aux lézards, aux chenilles et aux vers, qu'ils se contentent le plus souvent d'exposer un moment à la flamme de leur foyer avant de les dévorer. Quand ils peuvent prendre un kangourou dans leurs filets, ou le tuer à coups de lance, c'est une bonne fortune pour eux, mais cela arrive rarement. Le cadavre d'une baleine échouée leur offre matière à d'amples festins, et ils ne la quittent que lorsque la chair est tombée dans un état complet de putréfaction. Habituellement nus, ils portent quelquefois de courts manteaux en peaux de kangourou, grossièrement cousues ensemble, mais qui laissent entièrement à découvert tout le devant du corps. Leurs ornements consistent en os de poisson ou d'oiseaux, plumes, morceaux de bois, touffes de poil, et dents d'animaux qu'ils fixent dans leur chevelure au moyen d'une sorte de gomme. Chez la plupart d'entre eux, un os traverse la cloison des narines. Leur plus brillante toilette a lieu quand ils se barbouillent de noir, de rouge ou de blanc, lorsqu'ils se préparent pour le combat ou pour quelque cérémonie importante. La forme et la couleur des dessins sont en outre des marques distinctives des tribus. Ils ont un ornement plus durable, mais en même temps plus pénible à acquérir; c'est le tatouage en relief opéré sur leur corps au moyen d'entailles profondes, dont les cicatrices forment diverses sortes de figures. Ces marques sont des distinctions fort honorables. En certains endroits, notamment aux environs du Port-Jackson, les jeunes gens doivent perdre une des dents de devant, et le privilége d'arracher ces dents paraît être dévolu à une classe particulière d'individus, qui prennent le titre de *kerredaï*. Cette opération est accompagnée de cérémonies bizarres, qui annoncent que c'est une sorte d'initiation aux occupations et aux fatigues de leur existence. En outre, ce n'est qu'après l'avoir subie que les jeunes gens sont admis à tous les priviléges de l'âge viril. De leur côté, les jeunes filles, dans un âge encore tendre, doivent subir l'amputation de deux phalanges du petit doigt de la main gauche. Un but mystique préside-t-il aussi à ce sacrifice, ou bien est-ce simplement, comme les naturels l'affirmaient à l'amiral d'Urville, pour faciliter aux femmes le maniement de leurs lignes de pêche?...

Pour les tribus les moins sauvages, les habitations consistent en huttes en forme de ruches, construites avec des morceaux d'écorce convergeant au sommet. Cette première charpente est recouverte d'une couche de terre, puis d'une autre couche d'herbes marines qui rend ces gîtes impénétrables à l'eau ; là tous les individus de la même famille se retirent et dorment pêle-mêle confondus. Plus souvent ces huttes ne sont que de simples ramées en branchages couverts de feuilles de xanthorrhéa. Quelquefois même l'habitant des bois se contente d'une simple écorce arrachée à l'arbre voisin qui sert à l'abriter contre les injures de l'air.

Quelques-uns, nouveaux Troglodytes, mettent à profit les grottes que leur offre la nature. Sur la petite île Clark, près du cap Melville, le naturaliste Gauningham examina l'une de ces grottes, dont les parois, enduites d'une couche d'ocre rouge, présentaient diverses figures de requins, marsoins, tortues, lézards, astéries, pirogues, gourdes et quelques quadrupèdes. Ces figures, au nombre de plus de cent cinquante, étaient passablement exécutées, au moyen de points d'une terre blanchâtre et argileuse réduite à l'état de pâte. L'habile naturaliste cite avec raison cet échantillon de dessin comme un pas remarquable des Néo-Zélandais vers les arts. Les naturels dardent le poisson avec une sorte de foène, ou bien ils le prennent dans de larges enceintes en pierres ou en palissades de branches fichées en terre, garnies d'ouvertures très-larges en dehors, très-étroites en dedans. Le poisson y entre avec le flot et s'y trouve retenu à la marée basse. Dans les rivières, ils font la pêche à la ligne et aux filets.

Leurs armes habituelles sont des lances en bois dur, qu'ils décochent avec un petit bâton de deux ou trois pieds de long, garni d'un adent à l'une de ses extrémités. Ils envoient ces lances avec tant de dextérité, qu'ils frappent souvent leur but à cinquante et soixante pieds de distance. De ces lances, les unes sont simplement acérées, d'autres sont barbelées, quelques-unes sont armées de morceaux de coquilles et d'arêtes. Leurs casse-têtes ou waddis peuvent asséner des coups redoutables. Un projectile fort curieux, et qui paraît exclusivement propre à ces peuplades est le *boumerang*. C'est une espèce de sabre de bois, de deux pieds et demi de long, légèrement courbé dans son milieu, de manière à ce que ses deux moitiés offrent deux plans différents. Lancé dans une direction oblique de bas en haut, il s'élève à une grande hauteur en tournant rapidement sur lui-même, puis il vient retomber avec toute la force de sa pesanteur et de sa vitesse accélérée. L'homme qui l'a lancé peut seul savoir où il devra retomber. Leurs ustensiles se réduisent aux haches et aux couteaux. La hache, qui leur sert en même temps de marteau, est formée de deux cailloux durs et pesants, dont l'un est grossièrement aiguisé sur un de ses côtés, et soudés tous deux à un manche de bois avec la résine du xanthorrhéa. Le couteau consiste en trois ou quatre fragments tranchants de quartz fixés le long du manche de la même manière. Par ce fait cet instrument remplit plutôt l'office d'une scie que d'un couteau : cependant il leur suffit pour découper les morceaux de chair ou de poisson qu'ils veulent partager. Ces instruments sont quelquefois ornés sur leurs manches de ciselures grossières dont les dessins varient suivant les tribus.

Ils allument le feu en faisant tourner rapidement une pièce de bois sec sur un trou pratiqué dans un autre morceau d'un bois très-sec. Comme c'est une opération pénible, ils ont besoin de conserver leur feu : dans ce but, certaines peuplades emploient les cônes de banksia, qui ont la propriété de brûler très-lentement sans s'éteindre. Un des individus de la tribu est toujours pourvu de l'un de ces cônes embrâsés, avec lequel il met le feu aux broussailles et aux herbes sèches, d'où il résulte de vastes incendies qui attaquent les plus grands arbres et les charbonnent dans une grande étendue de leurs stipes. Cette opération a pour les naturels un double avantage, d'abord de détruire ou du moins d'écarter les reptiles venimeux et les insectes nuisibles ; ensuite de dégager les bois et de leur faciliter la poursuite du gibier.

Les naturels de la Nouvelle-Galles du Sud ont un bon esprit nommé *Koyan,* et un mauvais esprit appelé *Potoyan*. *Koyan* est une sorte de génie tutélaire, qui leur rend toutes sortes de bons services ; mais ils craignent fort *Potoyan,* qui leur joue les plus mauvais tours. La peur de le rencontrer fait qu'ils ne marchent jamais durant la nuit ; et pour se garantir de ses approches ils ont toujours soin d'entretenir du feu près d'eux. Un sifflement bas et prolongé annonce l'arrivée de *Potoyan.* Aussi les premiers colons, pour se débarrasser des importunités de leurs hôtes sauvages, imitaient quelquefois la mélodie du redoutable esprit. Les naturels se garderaient bien de siffler au-dessous d'une roche, de peur de la voir tomber sur leur tête ; ils se garderaient de faire rôtir des poissons durant la nuit, ce qui ferait venir des vents défavorables.

Les naturels des plaines Bathurst croient à l'existence du *Warwi,* monstre amphibie, semblable aux crocodiles qui habitent les rivières, et en sort quelquefois pour enlever les enfants et les dévorer. Sur terre le *Coupir,* autre monstre à forme humaine, suivant eux, habite certaines cavernes. Redoutable pour les noirs qu'il peut tuer, il épargne les blancs.

Ces peuplades ont des langages extrêmement bornés ; le chef d'une tribu y jouit d'une autorité arbitraire et illimitée.

Sans vouloir, dit M. Forichon, former aucune conjecture sur l'origine de la Race nègre ni d'une autre, supposons cependant que, lors de la dispersion des peuples, antérieurement à toute civilisation, une peuplade ou seulement un certain nombre d'individus aient été, par une cause quelconque, jetés des continents de l'Asie sur les terres incultes de l'Afrique ou de l'Océanie, peut-être sur les deux contrées à la fois, ces hommes auront pu se trouver tout à coup sur un sol dépouillé de toutes productions utiles, sans moyens de se soustraire aux ardeurs d'un climat oppressif et réduits à se nourrir d'aliments de mauvaise nature.

Pense-t-on que de pareilles conditions d'existence n'auraient pas pu apporter dans la constitution de ces individus une modification plus ou moins grave? Or, l'hypothèse que nous faisons à ce sujet n'est pas gratuite, puisque la plupart des peuples de la Mélanaisie sont encore dans les circonstances que nous supposons. Rappelons seulement, sous le rapport alimentaire, l'observation suivante : « A la Nouvelle-Hollande la nature se montre si ingrate, disent les naturalistes de *l'Astrolabe*, que nous avons vu au port du Roi-Georges l'homme se nourrir de reptiles, d'insectes, de poissons morts. A la baie du *Chien-Marin* il est forcé de boire de l'eau de mer pour se désaltérer. On conçoit facilement l'action d'une cause aussi déprimante. Mais tandis que, dans la supposition que nous venons de faire, des individus auront été transportés sur une terre funeste, soit par le naufrage d'une pirogue, soit dans une guerre ou par une cause quelconque, d'autres peuples se seront répandus dans les belles contrées de l'Europe et de l'Asie, où ils auront trouvé avec un sol riche de productions de toute nature un climat tempéré. Sous des influences si avantageuses, les hommes, en recevant plus d'énergie physique, auront eu plus d'activité intellectuelle; dès lors ils auront conséquemment appris à se construire des habitations commodes, à se vêtir convenablement, etc ; et, favorisés ainsi par les meilleures circonstances climatériques, ils auront marché vers la civilisation. Les premiers, au contraire, dans des conditions tout opposées, seront restés dans un état stationnaire; et il est probable qu'opprimés par le climat ils auront marché dans un sens contraire en inclinant plus ou moins vers la dégradation. »

Or, on ne peut supposer que des influences aussi différentes n'aient pas imprimé leur cachet au physique des nations, puisqu'il est de fait que le développement de l'organisme animal et végétal est partout en rapport avec les circonstances de la nature qui le gênent ou le favorisent plus ou moins. Les avantages d'un site plus ou moins heureux se font reconnaître, même au sein de la Mélanaisie, sur plusieurs peuplades noires.

« Si dans le vaste archipel de Viti, disent les naturalistes de *l'Astrolabe*, la Race noire a pris dans sa constitution physique un développement égal à celui de la Race jaune, elle le doit, il nous semble, à l'agréable latitude sous laquelle elle vit, à une température qui n'accable pas ses habitants par une chaleur humide, énervante, et qui n'étouffe pas les productions utiles à la nourriture de l'homme sous le luxe d'une végétation équatoriale. »

C'est, on le voit, une nouvelle application de la grande vue de Buffon sur l'*Unité de l'homme*. Toutes les preuves morales et matérielles de cette *Unité*, accumulées dans les travaux modernes, semblent avoir été pressenties par ce puissant penseur, qui écrivait dès 1749 : « Tout concourt à prouver que le genre humain n'est pas composé d'espèces essentiellement disparates entre elles, et qu'au contraire il n'y a eu originairement qu'une seule espèce d'hommes, qui, s'étant multipliée et répandue sur toute la surface de la terre, a subi différents changements par l'influence du climat, par la différence de la nourriture, par celle de la manière de vivre. »

« Unité, unité absolue de l'espèce humaine, et variété de ses races : telle est, en dernier résultat, la conclusion générale et certaine de tous les faits acquis sur l'histoire naturelle de l'homme. »

C'est par cette pensée élevée de M. le professeur Flourens que nous devons arrêter ici nos études sur l'espèce humaine ; elle résume avec une parfaite autorité les idées qui nous ont guidé dans un travail pour lequel nous avons trouvé tant de secours dans les écrits de Blumenbach, de Burdach, de Cuvier, de Duvernoy, d'Isidore Geoffroy Saint-Hilaire, de Prichard et autres savants naturalistes.

ADDITION.

Est-il possible de distinguer dans les caractères physiques des peuples actuels les diverses grandes familles que l'histoire nous désigne comme ayant les premières habité ou envahi le même sol ? L'histoire naturelle et la physiologie pourront-elles nous diriger avec certitude dans ces recherches? C'était depuis longtemps la conviction profonde d'un des physiologistes les plus savants de notre époque, M. W. F. Edwards ; aussi dans un voyage où il devait parcourir une grande partie de l'ancienne Gaule ne manqua-t-il pas l'occasion de vérifier ses opinions à cet égard, et en même temps quelques-unes des distinctions que M. Amédée Thierry a établies parmi les peuples Gaulois dont il nous a donné l'histoire.

Cette nouvelle manière d'envisager la physiologie donne la mesure du vif intérêt qui s'attache à l'étude de l'histoire naturelle ; nous l'avons, en effet, déjà fait remarquer bien souvent, il n'est pas de science qui agrandisse davantage la sphère de nos idées et qui trouve plus souvent son utile application aux autres branches des connaissances humaines. Dans la question particulière qui nous occupe ici, nous ne doutons pas qu'elle ne nous fournisse les moyens d'arriver à la vérité avec plus de certitude que les documents historiques et la comparaison des langues, dont on se sert ordinairement. Mais pour ne pas s'égarer dans l'application de cette science il fallait un homme profondément instruit, d'un grand discernement, et surtout habitué à observer la marche de la nature dans ses grandes combinaisons et jusque dans ses écarts. Sous ce rapport, il en était peu de plus capables que M. W. F. Edwards; la variété de ses connaissances et la lumière que ses travaux ont répandue sur les questions les plus difficiles de la physiologie devaient, en effet, inspirer une entière confiance.

Dans le travail remarquable dont nous essayons de donner une idée, et qui a pour titre : *Des caractères physiologiques des races humaines*, M. Edwards a exposé d'abord les raisons qu'il avait de penser que l'on pourrait retrouver les anciens peuples dans les modernes, quoique pendant une longue suite de siècles ils aient été soumis à l'influence du climat, aux progrès de la civilisation ou de la décadence, aux croisements multipliés des races, à des guerres plus ou moins meurtrières et aux bouleversements politiques. « Une comparaison des langues, mieux approfondies de nos jours, dit-il, fait souvent découvrir dans celle que l'on parle actuellement les idiomes anciens qui les ont formées, et l'on établit ainsi, dans des pays où sans ces indices on ne l'aurait pas soupçonnée, une connexion non interrompue entre les anciens habitants et les nouveaux.

« Mais si les formes du langage, ajoute-t-il, laissent des traces dans les idiomes modernes qui décèlent leur antique origine, que penserons-nous des formes du corps? Seront-elles moins persistantes? N'aurons-nous rien conservé des traits de nos ancêtres? Auront-ils changé au gré du climat de manière à être méconnaissables? Les mélanges auront-ils tout confondu, la civilisation tout régénéré, la décadence tout dégradé, la force tout exterminé, tout expulsé? »

Que des plantes soient transportées sous un nouveau ciel, dans une nouvelle patrie, elles peuvent se couvrir ou se dépouiller de poils et d'épines, leurs feuilles se découper, leurs fleurs se colorer diversement, leurs pétales se multiplier, leurs fruits changer de saveur, leur taille s'élever ou s'abaisser ; néanmoins elles conservent presque toujours quelques-uns des traits primitifs qui rappellent si bien leur origine, que l'œil le m ins exercé ne saurait les méconnaître. La nature tend à conserver le type originel avec une telle constance, que bien souvent il se rompt plutôt que de se plier aux changements que les agents extérieurs voudraient lui faire subir.

Examinant ensuite ce que deviennent les animaux domestiques dans les climats si différents où l'homme les transporte avec lui, M. W. Edwards remarque que le changement le plus prononcé qu'ils éprouvent (mais seulement par l'influence du climat et indépendamment du croisement des races et d'autres causes), est celui que subit leur fourrure, qui devient plus épaisse ou moins garnie, plus fine ou plus rude, et varie de couleur suivant les extrêmes de froid ou de chaud.

Ils deviennent plus gras ou plus maigres.

Leur progéniture change quelquefois de dimension, mais non pas de proportions et de formes.

La charpente osseuse reste toujours la même, sauf dans quelques cas rares, ou dans certaines maladies.

Enfin, ces animaux ne perdent pas plus leur type que tel homme lorsqu'il devient chauve, qu'il éprouve quelque changement dans le teint, ou qu'il gagne ou perd de l'embonpoint.

Telle était déjà, à cet égard, l'opinion de M. Edwards lorsqu'il l'entendit pleinement confirmer par un mémoire que M. le docteur Roulin lut à l'Académie des Sciences, pour établir que les animaux domestiques transportés de l'ancien dans le nouveau continent n'ont éprouvé aucune modification essentielle.

L'homme est lui-même soumis à l'influence du climat, mais il est de tous les animaux celui qui y résiste le mieux. Lorsque du Midi il émigre vers le Nord, son industrie lui fournit les moyens de se défendre contre l'intempérie de l'air; on peut dire que dans ce cas il transporte en quelque sorte son climat avec lui. S'il savait aussi bien rafraîchir qu'il sait échauffer son atmosphère, il pourrait presque impunément changer de climat; mais alors son existence serait tout artificielle, et d'ailleurs il n'est pas toujours pourvu des moyens propres à le garantir des impressions nuisibles de l'air et du ciel. D'un autre côté, les passions qui l'accompagnent partout lui font bientôt oublier les combinaisons de son intelligence, et ne tardent pas à le rendre à la nature.

Qu'on observe cependant les populations des régions équatoriales, employées depuis plusieurs siècles dans différents pays de l'Europe, on y trouve à la vérité un mélange de races plus ou moins étendu avec les esclaves noirs, et il en est résulté une caste particulière qui, portant les caractères visibles de son origine, ne peut être confondue avec la population blanche.

Mais quel effet a produit sur celle-ci l'action si longtemps prolongée de cette température extrême contre laquelle son industrie sait le moins la défendre? « L'Angleterre, la France, l'Espagne, dit M. Edwards, méconnaissent-elles leurs enfants? Ou si elles les trouvent un peu hâlés, un peu brunis, plus sensibles au plaisir et moins disposés au mouvement, leur voient-elles des traits différents? paraissent-ils à leurs yeux comme race étrangère ou altérée? Un colon anglais, français, espagnol ne portera-t-il pas les caractères propres de la mère patrie? »

Mais un exemple pris sous nos yeux, et qui ne peut laisser aucun doute, nous fera mieux apprécier encore les effets du climat.

« Les traits des Juifs, dit M. Edwards, sont tellement caractérisés qu'il est difficile de s'y tromper; et comme il s'en trouve dans presque tous les pays d'Europe, il n'est point de figure nationale plus généralement connue et plus reconnaissable. On peut les regarder comme des colonies de même race établies dans ces contrées. Depuis des siècles ils font partie de la population des pays où ils sont fixés; et s'ils n'ont point participé aux bienfaits du gouvernement, on ne les a pas privés de la liberté d'habiter le même sol, de respirer le même air, de jouir du même soleil. Comme ils ont conservé leur religion, leurs mœurs et leurs usages, qu'ils ont fait peu d'alliances avec les peuples chez lesquels ils demeuraient, il serait difficile de trouver des conditions plus propres à faire ressortir l'influence du climat. »

Il fait remarquer que cette influence ne les a pas assimilés aux nations parmi lesquelles ils habitent; et ce qu'il y a de plus important, c'est qu'ils se ressemblent tous dans des climats divers. Un Juif anglais, français, allemand, italien, espagnol, portugais, est toujours un Juif par la figure, quelles que soient les nuances qu'il présente; c'est-à-dire que tous ont les mêmes caractères de formes et de proportions, en un mot tout ce qui constitue essentiellement un type. Ils se ressemblent beaucoup plus entre eux qu'ils ne ressemblent aux nations parmi lesquelles ils vivent, et le climat, malgré la longue durée de son action, ne leur a guère donné que des variétés de teinte et d'expression.

Pour démontrer que les Juifs étaient anciennement ce qu'ils sont aujourd'hui, M. W. Edwards fournit une preuve irrécusable : il cite la Cène de Léonard de Vinci, chef-d'œuvre qu'il a admiré à Milan, et qui, tout dégradé qu'il est par l'injure du temps et l'incurie des hommes, conserve encore distinctement les figures de presque tous les personnages. Les Juifs d'aujourd'hui y sont peints trait pour trait, et l'on sait combien ce grand peintre mettait de soin à représenter le caractère national.

On trouve une preuve nouvelle de l'immutabilité du type juif dans les planches magnifiques de l'ouvrage que publie M. le comte Auguste de Bastard sous le titre de *Peintures des manuscrits*. Cet ouvrage montre, en effet, dans des compositions qui remontent au douzième, au dixième, au huitième siècle, des figures qui seraient aujourd'hui les portraits daguerréotypés de beaucoup de Juifs qui vivent au milieu de nous, et qui, grace aux progrès des lumières et de la liberté, ne se distinguent plus des autres citoyens que par l'intérêt qu'inspire naturellement le souvenir d'une longue et noble infortune.

Pour ne laisser aucun doute sur l'autorité de son observation, M. Edwards nous montre les traits des Juifs tracés il y a plus de trois mille ans. C'est sur un monument égyptien, le tombeau d'un roi qu'on a pu voir à Paris, qu'il les a trouvés représentés avec une telle vérité, qu'il croyait voir les portraits de quelques individus de cette nation qu'il venait de remarquer dans la rue.

M. Belzoni avait été également frappé des caractères des figures qui sont peintes de grandeur naturelle sur ce tombeau ; on lit, en effet, dans son *Voyage en Egypte et en Nubie*, à l'endroit où il les décrit : « On distingue à l'extrémité de ce cortége des hommes de trois sortes de nations, qui diffèrent des autres individus, et qui représentent évidemment des Juifs, des Éthiopiens et des Perses. » Il reconnut les Juifs à leur physionomie et à leur teint; les Éthiopiens à la couleur de leur peau et à leur parure, et les Perses aux costumes avec lesquels on nous les montre toujours dans les tableaux qui représentent leurs guerres avec les Égyptiens.

Voilà donc un peuple qui conserve le même type pendant presque toute l'étendue des temps historiques; et cependant il n'en est aucun qui ait été soumis à une réunion de circonstances plus propres à en modifier profondément l'organisation physique. Est-il, en effet, une nation qui ait éprouvé de plus grands désastres, qui ait été dispersée davantage, et parmi des peuples et des climats plus différents? Peut-on en citer une qui ait été plus souvent persécutée, honnie, vilipendée? Il faut que la nature humaine ait une grande force de résistance pour avoir su triompher de toutes ces causes d'altération.

Il est une autre cause de modification bien plus puissante que l'action du climat, c'est le croisement des races. Tous les peuples dont nous connaissons l'histoire y ont été plus ou moins soumis, et cette cause paraît d'autant plus puissante qu'elle agit sur l'organisation intime, qu'elle préside à la formation de l'être. L'étude de la marche de la nature dans cette grande fusion promettait à M. Edwards des données précieuses, et capables de le conduire à la vérité dans ses recherches sur les générations actuelles ; aussi ne l'a-t-il pas négligée.

« Les différences de castes et des rangs, dit-il, dont

l'origine remonte souvent à une différence de race, ont opposé à ce croisement une barrière qu'on a souvent franchie, malgré la sévérité des lois et la force des préjugés, mais qui a longtemps retenu la multitude. Ces restrictions ont même duré, chez certains peuples, depuis qu'ils ont commencé à paraître distinctement sur la scène du monde; néanmoins, comme toutes les institutions humaines doivent céder au temps et à la raison, dans d'autres lieux tous les rangs ont été bouleversés. »

« Voyons donc ce qui arriverait dans un état de choses où l'impulsion de la nature ne connaîtrait pas de frein. Mais il faut ici faire attention à la proportion numérique des races qui se mêlent et à leur distribution respective sur le même territoire; car c'est là que se trouve presque toute la question. »

D'abord, nous savons, à point nommé, ce que fait communément la nature lorsque la disproportion est grande : le type du très-petit nombre peut disparaître entièrement. Voici dans quelles conditions et après combien de générations le fait a lieu ordinairement. On croise un animal domestique avec un autre d'une race différente ; on croise ensuite le produit de ce mélange avec un individu de l'une de ces races pures, le nouveau produit se rapproche de celle-ci. On continue les croisements d'après le même principe, jusqu'à ce que le dernier produit rentre dans un des types primitifs; ce qui arrive en général au bout de la quatrième génération.

Nous avons aussi des renseignements positifs sur ce qui arrive en pareil cas dans les races humaines dont les traces, dans les générations successives, sont les plus reconnaissables : celles des Nègres, où des Blancs disparaissent vers la quatrième ou cinquième génération, conformément au résultat général que nous avons indiqué chez les animaux domestiques.

Ce fait paraît, au premier abord, peu favorable à la recherche des anciennes races dans les modernes. Il serait difficile, en effet, de retrouver tous les éléments qui ont formé une nation, quelque faibles qu'ils aient été; mais nous n'avons pour but que de chercher les grandes familles, et alors cela devient beaucoup plus facile, puisque le plus petit nombre n'aura pas altéré les formes du plus grand. Mais supposons le cas où les deux races sont en nombre égal, et l'on vera combien il faut encore réunir de conditions pour qu'elles se confondent en un seul type intermédiaire. Il faut que chaque individu de l'une s'unisse à un individu de l'autre; il faut que chacun ait une grande part à la fusion des caractères; car de légères nuances ne défigurent pas un type. De semblables conditions sont-elles faciles à remplir? Nous ne le pensons pas. Pour obtenir de pareilles unions il faudrait au moins l'obligation d'obéir à un despote tel qu'il n'en a jamais existé.

Et cependant, malgré la possibilité de réunir toutes ces circonstances, l'observation nous apprend qu'on ne peut réussir; qu'il est une autre condition indispensable pour que le produit des croisements participe de l'une et de l'autre souche, c'est que les races diffèrent le plus possible, comme lorsqu'elles ne sont pas de la même espèce, telles que l'âne et le cheval, le chien et le loup ou le renard; alors le produit est constamment métis.

Si, au contraire, elles sont très-voisines, elles peuvent ne pas donner naissance à des mélanges, et reproduire les types purs primitifs. Ainsi les races humaines qui diffèrent le plus entre elles donnent toujours des métis; par exemple, le mulâtre résulte inévitablement du mélange des races blanche et noire. Mais lorsque les parents sont des deux variétés voisines, on remarque fréquemment la reproduction des deux types primitifs; c'est ce qu'on observe assez communément chez les nations européennes.

Le croisement produit donc tantôt la fusion, tantôt la séparation des types; mais ce dernier résultat est beaucoup plus ordinaire que le premier. M. Edwards arrive à cette conclusion fondamentale que les peuples appartenant à des variétés de races différentes, mais voisines, auraient beau s'allier entre eux de la manière hypothétique que nous avons indiquée, une portion des nouvelles générations conserverait les types primitifs.

« Ce qui tend encore à les maintenir, ajoute-t-il, c'est la distribution géographique des peuples des races différentes sur le même territoire. Car qui peut admettre une répartition tellement égale qu'il ne s'y forme une multitude de groupes où tantôt l'un tantôt l'autre prédomine dans une grande proportion? Cette condition seule suffit pour empêcher l'extinction des types primitifs. » Quant à l'extermination des peuples dont nous parle si souvent l'histoire, on sait ce qu'il faut en croire. Des tribus, des peuplades, peuvent tomber sous le fer ennemi; mais difficilement une nation, et surtout une race entière. Il faudrait une persévérance de cruauté et de rage qui n'est guère dans la nature humaine; et d'ailleurs quel intérêt auraient les conquérants à exterminer les peuples conquis? A-t-on jamais vu une nation avoir un si grand amour de la liberté et un si profond mépris pour la vie, qu'elle ait préféré la mort à l'esclavage? Un petit nombre peut se dévouer, mais non tout un peuple. Les Romains, c'est assez dire, rendaient les armes et se soumettaient à l'esclavage.

Il est même extrêmement rare qu'une nation soit dépossédée d'une grande étendue de territoire ; les sauvages seuls en fournissent un exemple : ceux de l'Amérique ont abandonné aux Européens de vastes contrées. Mais, dans l'histoire de l'ancien continent, il n'est pas question de sauvages; il ne s'agit que de barbares, c'est-à-dire de peuples qui ont un commencement de civilisation et d'industrie, ce qui s'oppose aux émigrations complètes forcées ou volontaires; car les chefs qui proposent une expédition de conquête n'ont ni le pouvoir de traîner après eux, ni l'influence capable d'attirer une nation tout entière. Dès qu'on possède, on calcule; et tous ne calculent pas de même.

Lorsqu'une nation est envahie et vaincue, le vainqueur ne cherche pas à l'expulser entièrement; il veut de l'espace, surtout s'il est nomade, et il en expulse une partie ; mais comme il veut aussi des tributs, des esclaves ou des auxiliaires, il désire conserver le reste. Ceux-ci se partagent : les uns, poussés par l'amour de l'indépendance, abandonnent le sol natal; les autres entrent en composition avec les vainqueurs.

Il faut remarquer aussi que les vainqueurs peuvent imposer leur nom aux peuples vaincus, sans que pour cela ils puissent produire des changements considérables dans leurs caractères physiques ; car, en général, une nation ne se précipite pas sur une autre, mais une portion souvent très-petite vient subjuguer une nation tout entière. Par exemple, les Normands, qui s'emparèrent de presque tout le midi de l'Italie, étaient une poignée d'hommes. La Gaule a changé de domination et de nom sous les Francs, et cependant on sait combien l'armée de Clovis était peu nombreuse. Il n'y aurait que des invasions successives par un même peuple qui pourraient avoir une influence marquée ; c'est ainsi que les Saxons se sont emparés de l'Angleterre, et que leur race a pu se perpétuer.

L'influence de la civilisation sur les formes et les proportions des races humaines nous est inconnue ; il est seulement probable qu'elle est très-faible. Partout où M. Edwards a déterminé un ou plusieurs types, il les a trouvés dans tous les rangs de la société, dans les villes et dans les campagnes, depuis le paysan et l'ouvrier sédentaire les plus pauvres et les plus ignorants, jusqu'aux personnes de familles anciennes et distinguées par tous les genres d'illustration. Ces différentes classes représentent à coup sûr tous les degrés de civilisation, et cependant le même type subsiste dans toutes.

Telles sont les considérations qui ont amené l'auteur à la conviction que les principaux caractères physiques d'un peuple peuvent se conserver à travers une longue suite de siècles dans une partie de la population, malgré l'influence du climat, le mélange des races, les invasions étrangères et les progrès de la civilisation.

Mais qu'est-ce qui constitue un type, et quel est de tous les caractères physiques celui qui soit assez essentiel pour qu'on doive s'y attacher exclusivement? Ce sont évidemment les caractères tirés soit de la forme et des proportions de la tête, soit des traits du visage. On ne reconnaît bien, en effet, l'identité d'un homme ni à sa taille, ni au degré de son embonpoint, ni à la coloration de sa peau, ni à sa chevelure, mais au visage, c'est-à-dire à la forme de la tête et aux proportions des traits de la face. La vue de cette seule partie du corps suffit pour le faire reconnaître; c'est ainsi que la sculpture représente un individu par un buste, et que l'identité est parfaitement reconnue. M. Edwards n'a pas négligé les modifications relatives à la chevelure, à la coloration de la peau, a la taille, lorsqu'elles sont assez générales; elles acquièrent alors par cette association une grande valeur; mais il les a regardées toujours comme très-secondaires et absolument impropres, excepté dans les cas extrêmes, à fonder par elles-mêmes des caractères de races.

C'est sur de nombreuses observations recueillies dans des voyages en France, en Italie, en Suisse, que M. Edwards appuya la thèse physiologique dont nous nous occupons ici. A peine arrivé sur les frontières de la Bourgogne, il commença à démêler un ensemble de formes et de traits qui constituaient un type particulier. Il devenait plus prononcé, et se reproduisait plus souvent à mesure qu'il avançait dans le pays. Arrivé à Châlons, un jour de marché, il put observer les figures de la population de la campagne aux environs; il fut surpris d'en voir un grand nombre totalement différentes de celles qu'il avait vues auparavant. Il y avait même un contraste frappant entre les unes et les autres. Il ne voulut, dans le moment, faire aucune conjecture à cet égard; il se contenta de remarquer le fait et d'en conserver le souvenir, jusqu'à ce que l'occasion se présentât d'en tirer parti.

Il continua à remarquer fréquemment, pendant tout le reste de sa route dans la Bourgogne, le même type prédominant et bien caractérisé qu'il avait observé jusqu'à Châlons. Il ne changea pas de nature dans le Lyonnais, quoiqu'il changeât de teinte. Il en fut de même dans le Dauphiné; et malgré qu'il trouvât une autre teinte dans la Savoie, jusqu'au Mont-Cenis, il remarquait cependant toujours les mêmes caractères de formes et de proportions.

Sans doute que toute la population n'était pas jetée dans le même moule, il s'en fallait de beaucoup; mais, excepté le petit groupe qu'il avait observé à Châlons, ce type était le seul bien caractérisé.

Il est évident que s'il avait attaché plus d'importance à la coloration qu'aux formes et aux proportions, il n'aurait vu entre Auxerre et les Alpes que des Bourguignons, des Lyonnais, des Dauphinois et des Savoyards, au lieu d'y voir un peuple de même race modifiée par des nuances de teint.

M. Edwards fait remarquer en passant, et sans s'y arrêter encore, que ce territoire était occupé, dans les temps les plus anciens, par des Gaulois, n'importe lesquels; que les Romains, dans la suite, en firent la conquête, et successivement les Bourguignons et les Francs; mais que ces divers peuples envahisseurs étant toujours proportionnellement beaucoup moins nombreux que les premiers habitants, le type de ceux-ci n'a pas dû en être bien altéré, puisque nous savons que le plus petit nombre ne donne pas ses caractères physiques au plus grand.

L'Italie était devant lui, et, sans négliger de visiter et d'admirer, avec la plupart des voyageurs, les monuments et même les débris informes des siècles passés, il lui tardait de vérifier si les descendants de ceux qui les ont élevés n'existent pas encore, offrant l'image de leurs ancêtres. Il espérait trouver tout autant d'attraits dans ses recherches que les antiquaires dans les fouilles les plus heureuses.

En passant à Florence il saisit l'occasion que lui fournissait la galerie ducale d'étudier le type romain. Il donna la préférence aux bustes des premiers empereurs, parce qu'ils descendaient d'anciennes familles, et n'étaient pas, comme un assez grand nombre de leurs successeurs, de races étrangères.

Ils ont cela de remarquable, que non-seulement un certain nombre d'entre eux a des formes et des proportions semblables, mais aussi un caractère tellement prononcé qu'il est difficile de l'oublier et de le méconnaître. On peut s'en former une idée exacte en jetant les yeux, au musée de Paris ou ailleurs, sur les bustes d'Auguste, de Sextus Pompée, de Tibère, de Germanicus, de Claude, de Néron et de Titus. En voici la détermination précise : le diamètre vertical est court, et par conséquent le visage large; comme le sommet du crâne est assez aplati et le bord inférieur de la mâchoire presque horizontal; le contour de la tête, vue de face, se rapproche beaucoup d'un véritable carré. Les parties latérales au-dessous des oreilles sont bombées, le front est bas, le nez véritablement aquilin, c'est-à-dire que la courbure commence vers le haut et finit avant d'arriver à la pointe, en sorte que la base est horizontale. La partie antérieure du menton est arrondie.

Sur la route de Florence à Rome par Péruge, une multitude d'objets devait attirer son attention; et s'il pensait quelquefois à retrouver les représentants des anciens Romains, ce n'était guère chemin faisant, mais au terme de ce voyage. Ne s'attendant pas à les rencontrer ailleurs, il fallait que la ressemblance fût bien frappante pour les reconnaître sur le mont Gualandro, à peine entré sur le territoire du pape; et il ne cessa de voir le même caractère chez un grand nombre d'individus sur toute la route, à Péruge, à Spolette, etc., jusqu'à Rome. Il n'est pas nécessaire d'ajouter qu'il existe aussi dans cette dernière ville; d'autres l'ont signalé.

Mais il n'est pas besoin de le chercher dans un faubourg ou dans quelque coin de Rome où on l'a indiqué : on peut le rencontrer partout, et, qui plus est, chez l'un et l'autre sexe, dans tous les rangs de la société. La ressemblance ne porte pas seulement sur le buste, mais aussi sur la stature ; on sait que les Romains étaient d'une taille médiocre.

L'auteur pense que le type qu'il a appelé romain se continue dans la partie supérieure du royaume de Naples, si l'on peut en juger par quelques individus qui en provenaient. Quoi qu'il en soit, il est répandu au nord de Rome, non-seulement du côté de Péruge, ainsi qu'il l'a indiqué, mais encore dans l'autre direction, vers Sienne, Viterbe, et au delà.

Ce type, sans être universel, est si généralement répandu, qu'il est caractéristique des habitants actuels de ces contrées ; et il paraît qu'il en était de même anciennement, car il n'est pas seulement celui des empereurs, mais encore d'un grand nombre de soldats et de particuliers représentés sur les bas-reliefs et sur les bustes trouvés dans ce territoire. « Que penserons-nous maintenant du peuple romain, dit M. Edwards? Serait-il descendu d'Énée et des Troyens, formant une nation étrangère en Italie, et renfermée pour ainsi dire dans l'enceinte de Rome ?

Comme ce sont les campagnes qui fournissent leur population aux villes, et non les villes aux campagnes, surtout lorsqu'il s'agit d'une grande étendue de pays, Rome aura été peuplée de cette manière, et plusieurs peuples voisins, et entre autres les Sabins et une grande partie des Étrusques, auront été comme ils le sont aujourd'hui de même race. Les peuples qui habitaient le même sol étaient tellement divisés en corps indépendants, et qui différaient par leurs noms et par leurs intérêts, que les historiens les ont presque toujours représentés comme étant d'origine différente. Mais Micali et Niebhur ont eu des vues plus justes, et les faits que je présente serviront à confirmer une partie de leurs opinions.

M. Edwards ignore à quel peuple les Étrusques ont dû leur langue, leurs institutions, leurs arts; s'il était indigène ou étranger : car il s'en faut que la question soit décidée. L'histoire nous apprend seulement que la population a été mélangée, et l'observation des formes le confirme. Mais au milieu des éléments qui la composent il a pu reconnaître encore un autre peuple, qu'il a été longtemps à rapporter à son origine.

Agricola, l'un des peintres distingués de Rome, a fait les portraits des quatre plus grands poëtes de l'Italie, le Dante, Pétrarque, le Tasse et l'Arioste. Il avait fait ses études d'après tous les monuments du temps, et il voulut bien lui montrer la collection de ses dessins; leur comparaison lui fit voir que ceux qui représentaient le Dante devaient être très-ressemblants, parce qu'ils différaient peu entre eux; d'ailleurs les proportions sont tellement marquées et les traits si prononcés, qu'un peintre n'aurait pu les manquer.

Il avait la figure longue, par conséquent peu large, le front haut et développé, le nez recourbé, de manière que la pointe était en bas, et les ailes du nez relevées, le menton proéminent.

Cette figure, bien caractérisée, fit une profonde impression sur M. Edwards. Il ne songeait pas cependant à en chercher le type dans la Toscane, lorsque, par un singulier hasard, à peine arrivé sur la frontière, par la route de Sienne, il vit plusieurs personnes à Radicofani qui lui en offrirent les premiers exemples, du moins les premiers qui attirèrent fortement son attention; l'un d'eux surtout était l'image vivante du Dante.

A son premier passage à Florence il avait remarqué dans la galerie Ducale quelques figures semblables dans les statues et bustes de la famille de Médicis et dans le monde; mais l'ensemble des traits n'était pas alors bien distinct dans son esprit.

Comme il fit cette fois un séjour prolongé dans le pays, il eut l'occasion d'observer que c'était un véritable type chez les Toscans. Il existait du temps du Dante; beaucoup d'hommes célèbres de la république de Florence s'y rapportent, et il l'observa même sur quelques statues, bustes et bas-reliefs étrusques.

Il continua à l'observer à Bologne, à Ferrare, à Padoue, et, sur la route, dans les villages intermédiaires. Non-seulement il était fréquent à Venise; mais il y avait toujours existé dans une étendue surprenante. Il est tellement remarquable, que lorsqu'on le voit on ne peut plus s'y méprendre. Il put juger au palais du doge, où se trouvent réunis tous les portraits des doges, de la fréquence avec laquelle ce caractère se reproduisait anciennement. Il était étonné de voir combien parmi eux portaient l'empreinte de la même race.

Il rencontrait ce type plus souvent à mesure qu'il avançait dans sa route vers Milan. Il se présentait quelquefois avec une telle exagération, qu'il tombait dans la caricature. S'étant arrêté, pendant deux heures, sur la grande place d'un village où se trouvait rassemblé un grand nombre de paysans, il ne pouvait se lasser de les examiner, à cause de leur parfaite ressemblance avec un des types qu'il avait vus en France. Il se croyait, pour ainsi dire, tout à coup transporté sur la grande place du marché à Châlons, où nous avons vu qu'il avait remarqué parmi les paysans un caractère de tête tout à fait différent de celui qu'il avait observé jusque-là dans la Bourgogne.

L'étendue de pays où il venait de rencontrer ce type, sa fréquence et sa netteté, devaient lui faire reconnaître l'existence d'une race bien caractérisée et nombreuse, répandue dans tout le nord de l'Italie. « N'étais-je pas, s'écria-t-il, dans la Gaule Cisalpine? N'avais-je pas vu un peuple semblable dans la Gaule au delà des Alpes? Pourquoi ne serait-il pas le même suivant l'histoire? Pourquoi pas des Gaulois? Mais pour reconnaître cette identité avec le degré de certitude qui seul pouvait satisfaire l'esprit, il me restait d'autres observations à faire. Il fallait, s'il était possible, voir ce type sur une plus grande étendue de pays, et le suivre pour ainsi dire de proche en proche. A mon retour je devais traverser une partie de la Suisse que des peuples gaulois avaient jadis possédée; je pouvais y trouver l'une ou l'autre race, et peut-être les deux.

« La pente septentrionale du Simplon donne naissance à la vallée du Rhône. Les premiers habitants qu'on rencontre, même au sommet de la montagne, sont des Germains. Ils diffèrent des autres peuples voisins par leur aspect et par leur langue, qui est allemande.

« Bientôt, en avançant dans le Valais, la langue change, les traits changent en même temps. Je n'entends plus qu'un dialecte français, et je reconnais partout le même peuple que j'avais vu dans la Savoie, avec les mêmes traits et jusqu'au même teint. A mesure que j'approchais de Genève, quelques individus de l'autre type se présentaient parmi cette population. A Genève ils étaient en grand nombre, et tout à fait semblables à ceux que j'avais vus dans le nord de l'Italie et à Châlons.

« Voici donc une population appartenant principalement à deux races, mais parfaitement distinctes et formant, comme je vous l'ai dit ailleurs, un contraste marqué; l'une ayant la tête plus ronde qu'ovale, les traits arrondis, comme je l'expliquerai ailleurs avec détails, et la structure médiocre; l'autre la tête longue, le front large et haut, le nez recourbé, la pointe en bas et les ailes du nez relevées, le menton fortement prononcé et saillant, la stature élevée. Mais aussi j'eus l'occasion de remarquer toutes les modifications intermédiaires qui devaient résulter de leur présence sur le même sol.

« Je prenais ainsi plaisir à reconnaître dans ces croisements de races les traits qui appartenaient à chacune d'elles et les dégradations de proportions entre les extrêmes. Je les distinguerai pour le moment par les noms de premier et de second type, suivant l'ordre dans lequel je viens de les désigner.

« Afin de continuer les mêmes observations sur un nouveau territoire, je me déterminai à passer par la Bresse en me dirigeant sur Mâcon et Châlons. J'espérais lier ainsi par une chaîne presque continue la partie de la population qui se rapportait au second type. Sur la grande route, par la Bresse, je trouvai en effet le même mélange quant aux éléments, mais dans des proportions bien différentes. Le premier type y dominait au point que je ne voyais pour ainsi dire que des traces de l'autre. Mais près de Mâcon, sur le bord de la rivière et sur le reste du chemin vers Châlons, par la montagne, celui-ci devenait commun. A Châlons, où heureusement j'arrivai un jour de marché, je me donnai la satisfaction de comparer mes souvenirs avec l'impression actuelle et d'en confirmer la réalité. »

Nous avons exposé jusqu'à présent les raisons qui ont conduit M. Edwards à penser qu'il était possible de reconnaître dans les caractères physiques des peuples actuels les descendants des races historiques qui ont jadis occupé ou envahi le même sol, malgré la longue influence des climats et celle plus puissante des croisements multipliés de ces diverses grandes familles. Nous l'avons suivi dans son voyage à travers la France, l'Italie et une partie de la Suisse. Voyons maintenant l'application qu'il fait des observations qu'il a recueillies dans cette circonstance, ainsi que dans les voyages antérieurs dans d'autres parties de la Gaule.

« Comme je n'ai pas visité, dit-il, en s'adressant à l'auteur de l'*Histoire des Gaulois*, les parties les plus méridionales de la Gaule voisine des Pyrénées et de la Méditerranée, où vous placez les Basques et les Ligures, il ne sera pas question de ces peuples.

« Dans le reste de la Gaule, vous reconnaissez à une époque très-reculée deux grandes familles, différentes entre elles par leur langue, leurs habitudes et leur état social. Elles formaient toute la masse de la population, et, quel qu'ait été leur rapport numérique, l'une et l'autre en faisaient une partie considérable.

« Je reconnais dans la population actuelle de l'étendue correspondante de la France deux types prédominants, tellement caractérisés et distincts qu'il n'est pas possible de les confondre. De ces deux familles, que vous distinguez par les noms de Galls et de Kimris, les premiers devaient être les plus nombreux, puisque vous les présentez comme les plus anciens habitants des Gaules, dont ils occupaient presque toute l'étendue avant l'établissement des Kimris.

« De cette première distinction historique entre les deux peuples gaulois je conclurai que le premier type qui m'a paru le plus nombreux appartient aux Galls, et l'autre aux Kimris.

« En comparant leur distribution géographique, nous arrivons au même résultat. Vous les représentez comme plus particulièrement groupés en corps de nation, dans deux régions diverses : 1° la Gaule orientale occupée par les Gaulois propres de César, que vous désignez par le nom de Galls; 2° la Gaule septentrionale, renfermant la Belgique de César et l'Armorique, dont vous réunissez les habitants sous la dénomination générale de Kimris.

« En considérant d'abord la Gaule orientale, d'après votre exposition des faits, il est évident que les Galls devaient y être moins mêlés, puisque les Kimris n'y avaient jamais pénétré par la force des armes. Or, c'est en traversant la région de la France qui correspond à la Gaule orientale du nord au midi, c'est-à-dire la Bourgogne, le Lyonnais, le Dauphinois, la Savoie, que j'ai distingué ce type bien caractérisé auquel nous venons de rapporter le nom de Galls, et si généralement répandu, que je n'en avais d'abord pas reconnu d'autre, excepté dans un seul canton. Ce n'est qu'à mon retour que, m'occupant plus spécialement de cet objet, j'ai trouvé le second type dans d'autres lieux de cette région.

« Dans le type Gall la tête est arrondie de manière à se rapprocher de la forme sphérique; le front est moyen, un peu bombé et fuyant vers les tempes; les yeux sont grands et ouverts; le nez, à partir de la dépression à sa naissance, est à peu près droit, c'est-à-dire qu'il n'a aucune courbure prononcée; l'extrémité en est arrondie, ainsi que le menton; la taille est moyenne. Vous voyez que les traits sont parfaitement en harmonie avec la forme de la tête, et que cette description détaillée est susceptible d'être résumée en peu de mots : *tête plus ronde qu'ovale, traits arrondis, taille moyenne.*

« Quant à la région septentrionale de la Gaule, comme siége principal des Kimris, voyez encore la singulière coïncidence. Dans un voyage précédent je parcourus une grande partie du littoral de la Gaule Belgique de César, depuis l'embouchure de la Somme jusqu'à celle de la Seine; eh bien! c'est ici que je distinguai pour la première fois la réunion des traits qui caractérisent l'autre type, et souvent dans une telle exagération, que j'en fus vivement frappé : la tête longue, le front large et élevé, le nez recourbé, la pointe en bas et les ailes du nez relevées, le menton fortement prononcé et saillant, la stature haute. Il est certain que ce type, que j'ai vu depuis en Bourgogne, ne saurait être celui d'un peuple étranger qui a laissé son nom à la province, puisqu'il est très-commun en Picardie et en Normandie, dont les anciens Bourguignons n'ont jamais approché. D'autre part, il ne peut être celui des Normands scandinaves, puisqu'il existe dans la Bourgogne et dans d'autres provinces de la Gaule orientale où ils ne se sont jamais établis. Tout porte à croire que ce type appartient aux anciens habitants, aux Belges de César, que vous désignez par le nom de Kimris.

« D'ailleurs personne, que je sache, n'a jamais prétendu que les Scandinaves, connus dans le moyen âge sous le nom de Normands, aient détruit ou chassé la population indigène de la Neustrie, et même, d'un autre côté, les conquérants n'étaient pas en assez grand nombre pour communiquer leur type à cette population, qui a dû toujours être considérable, à cause de la fertilité du sol et de la douceur du climat. On rencontre aussi dans ces provinces, mais dans une moindre proportion, l'autre race gauloise avec ses traits caractéristiques.

« Le midi de la Grande-Bretagne dans l'étendue qui correspond à l'Angleterre proprement dite, était, suivant vous, occupé principalement par le même peuple qui possédait le nord de la Gaule, et que vous appelez Kimris; mais les descendants n'existeraient plus s'il fallait en croire une opinion répandue en Angleterre.

« Or, je puis assurer que le même type caractéristique de ce peuple, qui jadis dominait dans le nord de la Gaule, existe en Angleterre, et de plus qu'il est très-répandu sur tout le territoire autrefois conquis aux Saxons. Il représente par conséquent les anciens Bretons, possesseurs du sol; et s'il n'en est plus question, c'est que, vaincus par les Saxons, ils avaient perdu leur existence civile.

« Ils étaient morts pour l'histoire, surtout de la manière dont on l'écrivait alors; mais ils n'avaient pas péri : ils vivaient encore, et certes dans une proportion où devaient se trouver les restes d'une grande nation, malgré ses désastres; de sorte que tel Anglais qui se croit aujourd'hui issu des Saxons ou des Normands est souvent le vrai descendant des Bretons. Dans la principauté de Galles le type Kimris ne paraît pas être plus fréquent, mais au contraire celui de Galls, que vous regardez comme les plus anciens possesseurs de la Grande-Bretagne.

« Il me reste à parler de la Suisse et du nord de l'Italie. D'après les renseignements historiques vous regardez les Helvètes comme des Galls; pour moi je n'en saurais douter, puisque je reconnais chez les Helvétiens d'aujourd'hui les mêmes caractères qui distinguent cette famille dans la Gaule. Vous ne dites pas qu'ils étaient mêlés de Kimris.

Il ne m'appartient pas d'assurer qu'ils le furent jadis; mais je puis certifier qu'ils le sont maintenant, et dans une assez grande proportion pour me faire croire qu'ils l'étaient autrefois.

« Il est certain, d'après vos recherches et l'accord unanime de tous les historiens, que les peuples gaulois ont prédominé dans le nord de l'Italie, entre les Alpes et les Apennins. On les y trouve établis d'une manière permanente après les premières lueurs de l'histoire; les témoignages les plus authentiques les représentent avec tous les caractères d'une grande nation depuis ces temps reculés jusqu'à une époque très-avancée de l'histoire romaine.

« Je ne m'occuperai pas des autres peuples qui s'y sont mêlés depuis; je ne discuterai pas leur nombre relatif, la nature de leur langue, la durée de leur établissement. Il me suffit de savoir que les Gaulois y ont existé en grand nombre. Je reconnais les traits de leurs compatriotes dans la Gaule transalpine; je les retrouve dans la Gaule cisalpine. Voilà le premier fait qui nous est commun à l'égard de l'Italie; mais dans la Gaule cisalpine vous reconnaissez, de même que dans la transalpine, des Galls et des Kimris.

« Or, j'ai vu des Kimris non-seulement dans les lieux où vous les placez, mais aussi dans d'autres où vous ne les indiquez pas. La Cispadane, suivant vous, était occupée par les Kimris; vous les représentez partout comme un peuple excessivement inquiet, faisant toujours des expéditions lointaines et périlleuses. Dès que les Romains ont affaire aux Gaulois d'Italie, vous y distinguez des Kimris. Il devait en être ainsi, parce qu'ils étaient, dès l'origine de leur établissement, limitrophes de l'Étrurie; les Apennins seuls les séparaient, faible barrière pour un tel peuple;

ils les avaient probablement franchis plus d'une fois avant d'avoir fait trembler les Romains, et il est probable qu'il s'en est établi parmi les Étrusques. Le fait est que je trouve leur type dans le nord de la Toscane, et que l'inspection des monuments me fait voir qu'il y existait dans des temps reculés.

« Remarquez, d'autre part, que le nord de l'Italie, entre les Alpes et les Apennins, est une vaste plaine partagée par le Pô. Dans le laps des siècles qui se sont écoulés depuis l'établissement des Kimris, en supposant qu'ils n'aient d'abord occupé que la Cispadane, la guerre, qui opère des bouleversements, et la paix qui amène une fusion considérable, n'auront pas distribué ce peuple sur une grande étendue de cette plaine? La terreur répandue par l'invasion imminente d'Attila n'a-t-elle pas porté une grande partie de la population à se réfugier dans les îles voisines de l'Adriatique, îles situées à l'embouchure du Pô, siége antique de ces peuples Kimris? Aussi vous devez vous rappeler que j'ai observé leur type et parmi les portraits des anciens habitants et dans la population actuelle de Venise.

« Quoique je n'aie pas remarqué ce type de l'autre famille avec la même fréquence dans le nord de l'Italie, il est cependant probable qu'il y est commun, et j'en juge ainsi d'après une observation singulière que je fis à Milan. Dans la boutique d'un libraire je vis étalé un almanach, en une feuille, qu'on appelle *Lunasio*, avec une gravure représentant deux personnages assez grotesques, se moquant réciproquement de leurs figures. Or elles étaient les caricatures les plus exactes des deux types des populations gauloises anciennement établies dans ce pays; les traits caractéristiques étaient précisément ceux qui étaient marqués avec exagération, comme si l'on avait voulu faire ressortir ce qui était essentiellement distinctif; et pour ne rien laisser à désirer du contraste que ces deux types font entre eux, ils sont figurés avec leur différence de taille, celui qui correspondait au Kimris étant d'une haute stature; l'autre, qui représente le Gall, de grandeur moyenne.

« Certes, le dessinateur n'a eu en vue ni l'histoire naturelle ni l'antiquité, mais il a tracé en charge des figures qu'il avait souvent devant les yeux, et qui offraient un contraste piquant.

« Je remarquerai à cette occasion que lorsque les Romains, dans leurs premières guerres avec ces peuples, parlent de Gaulois d'une stature extraordinaire, il me paraît évident qu'il s'agit de *Kimris*... La tête du Gaulois gigantesque peinte sur une enseigne dans le Forum à Rome était de cette nation.

« Ces remarques sont non-seulement curieuses, mais utiles, puisqu'elles servent à nous expliquer une contradiction apparente entre les récits des anciens historiens et ce que l'on observe ordinairement en France, où la taille est médiocre. On s'est souvent demandé : où sont ces Gaulois de haute stature dont parlent les Romains ? En rétablissant la distinction que la nature avait établie, mais que l'histoire avait souvent effacée en confondant les deux familles, la contradiction disparaît. »

Quoique M. Edwards n'ait pas visité la partie orientale de l'Europe, occupée par les nations Slaves et Hongroises, il a eu les occasions les plus favorables d'étudier les types de ces peuples. Les troupes de l'empereur, dans le royaume Lombardo-Vénitien, sont presque entièrement composées de Silésiens, de Bohémiens, de Moraves, de Polonais, de

Hongrois. Pendant un séjour de plusieurs semaines, il profita de l'occasion pour examiner ces peuples. Il obtint l'autorisation de visiter tous les quartiers, la liberté d'y faire les observations qu'il jugerait à propos, et de se faire accompagner par un peintre qui pourrait dessiner les portraits des personnes qu'il désignerait. Il s'attacha d'abord à observer si chacun de ces peuples présentait une réunion de traits qui les distinguât entre eux. On avait la complaisance de réunir un grand nombre d'individus du même pays et parlant la même langue. Il pouvait ainsi étudier et comparer l'ensemble de traits qui prédominait chez ces diverses nations; mais il ne leur trouva pas une figure nationale distinctive.

Il ne tarda pas à s'apercevoir que beaucoup d'individus se ressemblaient, quoiqu'ils ne fussent pas du même pays; et il reconnut bientôt le type commun à tous ces peuples. Chez tous aussi la langue Slave est plus ou moins répandue, modifiée seulement par des différences qui ne constituent pour ainsi dire que des dialectes. Cette similitude avait été reconnue par tous les savants qui se sont occupés de l'analogie des langues. M. Edwards n'en doutait pas; cependant il voulut s'assurer jusqu'à quel point elle avait lieu, en faisant parler ces étrangers entre eux, chacun dans sa langue, et il eut la conviction qu'ils se comprenaient naturellement.

Le contour de la tête, vue de face, représente assez bien la figure d'un carré, parce que la hauteur dépasse peu la largeur, que le sommet est sensiblement aplati, et que la direction de la mâchoire est horizontale.

Le nez est moins long que la distance de sa base au menton; il est presque droit à partir de sa dépression à la racine, c'est-à-dire sans courbure décidée; mais si elle était appreciable, elle serait légèrement concave, de manière que le bout tendrait à se relever ; la partie inférieure est un peu plus large, et l'extrémité arrondie.

Les yeux, un peu enfoncés, sont parfaitement sur la même ligne; et lorsqu'ils ont un caractère particulier ils sont plus petits que la proportion de la tête ne semblerait l'indiquer.

Les sourcils, peu fournis, sont très-rapprochés, surtout à l'angle interne; ils se dirigent de là souvent obliquement en dehors.

La bouche, qui n'est pas saillante, et dont les lèvres ne sont pas épaisses, est beaucoup plus près du nez que du bout du menton. Un caractère singulier, qui s'ajoute aux précédents et qui est très-général, se fait remarquer dans leur peu de barbe, excepté à la lèvre supérieure.

Ce type ne se remarque pas seulement chez les Polonais, les Silésiens, les Moraves, les Bohémiens et les Hongrois-Slaves; on le voit aussi très-communément parmi les Russes. Certainement il existe encore d'autres caractères de tête chez tous ces peuples; mais pour bien les déterminer il faudrait être sur les lieux, et y consacrer beaucoup de temps et de soins.

Cependant M. Edwards a tiré parti de ces observations pour jeter quelque jour sur un point obscur de l'histoire. L'Allemagne, encore de nos jours, peut être divisée en deux parties, sous le rapport des peuples qui l'habitent : l'Allemagne occidentale occupée par les Germains; la plus grande partie de l'Allemagne orientale par les Slaves mêlés de Germains. L'Autriche proprement dite, dont tous les habitants ne parlent que l'allemand, se trouve pour ainsi dire enclavée dans des pays dont le fond de la population est Slave. Il est probable qu'elle était occupée par des peuples slaves, soit purs, soit mêlés à d'autres, avant la conquête par les Allemands; car partout ailleurs, dans cette partie orientale, on voit que les Germains ont étendu leur domination sur des peuples étrangers. N'est-il pas présumable que les Germains, en se mêlant aux Slaves sur le territoire de l'Autriche, en auront effacé la langue, comme ils ont fait disparaître dans le nord celle des Borusses, avec cette différence que les monuments de cette langue n'y ont pas péri? M. Edwards était curieux de vérifier cette conjecture par l'examen des types des Autrichiens. Il y en avait qui formaient les corps des canonniers; il demanda à voir des natifs de Vienne et des environs, provenant de famille allemande, de père en fils, autant qu'on pouvait le savoir; on eut la complaisance de les réunir, et il reconnut bientôt qu'il y avait parmi eux deux types bien prononcés, l'un véritablement slave, l'autre germain.

Il range parmi les peuples slaves une partie de la population de la Hongrie. Il lui semble, autant qu'il a pu le constater, qu'une large bande de ce territoire, qui règne sur presque toute la circonférence, et qui s'étend plus ou moins dans l'intérieur, est occupée par des Slaves, que l'on reconnaît au type et à la langue. Mais le centre est principalement habité par une nation dont la langue est tout à fait différente, qu'on appelle *Magyare*, et qu'il désigne par le nom de Hongroise. Ces Magyares ou Hongrois sont à ses yeux un peuple étranger, qui est venu s'établir parmi les Slaves qui possédaient anciennement le pays.

Il chercha longtemps en vain parmi ces troupes un ensemble de caractères physiques qui pût se rapporter, soit aux anciens Hongrois, soit à quelque autre peuple dont l'histoire nous apprend l'établissement dans le pays.

« Je me rappelai enfin, dit-il, ce que j'avais vu ailleurs, et ce que j'avais appris d'un savant italien à Milan, qui avait voyagé dans toute la Hongrie. Il avait vu, dans le centre, des Hongrois de petite taille et d'une figure particulière, qu'il regardait comme les descendants des anciens conquérants, soit Huns, soit Magyars. A Venise, lorsque je visitai les bagnes, on me montra des Hongrois parmi lesquels il y en avait un au-dessous de la taille moyenne dont l'aspect me fit une vive impression. Je ne pus m'empêcher de m'écrier : *Voilà un Hun!* Vous me pardonnerez cette exclamation précoce; vous verrez qu'elle n'était pas sans fondement. Ces souvenirs me mirent sur la voie.

« Après avoir fait au château de Milan les observations dont je vous ai rendu compte, comme je n'y avais guère vu que des grenadiers ou des soldats de cette stature, je demandai s'il n'y avait pas quelques Hongrois de petite taille. On m'en fit voir un, le seul qu'il y eût, et je reconnus avec une vive satisfaction qu'il avait le même caractère de tête qui m'avait frappé à Venise, moins prononcé à la vérité, mais tel qu'il n'y avait pas à s'y méprendre. On m'indiqua alors la caserne de Saint-François, où je trouverais un assez grand nombre de Hongrois de la taille que je cherchais. Je m'y rendis aussitôt, et l'on eut la bonté de les réunir. L'occasion était favorable pour juger de la fréquence du type. Mon attente ne fut pas déçue, et je vis avec plaisir que le même caractère plus ou moins altéré régnait parmi eux ; j'en choisis un, des environs de Debrezem, qui offrait les mêmes formes et proportions que j'avais observées à Venise. Pendant que le peintre était en train, un sous-officier vint demander le soldat. L'ordre me parut extraordinaire, et ayant réussi à la fin a m'en faire expliquer le motif, je trouvai qu'il avait une apparence de raison. On me reprochait d'avoir choisi, pour me donner une idée de la figure des Hongrois, l'individu le plus laid et celui qu'on regardait comme une espèce de monstre. Il est vrai qu'il n'était pas beau; mais il présentait un type pur, et je ne pouvais le laisser échapper. Heureusement j'avais les moyens de me justifier. J'envoyai aux officiers plusieurs portraits de beaux Hongrois que j'avais fait dessiner au château avec l'indication de leurs noms et du lieu de leur naissance; j'ajoutai que j'avais choisi celui-ci parce que je reconnaissais en lui un descendant d'un ancien peuple qui s'était établi parmi eux. Cette raison plut et sembla bonne; elle l'était en effet, et j'obtins la permission d'achever le portrait.

« On peut juger, par la description du type, qu'il est de nature à laisser de fortes traces dans les mélanges par croisement de races.

« La tête est assez ronde, le front peu développé, bas et fuyant; les yeux placés obliquement, de manière que l'angle externe est relevé; le nez assez court et épaté, la bouche saillante et les lèvres épaisses; le cou très-court, en sorte que le derrière de la tête paraît aplati, en formant presque une ligne droite avec la nuque; la barbe faible et rare, et la taille petite.

« Pour établir l'identité de ce type avec celui des Huns il suffit d'en comparer la description avec celles que les anciens nous ont données de ces peuples.

« Voici le portrait d'Attila par Priscus : *Sa taille était courte*, sa poitrine large, sa tête démesurément grande, ses yeux petits, *avec la barbe rare, le nez épaté*, le teint noir. »

Nous voyons dans Ammien Marcellin un trait de plus : Les Huns vieillissent imberbes, *le cou gros;* tous ont les membres épais et robustes. La description que Jornandès a faite de ce peuple est presque complète. Les Huns sont *laids*, noirs, *petits*; leurs *yeux* sont petits et de travers, leur nez écrasé, leur visage sans barbe ressemble à une tourte difforme.

M. Edwards n'a pas parlé du teint, parce qu'il ne lui a point paru caractéristique, et que, comme il l'a fait remarquer, les nuances de couleurs, souvent fugaces, se perpétuent difficilement. Quant à la grosse tête d'Attila, ce trait peut être individuel. Le Hongrois qu'il avait vu à Venise avait la tête forte pour sa taille, mais il ignore si ce caractère est assez général pour faire partie du type.

Il lui paraît démontré que les anciens Huns avaient essentiellement le même type que les Hongrois qu'il a décrits; et deux naturalistes distingués, MM. Decandole et Beudant, assurent que ce type est commun dans le pays. Il est même trop répandu pour qu'on puisse l'attribuer uniquement aux Huns qui se sont établis dans cette contrée au cinquième siècle.

Quelque nombreux qu'ils aient été d'abord, comme ensuite ils ont inondé l'Europe, s'ils en ont été le fléau, ils ont eux-mêmes beaucoup souffert, et la chute de leur empire en Hongrie, peu après la mort d'Attila, n'a pas manqué de réduire encore beaucoup leur nombre. On les a même dits exterminés à cette époque; mais nous savons en général à quoi nous en tenir sur ces exterminations. Il faut donc que leur type ait été perpétué et étendu par les Magyars, qui appartenaient à la même nation, et qui, sous la conduite de leur chef Arpad, s'y sont fixés au neuvième siècle.

Il suit des faits que nous venons d'exposer qu'une partie de la population actuelle de la Hongrie, celle qui possède le type, soit pur, soit altéré, que M. Edvards a décrit, est dérivée des Huns ou des Magyars.

Mais ce type caractéristique des Hongrois propres ou Magyars ne se rapporte pas seulement aux anciens Huns; ils appartiennent évidemment aussi à la race Mongole et à presque toutes les populations de la partie orientale de l'Asie. C'est d'ailleurs ce que confirment complétement les récits historiques et la comparaison des langues, qui font remonter à la même source tous les peuples à figure Mongole répandus dans l'Asie occidentale et au delà dans les parties limitrophes de l'Europe. Il y a certitude que toutes ces irradiations dans l'Asie occidentale et la Russie partent du même foyer.

Il est vrai qu'il y a contradiction entre les traits et la langue des Hongrois Mongols : si leurs caractères physiques nous démontrent que leurs ancêtres sont venus primitivement de l'Asie orientale, le fond de leur langue, qui est Finnois, si nous nous en rapportons aux savants versés dans la *linguistique*, pourraient les faire dériver de ce peuple; mais cette contradiction n'est qu'apparente.

Nous savons qu'un peuple peut abandonner sa propre langue pour adopter celle d'un autre avec lequel il se trouve dans des rapports intimes; et d'ailleurs l'histoire vient ici nous prêter son secours. De Guignes, traitant des peuples de l'Asie orientale, nous montre les Hioung-nou dans leur siége primitif, durant leurs progrès et leur décadence, les suit dans leurs émigrations et leurs rapports avec les peuples Finnois, et les reconnaît dans les Huns qui viennent fondre sur la Hongrie.

Après ces considérations fort intéressantes sur les différents dialectes de l'Italie, et en général sur les lumières que la comparaison des langues peut fournir à l'histoire, M. Edwards nous parle encore d'une peuplade qui habite les montagnes du Vicentin et du Véronnais, et que l'on regarde comme un reste des Cimbres vaincus par Marius. Il s'est convaincu, par différentes sortes de recherches, que ces prétendus descendants des Cimbres de Marius sont des Allemands, qui, poursuivis par Clovis, cherchèrent un asile dans ce pays, sous la protection de Théodoric, roi des Ostrogoths.

Il est à désirer que l'on réunisse d'autres matériaux pour compléter l'esquisse des peuples de l'Europe. Que de problèmes intéressants à résoudre dans l'étude des peuples Germaniques qui s'étendent depuis les Alpes jusque dans la Scandinavie, et auxquels nous devons tant d'éléments de la civilisation moderne! Quel intérêt doit nous inspirer une connaissance plus exacte des peuples que l'on commence à nommer Ibères, du nom de leurs ancêtres, et qui sont répandus dans le midi de la France et dans la Péninsule! Il est certain que chez ces peuples il n'y a pas un type unique, mais plusieurs. Malheureusement ils ne sont pas assez connus pour qu'on puisse les considérer dans leurs rapports avec l'histoire; nous ne possédons pas même la description de celui des Basques, quoique un savant d'un nom illustre, M. Guillaume de Humboldt, ait fait connaître la haute antiquité et la prédominance de ce peuple dans l'ancienne Ibérie.

M. Edwards n'est pas éloigné de croire que l'on retrouverait encore dans la population actuelle de quelques parties de la Grèce les véritables descendants des Hellènes et surtout des Pélages, dont la tête de Jupiter Olympien, l'Apollon du Belvédère et la Vénus de Médicis nous attestent la beauté. Il pense que ces derniers pourraient principalement se rencontrer chez les Albanais, qui paraissent être, à quelques égards, dans la Grèce ce que les Basques sont des deux côtés des Pyrénées, les Bretons en France, les Gallois en Angleterre, et ceux qui parlent la langue Erse en Écosse et en Irlande, un reste des anciens habitants. Nous devons ajouter que les remarques faites par M. Ch. Lenormant dans le Péloponèse établissent une singulière disparate entre les traits de l'homme et de la femme, qui semble être dans ce pays la dépositaire exclusive du beau type grec.

Il est bien fâcheux que M. Edwards n'ait pas fait connaître les rapports qu'il a observés entre les formes et les proportions du corps, et les disproportions morales et intellectuelles des peuples dont il a fait la distinction. Il n'a été retenu que par la difficulté de traiter un pareil sujet sans alarmer certains esprits. Cependant, comme il le dit lui-même, il a été permis dans tous les temps et dans tous les lieux d'attribuer certaines dispositions morales, certaines tournures d'esprit, à divers peuples, et dans de pareilles recherches il ne s'agit point d'examiner les causes, mais de constater des rapports.

L'esquisse rapide que nous venons de donner de cet important travail ne peut que faire vivement regretter que son savant auteur ait été enlevé aux sciences avant d'avoir pu généraliser ses vues par l'application qu'il en aurait faite aux diverses familles de l'espèce humaine.

Un travail très-curieux sur la longévité a été communiqué à l'Académie des Sciences par un de ses membres les plus savants et les plus illustres. L'exposé que j'en donne ici complétera ce que j'ai dit sur ce sujet à la page 206, qui était déjà tirée lorsqu'a paru ce document important.

Le mémoire de M. Dupin traite de l'augmentation de la longévité en France de 1770 à 1845. S'il est un point sur lequel les économistes soient aujourd'hui d'accord, c'est que la longue durée de la vie moyenne est la meilleure preuve du bien-être des habitants. On a reconnu qu'une grande population, que quelques-uns avaient regardée comme l'indice assuré de la prospérité d'un pays, ne donnait bien souvent qu'une indication trompeuse. La longueur de la vie moyenne est, au contraire, un signe infaillible : car, comme la population tend toujours à atteindre, à dépasser même les limites que le besoin de subsistances ne lui permet pas de franchir; qu'à ce point la classe la plus pauvre est obligée, faute de ressources, d'avoir recours à la charité publique; et qu'après avoir végété quelque temps avec douleur, elle succombe enfin, et, par le grand nombre de ses enfants que la misère empêche d'arriver à l'âge viril, abrège la vie moyenne d'autant plus qu'elle a plus grossi la population; il est clair que dans les localités où la vie moyenne est longue on peut être assuré que la souffrance n'a pas moissonné la population dès l'enfance, qu'elle est dans un état au moins supportable; en général, que les ressources n'ont pas manqué, et que le travail fournit à peu près suffisamment aux besoins les plus impérieux de notre nature.

C'est une observation qui n'a pas échappé au savant rédacteur de l'*Annuaire du bureau des longitudes*. M. Mathieu remarque que la vie moyenne, qui n'était, ainsi que nous l'avons démontré, que de vingt-huit ans trois quarts avant la révolution, était en 1835 de trente-deux ans deux mois; et il concluait, sans hésiter, que cette augmentation, due à l'introduction de la vaccine et à une aisance plus générale, indiquait dans la loi de la mortalité un changement très-favorable, rendu sensible depuis plusieurs années.

Le travail présenté par M. Dupin repose sur une période de soixante-seize ans ; en voici les résultats.

On sait que dans l'hypothèse d'une population stationnaire, c'est-à-dire le nombre des décès étant égal à celui des naissances, on obtient la vie moyenne en divisant la population par le nombre des naissances ou des décès annuels. Mais lorsque la population augmente, c'est-à-dire quand il y a moins de décès que de naissances, la longueur de la vie moyenne doit s'établir en prenant une moyenne entre la vie indiquée par les naissances et celle qu'indiquent les décès.

En appliquant cette formule aux périodes quinquennales, considérées depuis 1772, M. Dupin trouve ces résultats curieux, qui malheureusement sont interrompus pendant vingt ans, de 1782 à 1803, faute de renseignements.

ÉPOQUES.	VIE MOYENNE.		ÉPOQUES.	VIE MOYENNE.	
	ans.	mois.		ans.	mois.
1772	28	9	1818	36	6
1777	28	5	1823	37	1
1782	26	8	1828	36	10
1803	33	0	1833	36	7
1808	34	6	1838	38	6
1813	32	3	1843	39	7

Le travail de M. Dupin montre, par des chiffres positifs, combien l'état social s'est amélioré dans ce dernier quart de siècle, puisque la mortalité moyenne des décès annuels constatés de 1770 à 1783 est de 33,840 par million d'habitants, tandis qu'elle n'a été pendant l'année la plus malheureuse du dix-neuvième siècle (celle du choléra en 1832) que de 27,977 : en d'autres termes, la mortalité moyenne de la fin du dix-huitième siècle surpasse de 21 pour 100 la mortalité subie par la France pendant l'année la plus meurtrière de notre époque.

Une autre remarque importante, c'est que les années de disette n'ont pas influé sensiblement sur la mortalité. Grâce au progrès de la fortune publique, les secours qu'il est possible de prodiguer aux classes nécessiteuses pendant ces années affligeantes sont aujourd'hui assez puissants pour faire disparaître une cause de mortalité si formidable dans le moyen âge, ou du moins assez efficaces pour ranger ces disettes parmi des causes de mortalité tout à fait secondaires.

EXPLICATION DES PLANCHES.

Planche I.

Conformation de crânes appartenant à des individus des diverses Races de l'Espèce Humaine.

Fig. 1. — Race blanche ou Caucasique (crâne vu de profil).
Fig. 2. — Race blanche ou Caucasique (face supérieure du crâne).
Fig. 3. — Race jaune ou Mongolique (crâne vu de profil).
Fig. 4. — Race jaune ou Mongolique (face supérieure du crâne).
Fig. 5. — Race rouge ou Américaine (crâne vu de profil).
Fig. 6. — Race brune ou Malaise (crâne vu de profil).
Fig. 7. — Race noire ou Éthiopique (crâne de *Cafre* vu de profil).
Fig. 8. — Race noire ou Éthiopique (face supérieure du crâne).

Planche II.

Têtes d'individus appartenant à divers *Rameaux* de la Race blanche ou Caucasique.

Fig. 1. — Grec (*Rameau* Européen, *Famille* Grecque).
Fig. 2. — Germain. — Schiller (Ram. Européen, *Fam.* Teutonne).
Fig. 3. — Dalmate (*Rameau* Européen, *Famille* Slave).
Fig. 4. — Hongrois Magyar (*Rameau* Scythique, *Famille* Finnoise).
Fig. 5. — Bohémienne (*Rameau* Indo-Persique, *Famille* Indoue).
Fig. 6. — Kabyle (*Rameau* Araméen, *Famille* Atlantique).

Planche III.

Têtes d'individus appartenant à divers *Rameaux* de la Race jaune ou Mongolique.

Fig. 1. — Coréen (*Rameau* Sinique, *Famille* Coréenne).
Fig. 2. — Chinois de Macao (*Rameau* Sinique, *Famille* Chinoise)
Fig. 3. — Japonais (*Rameau* Sinique, *Famille* Japonaise).
Fig. 4. — Kalmouk (*Rameau* Mongol, *Famille* Mongole).
Fig. 5. — Kamtchadale (*Ram.* Hyperboréen, *Fam.* Kamtchadale).
Fig. 6. — Esquimau (*Rameau* Hyperboréen, *Famille* Esquimale).

Planche IV.

Têtes d'individus appartenant à divers *Rameaux* de la Race rouge ou Américaine.

Fig. 1. — Eowah (*Rameau* Septentrional, *Famille* Lennape).
Fig. 2. — Dacotas (*Rameau* Septentrional, *Famille* Iroquoise).
Fig. 3. — Yankton (*Rameau* Septentrional, *Famille* Floridienne).
Fig. 4. — Saliva (*Rameau* Méridional, *Famille* Astèque).
Fig. 5. — Aucas (*Rameau* Méridional, *Famille* Araucanienne).
Fig. 6. — Botocudos (*Rameau* Méridional, *Famille* Guaranienne).

Planche V.

Têtes d'individus appartenant à divers *Rameaux* de la Race brune ou Malaise.

Fig. 1. — Touga (*Rameau* Tabouen).
Fig. 2. — Marquésan (*Rameau* Tabouen).
Fig. 3. — Carolinien (*Rameau* Micronésien).
Fig. 4. — Tagale (*Rameau* Malais).
Fig. 5. — Bugis (*Rameau* Malais).
Fig. 6. — Macassar (*Rameau* Malais).

Planche VI.

Têtes d'individus appartenant à divers *Rameaux* de la Race noire ou Éthiopique.

Fig. 1. — Fidjien (*Rameau* Oriental, *Famille* Papouenne).
Fig. 2. — Jervis (*Rameau* Oriental, *Famille* Andamène).
Fig. 3. — Quiloa (*Rameau* Occidental, *Famille* Fellane).
Fig. 4. — Cafre (*Rameau* Occidental, *Famille* Cafre).
Fig. 5. — Hottentot (*Rameau* Occidental, *Famille* Hottentote).
Fig. 6. — Naturel d'Angola (*Rameau* Occidental, *Famille* Nègre).

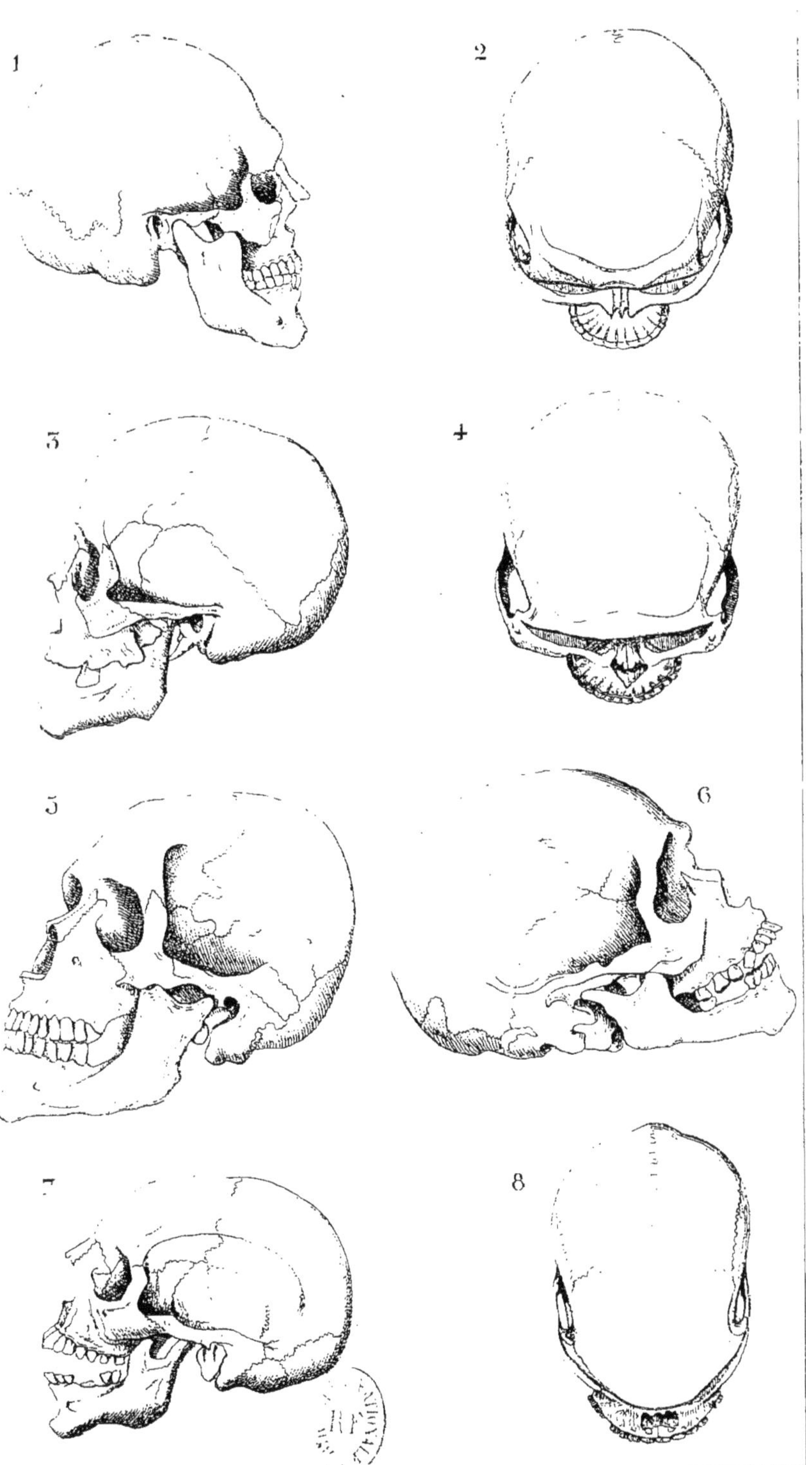

Races Humaines.

Races Humaines.

Races Humaines.

Pl. 4

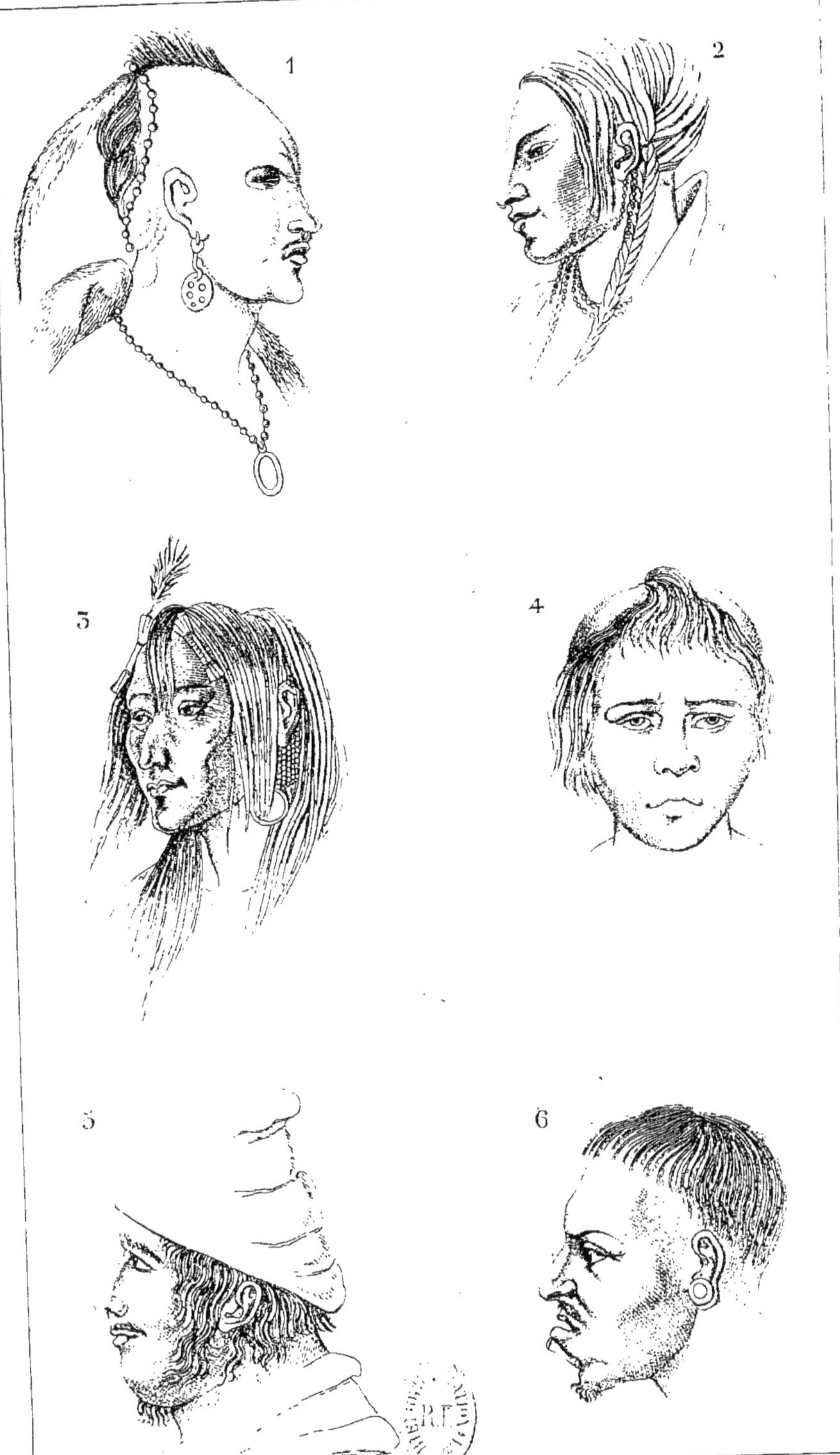

Races Humaines.

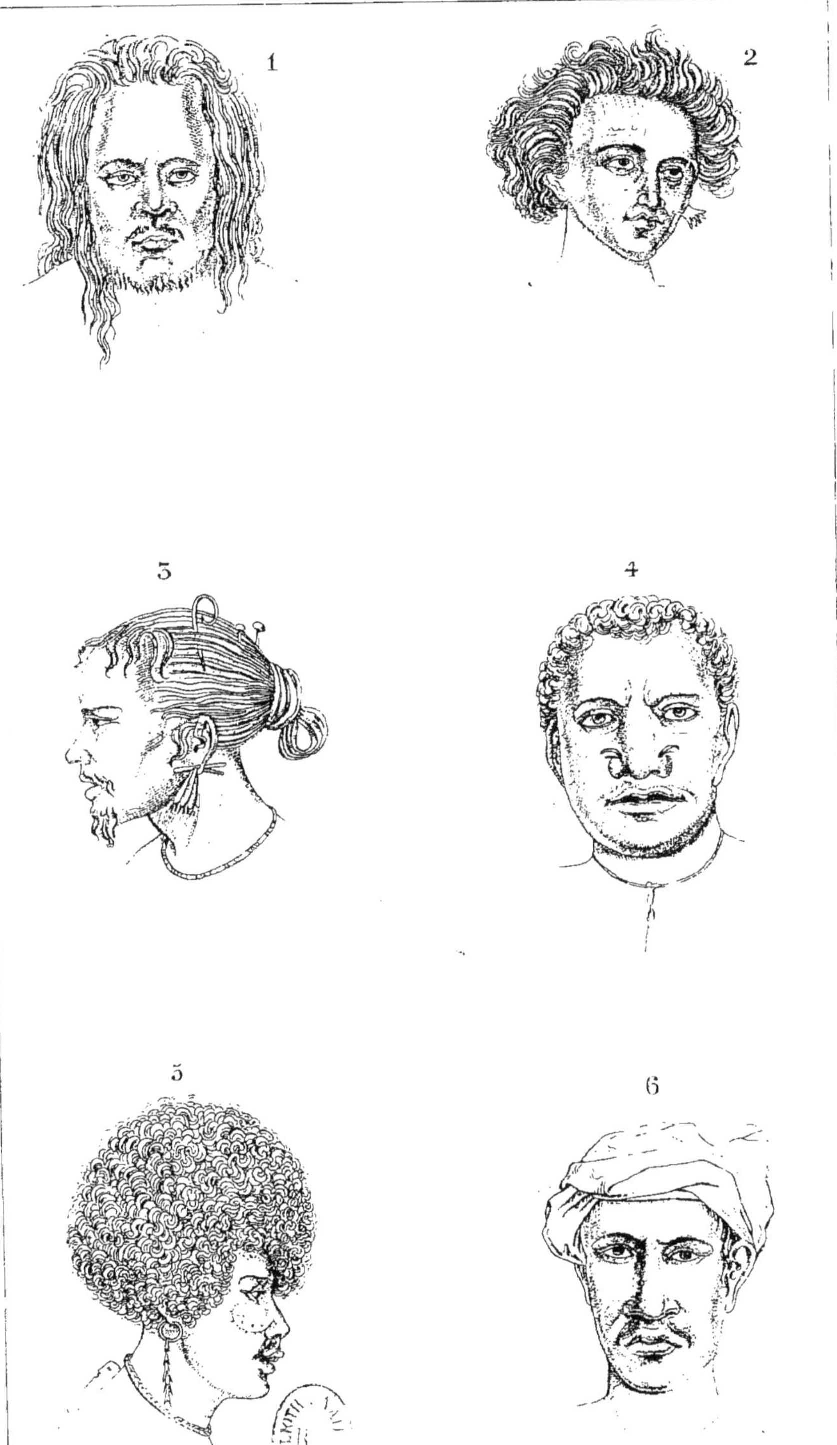

Races Humaines.

Pl. 6

Races Humaines.

TABLE DES MATIÈRES.

ZOOLOGIE. GÉNÉRALITÉS.

DES MAMMIFÈRES.

ORDRE DES BIMANES.

FIN DU TOME TROISIÈME.

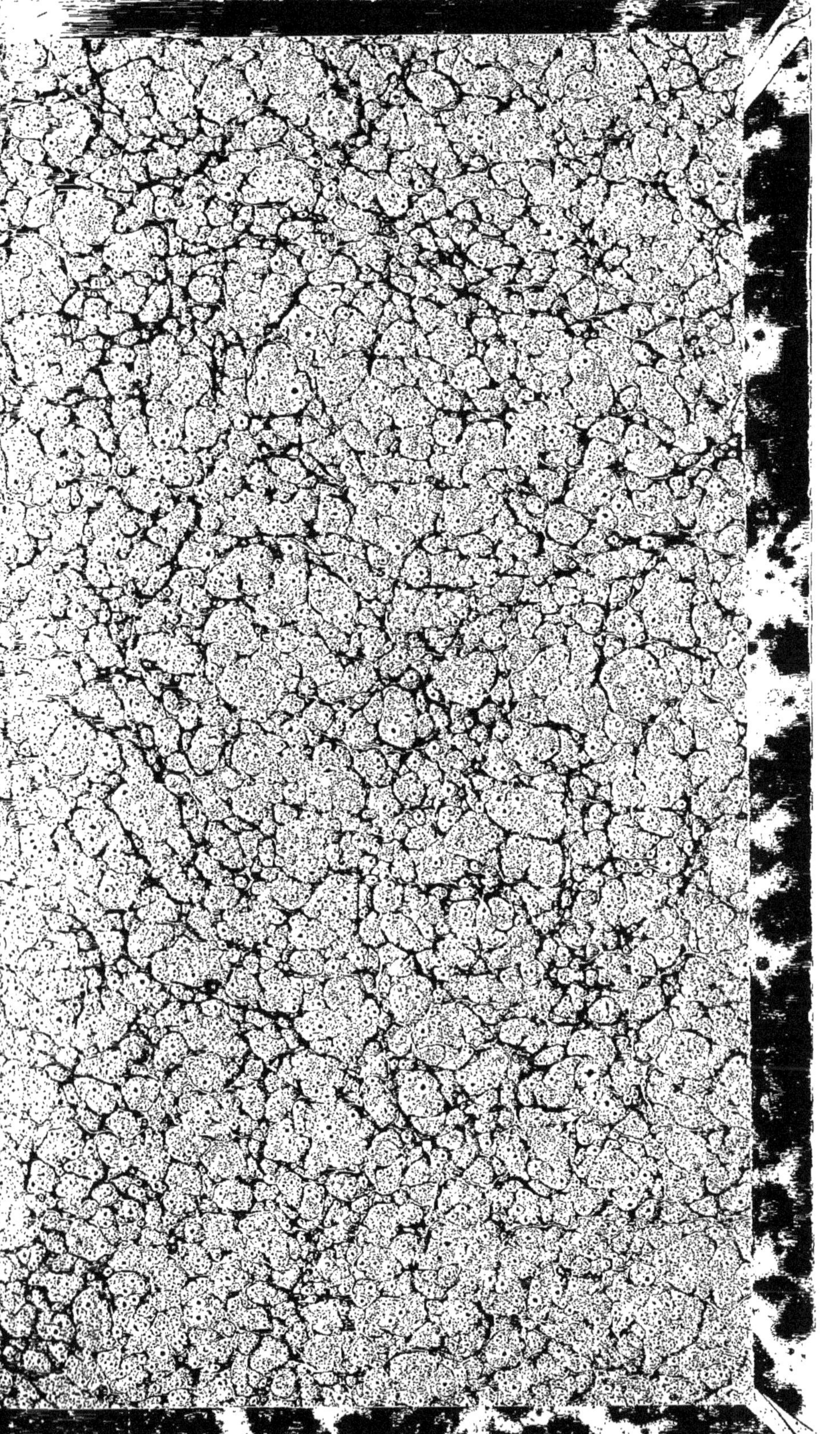

www.ingramcontent.com/pod-product-compliance
Ingram Content Group UK Ltd.
Pitfield, Milton Keynes, MK11 3LW, UK
UKHW020152250726
13967UKWH00003B/1014